普通高等学校精品课程建设教材

动物医学实验教程

（临床兽医学分册）

李培英　魏建忠　主编

中国农业大学出版社

·北京·

图书在版编目(CIP)数据

动物医学实验教程/李培英,魏建忠主编. —北京:中国农业大学出版社,2010.10(2015.8重印)
ISBN 978-7-5655-0048-0

Ⅰ.①动… Ⅱ.①李… ②魏… Ⅲ.①兽医学:实验医学-高等学校-教材 Ⅳ.①S85-33

中国版本图书馆CIP数据核字(2010)第141065号

书　　名　动物医学实验教程(临床兽医学分册)
作　　者　李培英　魏建忠　主编

策划编辑　孙　勇
责任编辑　李丽君
封面设计　郑　川
责任校对　王晓凤　陈　莹
出版发行　中国农业大学出版社
社　　址　北京市海淀区圆明园西路2号
邮政编码　100193
电　　话　发行部 010-62818525,8625
　　　　　编辑部 010-62732617,2618
读者服务部 010-62732336
出 版 部 010-62733440
网　　址　http://www.cau.edu.cn/caup
e-mail cbsszs@cau.edu.cn
经　　销　新华书店
印　　刷　北京时代华都印刷有限公司
版　　次　2010年10月第1版　2015年8月第2次印刷
规　　格　787×1 092　16开本　14.5印张　343千字
本册定价　26.00元(全三册定价:78.00元)

主　编　李培英　魏建忠

副主编　周　杰　吴金节　祁克宗　章孝荣

编　者　（以姓氏笔画为序）

王希春　史江彬　刘　亚　祁克宗　吴金节
李培英　李锦春　周　杰　赵长城　章孝荣
韩春杨　魏建忠

主　审　黄克和（南京农业大学）
张德群（安徽农业大学）

编者的话

安徽农业大学动物医学专业从我国高等教育发展的实际需要出发，为了适应国家经济、科技和社会发展对高素质人才的需求，先后申报了"安徽省高校省级教改示范专业"项目和教育部高等学校"第一类特色专业建设点"项目，并均获准立项。在专业建设过程中，我们坚持更新教育教学观念，强化以素质教育、实践能力、创业和创新能力培养为核心的教育理念，根据本校的办学定位，以学分制改革为契机，对过去的人才培养模式、专业培养方案、课程设置及学时数等方面进行了调整。在此基础上，依托实验教学中心，对相关实验课程进行整合，增加了综合性实验和学科群综合课程实习，更科学地处理了学科间的交叉融合，促进了实验教学与动物疾病防治实践相结合，加强学生创新和动手能力的培养。经过一段时间的探索与改革实践后，我们编写了这本《动物医学实验教程》。

撰写这本教材过程中，我们既注意总结以往实验教学的有益经验，保留或调整了一部分传统实验项目；又积极探索，引入或设计了一些新的实验项目，同时广泛参考国内同类院校的改革模式或经验，力争做到：

(1)构建动物医学实验课程体系　随着课程标准化，理论学科分支越来越细，以往的实验教学内容与方法已很难适应。构建新的实验课程体系，首先就是要打破传统学科间的壁垒，将学科间理论上联系密切、研究方法相近或相关的多门学科组成学科群，依据学科群的主要知识与技术，设立相应的实验与实习，从而建立新的实验课程体系。如基础兽医学实验涵盖动物组织学与胚胎学、动物生理学、动物病理学和兽医药理学的实验部分及机能学、形态学课程实习，预防兽医学实验涵盖微生物学、免疫学、兽医传染病学、兽医寄生虫学和动物性食品卫生学的实验部分及动物疫病防治课程实习，临床兽医学实验涵盖兽医临床诊断学、兽医内科学和兽医产科学的实验部分及动物普通病诊治课程实习等。新的实验课程体系要求不能是原来实验内容的简单拼凑，而应是独立于理论课程之外、与某一学科群相适应的实验内容的有机整合。

(2)建立三个层次的实验教学模式　新的实验课程体系本着理论联系实际以及从简到繁、由浅入深的认识论原则，分为验证性基础实验、提高性综合实验和学科群综合课程实习 3 个层次，形成新的实验教学模式。

教材分为《基础兽医学实验》、《预防兽医学实验》和《临床兽医学实验》3 个分册。在教材内容上，既引入新的教学成果或科研经验，又充分考虑动物医学本科学生的知识水平与接受能力；在时间安排上，注意与理论相关课程适当平行；在实验教学实施过程中，妥善处理打破传统的实验教学格局与教学秩序的关系，如新的实验教学模式：验证性和综合性实验仍为每周上一次实验课；学科群综合课程实习为集中在 1～2 周内连续做实验。教材以本科生为使用对象，既满足农业院校相关专业学生学习动物医学实验技能的要求,也可为其他院校相关专业学生学习动物医学实验使用。

在教材编写过程中,得到了安徽农业大学教务处和动物科技学院领导的支持和帮助;教材的出版则得益于中国农业大学出版社的鼎力相助,在此一并致谢!

由于我们的知识水平所限,作为一种新的改革尝试,书中的不妥之处在所难免,诚请读者不吝指正。

编 者

2009 年 12 月

前　言

临床兽医学是一门实践性很强的学科，强调理论联系实际，在动物医学领域占有举足轻重的地位。临床兽医学实验教学环节对于提高学生的动手能力、思维能力和创新能力，具有理论教学不可替代的作用。编写本实验教材的目的是为了适应本校学分制改革和培养双创型人才的实际需要，改革传统的实验教学模式，加强学生临床诊疗疾病基本技能的训练，提高学生的实践能力和创新能力。

《动物医学实验教程》临床兽医学分册是以学科群为单位进行组稿编写的，包括兽医临床诊断学、兽医内科学、兽医产科学3个学科。教材的主要结构特点是按照验证性实验、综合性实验和学科群综合课程实习三大教学模块编排实验项目。验证性实验的主要目的是让学生学习掌握基本实验操作技能和方法，通过动手操作和观测，强化理论课所学的基础知识和基本理论；综合性实验的主要目的是培养学生综合应用基本方法、基础知识和基本理论分析和解决临床实际问题的能力；学科群综合课程实习的主要目的是培养学生创造性思维和独立进行科学研究的素质。

本教材在全体参编人员的共同努力下，力求内容翔实、编排完整，对所涉及的国家技术标准和规范进行了统一，为广大教师和学生提供操作性和实用性较强的临床兽医学实验教材。由于编者的水平和能力有限，本教材虽经过多次审阅，仍难免存在疏漏之处，敬请读者批评、指正，以利进一步修改和补充。

编　者

2009年12月

目　　录

第一部分　实验概述

第二部分　验证性实验

第三部分 综合性实验

第四部分 动物普通病诊疗课程实习

附 录

第一部分

实 验 概 述

一、临床兽医学实验室学生实验守则

在临床兽医学实验中，操作者经常要接触一些实验动物和诊疗器械，会对学生存在潜在的危险性。为保证实验效果及实验操作者的安全，要求必须遵守以下规则：

1. 学生必须做到上实验课不迟到，不早退，自觉遵守实验室纪律，维护实验课堂秩序。

2. 学生在每次实验课前，认真预习实验内容，明确实验目的与要求，了解实验原理和主要实验过程。如有疑问，应事先请教指导教师。

3. 进入实验室或其他实验场地，必须衣着工作服、保持安静，严禁大声喧哗、吸烟、吃零食、随地吐痰。实验时要小心仔细，严格按照操作规程进行，不得动用与本实验无关的仪器设备。

4. 实验过程中，严格遵守实验室规则，服从教师指导，注意实验安全，严肃认真地按规定和步骤进行实验。认真观察和分析实验现象，如实记录实验数据，不得抄袭他人的实验数据、结果。完成实验后经指导教师检查完毕、同意后，方可离开实验室。

5. 实验过程中，试验台面应随时保持整洁，仪器、标本、药品摆放整齐，公共试剂用毕，应立即盖严放回原处。勿使试剂、药品洒在实验台面和地上。所有实验用的废弃物等，都要收集在适当的容器内，加以储存再处理，不能倒在水槽内或到处乱扔。实验完毕，仪器须洗净放好，将实验台面抹拭干净，才能离开实验室。

6. 实验结束后，学生要用肥皂洗手，必要时用消毒液浸泡双手，然后用清水洗净。离开实验室以前，学生应认真、负责地进行检查，切断有关的电源、水源、气源，关好门窗，做好安全工作，严防发生安全事故。

7. 实验室内一切物品，未经本室负责教师批准，严禁携出室外，借物必须办理登记手续。

8. 每次实验课后，由班长负责安排值日生。值日生的职责是负责当天实验室的卫生、安全和一切服务性工作。

9. 按指导教师要求及时认真完成实验报告。凡实验报告不合要求，均须重做。实验成绩不及格者，不得参加本门课程的考试。

二、实验动物血液样本的采集方法

实验动物的采血方法和采血部位很多，根据动物种类、检测目的、实验方法及所需血量的不同，血液样品可从静脉血管、末梢血管或心脏穿刺采血。

(一)静脉采血

1. 牛、羊的采血　以颈静脉穿刺最为方便。常在颈静脉中1/3与下1/3交界处剪毛、消毒，术者紧压颈静脉下端，待血管怒张(助手尽量将动物头部向穿刺的对侧牵拉，使颈静脉充分显露出来)，用静脉注射针头对准血管刺入，即可采的血液样品。此外，奶牛可在腹壁皮下静脉(乳前静脉)采血，注意针头不应太粗，以免形成血肿。牛的尾中静脉采血也很方便，助手尽量向上举尾，术者用针头在第2～3尾椎间垂直刺入，轻轻抽动注射器内芯，直到抽出一定量的血液为止。

2. 猪的采血　成年猪从耳静脉采血颇为方便，方法是助手将耳根握紧，稍等片刻，静脉即可显露出来。局部常规消毒后，术者用较细的针头刺入耳静脉即可抽出血来。必要时用前腔静脉穿刺法采血，方法如下：

(1)保定　仔猪和中等大小的猪，仰卧保定，将两前肢向后拉直或使两前肢与体中线垂直。

注意将头部拉直,这样可使前腔静脉紧张并可使胸前窝充分显露出来。育肥猪可站立保定,用绳环套在上颌,拴于柱栏即可(具体方法可参考猪的保定)。

(2)部位　左侧或右侧胸前窝,即由胸骨柄、胸头肌和胸骨舌骨肌的起始部构成的陷窝。

(3)方法　右手持针管,使针头斜向对侧或向后内方与地面呈60°角,刺入2～3 cm即可抽出血液,术前、术后均按常规消毒。

3. 犬、猫的采血　选用部位有前肢臂头静脉和后肢隐静脉。采血时,可将犬、猫抱于怀中保定,局部剪毛消毒,在采血部位近心端静脉上结扎止血带,待血管隆起后,选择1 mL(血液常规检验时)或5 mL(血液生化检验时)注射器,以15°～45°角刺入血管内,抽取血液。

4. 家禽的采血　常在翅内静脉采血。用细针头刺入静脉让血液自由流入集血瓶中,如果用注射器抽取,一定要放慢速度,以防引起静脉塌陷和出现气泡。

(二)末梢采血

适用于需血量少、采血后立即进行检验的项目,如涂制血片、血细胞计数、血红蛋白测定、出血时间和凝血时间测定等。马、牛在耳尖部;猪、羊在耳边缘。剪毛、消毒,待乙醇挥发干燥后,用针头刺入0.5～1 cm,血液即可流出。用棉球擦去第一滴血液,用第二滴血液作为血样。对仔猪和某些小动物,也可将尾尖部消毒后,剪去尾尖即可采得血样。

(三)心脏采血

家禽及某些小动物,当需要多量血液时,可行心脏穿刺采血。

1. 鸡的采血　通常是右侧卧保定,在左侧胸部触摸心搏动最明显的地方进行穿刺,从胸骨嵴前端至背部下凹处连接线的1/2点即为穿刺部位。用细针头在穿刺部位与皮肤垂直刺入2～3 cm即可采得心脏血样。采血前、后应严密消毒。

2. 家兔的采血　将家兔仰卧固定,在左侧胸部心脏部位去毛,消毒。用左手触摸左侧第3～4肋间,选择心跳最明显处穿刺。一般由胸骨左缘外3 mm处将注射针头插入第3～4肋间隙。当针头正确刺入心脏时,由于心搏的力量,血会自然进入注射器。采血中回血不好或动物躁动时应拔出注射器,重新确认后再次穿刺采血。经6～7 d后,可以重复进行心脏采血。

三、临床兽医学常用实验仪器

(一)全自动血细胞分析仪

血细胞分析仪是指对一定体积内血细胞数量及异质性进行分析的仪器。目前血细胞分析仪能计数红细胞、白细胞、血红蛋白、血小板、红细胞压积、平均红细胞体积、红细胞体积分布宽度、平均血小板体积、血小板体积分布宽度、血小板压积、大血小板比率、白细胞三分群、白细胞五分类、血红蛋白浓度分布宽度、异常淋巴细胞提示、幼稚细胞提示等参数。另外,有些仪器还增加了网织红细胞计数、幼稚细胞和有核红细胞分析功能,甚至对血液细胞中某些寄生虫进行提示,更有一些仪器把流式细胞分析仪的某些功能合并到血细胞分析仪上,在进行常规血细胞分析时可得到某些淋巴细胞亚群的分析结果。

1. 基本工作原理　血细胞计数采用变阻脉冲法。利用宝石小孔作传感器,当血细胞通过宝石小孔时,将血细胞数转换成定量的电脉冲数,电脉冲经放大及处理后,通过测定电脉冲数及大小来测定血细胞参数。

血红蛋白的测定采用光电比色法。它利用光电元件作传感器,传感器将血红蛋白浓度的变化转换成对应电压信号的变化，电压信号经放大运算后，确定血红蛋白的浓度。

2. 测定原理

白细胞(WBC)计数：变阻脉冲法(将全血稀释500倍)。

红细胞(RBC)、血小板(PLT)计数：变阻脉冲法(将全血稀释50 000倍)。

血红蛋白(HGB)：光电比色法(将全血稀释500倍)。

3. 测定项目　见表1-1。

表1-1　全自动血细胞分析仪测定项目

英文缩写	中文名称	单位
WBC	白细胞	10^9/L
LYM#	淋巴细胞	10^9/L
MID#	中间细胞	10^9/L
GRAN#	粒细胞	10^9/L
LYM%	淋巴细胞百分率	%
MID%	中间细胞百分率	%
GRAN%	粒细胞百分率	%
RBC	红细胞	10^{12}/L
HGB	血红蛋白	g/L
HCT	红细胞压积	%
MCV	红细胞平均体积	fL
MCH	平均血红蛋白含量	pg
MCHC	平均血红蛋白浓度	g/L
RDW-SD	红细胞分布宽度SD	fL
RDW-CV	红细胞分布宽度CV	%
PLT	血小板	10^9/L
MPV	血小板平均体积	fL
PDW	血小板分布宽度	%
PCT	血小板压积	%
P-LCR	大血小板比率	%
WBC Histogram	白细胞分布直方图	
RBC Histogram	红细胞分布直方图	
PLT Histogram	血小板分布直方图	

4. 使用操作　主界面如图1-1所示。

测量

(1)测量(全血模式)　测量界面如图1-2所示。

①点击 测量 按钮，提示栏：请吸入全血标本。

②在病员信息栏输入病员信息(也可稍候输入)，如不需马上测量，则点击 保存 按钮保存病员信息；注：病员信息默认显示如图1-2所示的部分信息，如需显示全部病员信息，则点击 显示详细信息… 按钮，点击 取消显示详细信息 按钮显示部分信息。

③将采血管倾斜并轻轻晃动，充分混匀血液。

④将采血管塞取下(注意不要使血液溅出)。

⑤将采血管放到吸样针下方，并使吸样针浸入采血管中液面以下(吸样针不要紧贴采血管壁，也不要触及到采血管底部)；按下“吸样开关”吸入全血标本。

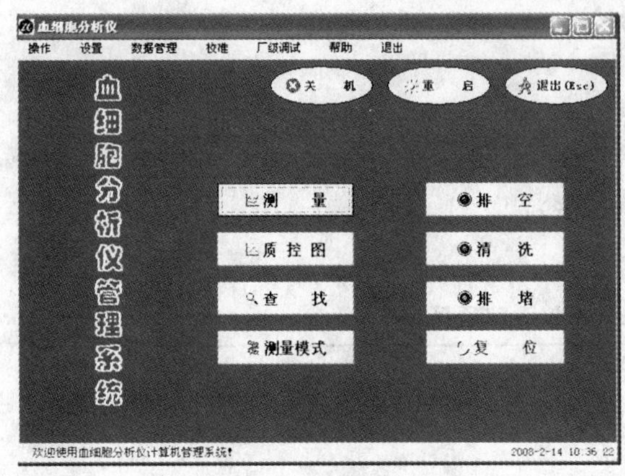

图 1-1 主界面

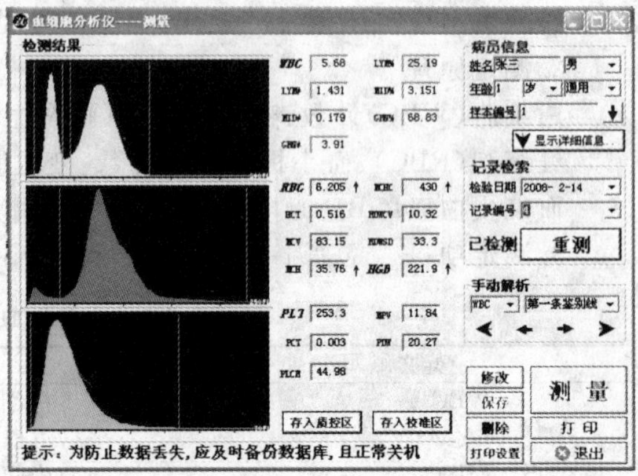

图 1-2 测量界面

⑥取样完毕后，吸样针自动从采血管中移出，当吸样针从采血管中完全移出后，移开采血管，仪器开始测量，屏幕显示“正在测量，请稍候”。

⑦测量结束后仪器报警，屏幕显示测量结果，提示栏：测量完毕。此时，应察看各细胞直方图的鉴别线是否异常；如果鉴别线异常应采用“手动解析”的方法进行调整(手动解析的方法下文有介绍)，以确保结果值的准确性。如鉴别线未见异常，则可按照上述步骤开始新的测量。

(2)补测　对于只存储病员信息未测量的记录测量，需点击 补测 按钮。

①点击 补测 按钮。

②同常规测量方法测量(按(1)中的步骤③～⑦操作)。

(3)重测　对于已经测量过的样本，如需重新测量则点击 重测 按钮。

①点击 重测 按钮。

②同常规测量方法测量(按(1)中的步骤③～⑦)操作)。

(4)手动解析　针对本仪器，正常的白细胞、红细胞、血小板直方图及鉴别线的位置如图 1-3 所示。

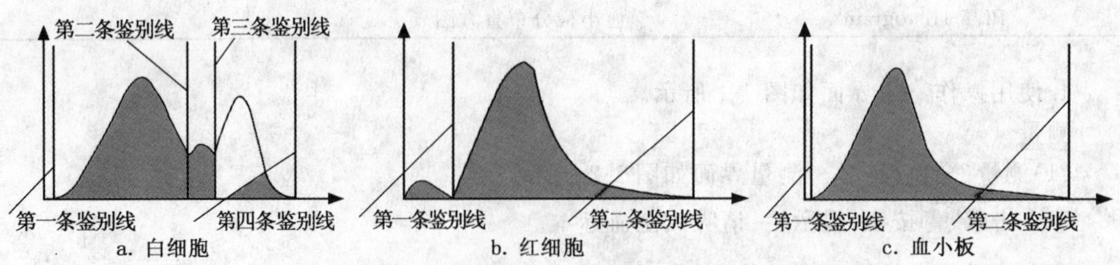

图 1-3 白细胞、红细胞、血小板直方图及鉴别线的位置

鉴别线的位置会直接影响到测量结果的准确度，如果鉴别线的位置严重偏离正常位置，则需进行手动解析，使鉴别线尽可能接近正确位置，以提高测量结果的准确度。

手动解析方法如下：

①在图 1-3 中选择需要调整的直方图，如 WBC。

②在图 1-3a 白细胞直方图中选择需要进行调整的鉴别线，如第一条鉴别线。

③点击◁(左微调，鉴别线向左移动 1 个单位)或◀(左粗调，鉴别线向左移动 5 个单位)

或 ▸(右微调,鉴别线向右移动 1 个单位)或 ▶(右粗调,鉴别线向右移动 5 个单位)按钮,进行鉴别线左移或右移的调整,测量结果会随鉴别线位置的改变而自动调整。

(5)质控　点击 存入质控区 按钮,将当前记录结果值存入质控区。

(6)校准　点击 存入校准区 按钮,将当前记录结果值存入自动校准区,供自动修正校准因子用。

(7)修改记录　选中欲修改的记录后,点击 修改 按钮,在文本框中输入欲修改的内容。修改完毕后,点击 保存 按钮,保存此次修改。

(8)打印报告单　选中欲打印报告单的记录。点击 打印 按钮,即可打印当前记录的报告单。

(9)删除记录　选中欲删除的记录。点击 删除 按钮,即可删除当前记录。

(10)记录检索　在"记录检索"栏中,可以检索选定日期内的记录。

质控图

质控图界面如图 1-4 所示。

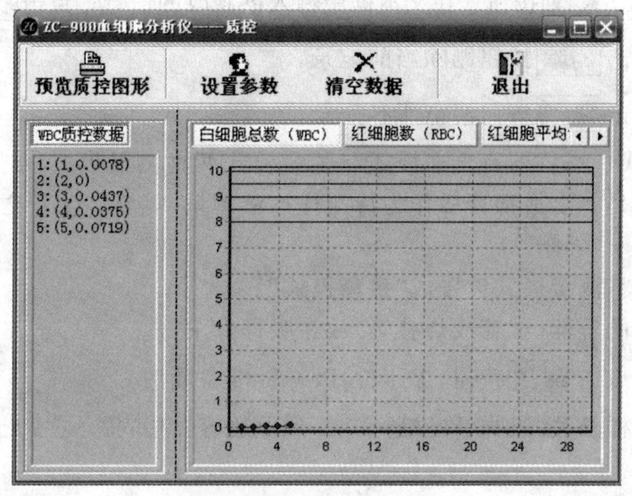

图 1-4　质控图界面

(1)预览质控报告单　点击 预览质控图形 按钮,打印(使用外置打印机打印质控报告单)或预览质控报告。

(2)设置质控参数　在做质控之前,应按照质控品说明书上的参数要求设置质控参数。点击 设置质控参数 按钮,进入"设置质控参数"界面。在"设置质控参数"界面中,输入质控品说明书上的质控参数后,点击 保存 按钮,保存新的质控参数值。

(3)清空质控数据　点击 清空质控数据 按钮,可以删除全部的质控记录,在做每一组质控前都应清空质控数据。

设置

(1)设置医院名称　设置医院名称界面如图 1-5 所示。

点击 修改 按钮,在文本框中输入医院名称。

点击保存按钮,保存新的医院名称。

(2)设置科别等相对固定的信息　设置科别界面如图 1-6 所示。

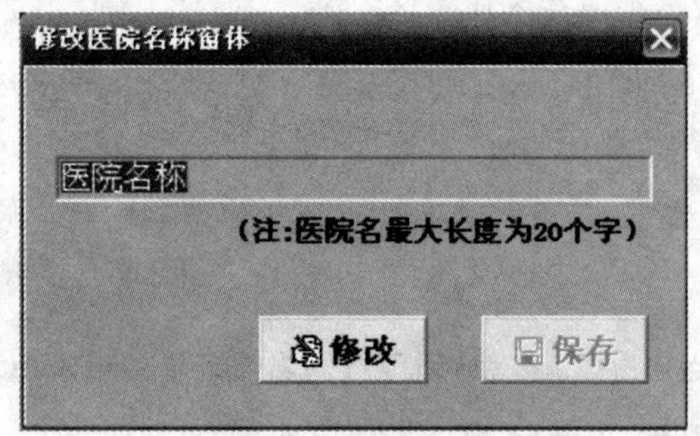

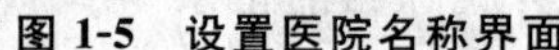
图 1-5　设置医院名称界面

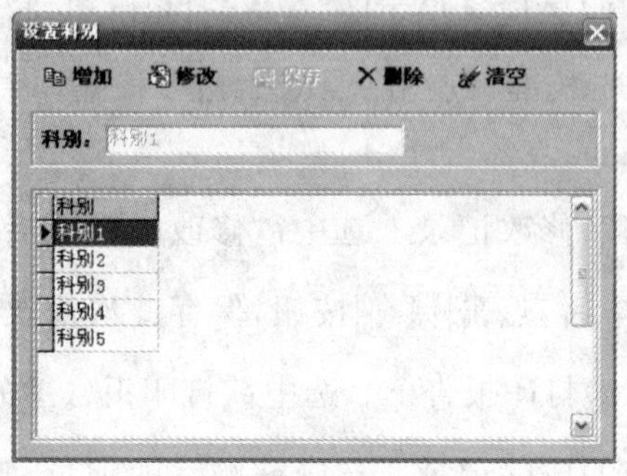

图 1-6　设置科别界面

①增加新记录　点击增加按钮。在文本框中输入欲增加的科别名称。点击保存按钮保存新增加的记录。

②修改记录　点击修改按钮。在文本框中输入欲修改的信息。点击保存按钮保存修改。

③删除记录　点击删除按钮删除当前记录。

④清空记录　点击清空按钮清空所有记录。

(3)设置测量模式　本仪器有全血模式和稀释模式两种测量模式供选择。全血模式直接测量全血。稀释模式是将全血稀释后作为待测样本液测量,需要 20 μL 全血,使用步骤如下:

①采全血 20 μL。

②在设置菜单中将测量模式设置成"稀释模式"。

③准备一个洁净的容器(试管或烧杯等)放在吸样针下方。

④在测量界面中点击测量按钮,提示栏:吸样针准备吐液。

⑤按下仪器的吸样开关,吸样针吐液 80 μL 到上述容器中,提示栏:吐液完毕,请准备好待测样本液测量。

⑥将采到的 20 μL 全血全部倒入上述容器中,轻轻摇晃混匀(注:不要使液体溅出)后作为待测样本液,按下"吸样开关"吸入待测样本液,同常规测量方法测量。

数据管理

(1)查找记录

①样本查询　在"条件查询"一栏中,选择并填写查询条件。点击查找按钮,显示栏中显示查找后的结果。

②打印　点击打印按钮,打印或预览当前记录的报告单。

③删除记录　点击删除按钮,删除当前记录。

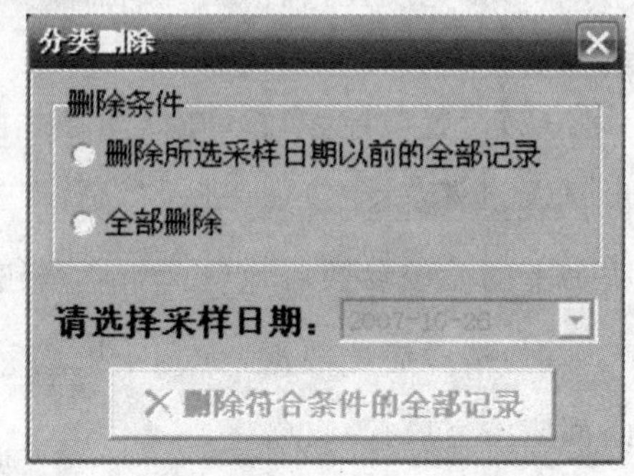

图 1-7　删除记录界面

(2)删除　删除记录界面如图 1-7 所示。

①部分删除(删除所选采样日期以前的全部记录)　在"删除条件"一栏中选择"删除所选

采样日期以前的全部记录”。在采样日期的下拉列表中，选择采样日期。点击 删除符合条件的全部记录，删除当前采样日期以前的全部记录。

②全部删除　在“删除条件”一栏中选择“全部删除”。点击 删除符合条件的全部记录 按钮，删除仪器内部现存的全部记录。

使用注意事项

(1)仪器放置应远离热源、振动及强电磁干扰(如：离心机、超声洗净机等易产生强电磁干扰的仪器)。

(2)仪器的操作环境应清洁、无尘。

(3)应保持仪器清洁，切勿在仪器上放置标本、药品等。

(4)电源应接地良好，以防止电击。

(5)废液瓶、稀释液瓶、清洗液瓶及溶血剂瓶应与大气连通，后三者要有大气过滤器，并定期更换。

(6)操作时应避免灰尘与杂物进入采血管，不要用力碰弯吸样针。

(7)被测样品应足量，更不应吸空，以避免吸入气泡，影响测量结果。

(8)WINDOWS 操作系统一定要正常关机，否则上次开机到此次关机之间的数据将会丢失。

(9)不要用棉球、纸巾等擦拭吸样针，需要时用清洁的纱布沾少量清洗液擦拭。

(10)使用前，请检查稀释液、溶血剂、清洗液是否足量，如不足应及时更换，更换后先排空1～2 次再测量。

(11)仪器长期停用或运输前，应按如下步骤排空：先将仪器后面板上稀释液管、清洗液管及溶血剂管从相应的瓶中拿出(悬空)后排空 1 次。再将上述 3 个管放入洁净的蒸馏水中排空 1 次。最后将上述 3 个管悬空排空 2 次。

(12)仪器初次使用或长期停用后再用时，应按如下步骤排空和清洗：连接好各管路后，应先排空 2～3 次，以使各管路充满相应的液体。再清洗 1～2 次。最后测量空白 2～3 次。

(13)另外，本仪器是对血液进行测量，被血液污染时，有被病原体感染的可能性，操作时应避免直接接触样品，一定要戴上橡胶手套，作业结束后要用消毒液洗手，测量所产生的废液等应集中收集后按医疗废物处理。

(二)全自动生化分析仪

1. 仪器工作系统框图　见图 1-8。

2. 仪器测定原理　KC-1000 生化分析仪根据朗伯-比尔定律，用各种不同的方法测定标准溶液和样本溶液的吸光度值，然后计算得到被测样本的浓度。计算方法分别叙述如下。

(1)终点法

试剂空白法

$$U=\frac{S(A_U-A_B)}{(A_S-A_B)}$$

式中：U 为被测样本浓度；S 为标准品浓度；A_U 为被测样本的吸光度值；A_B 为试剂空白的吸光度值；A_S 为标准品的吸光度值。

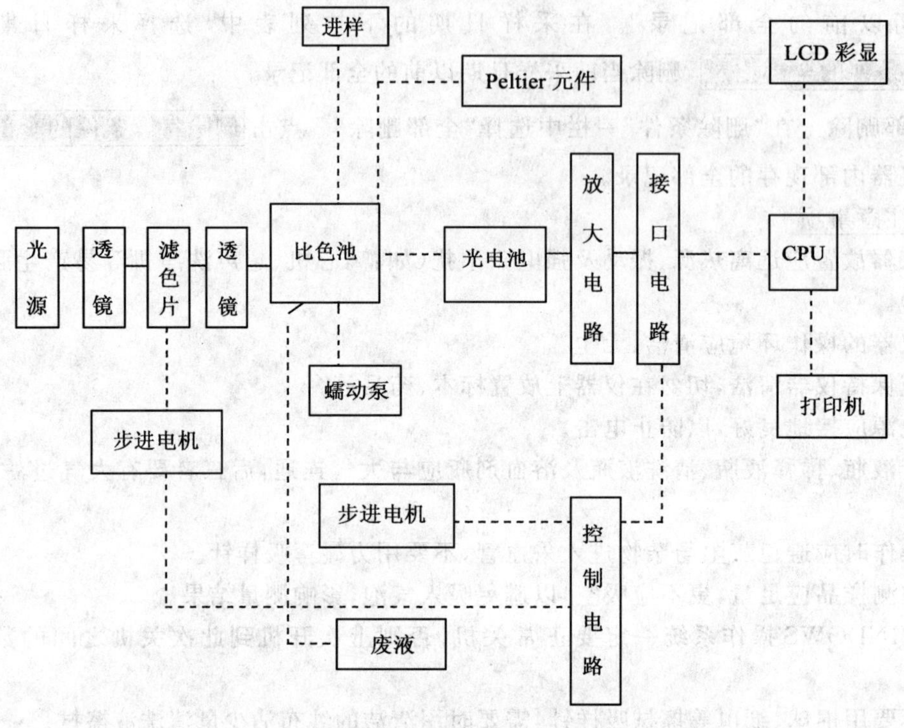

图 1-8　仪器工作系统框图

样本空白法　$$U=\frac{S(A_U-A_{BU})}{(A_S-A_{BS})}$$

式中：U 为被测样本浓度；S 为标准品浓度；A_U 为被测样本的吸光度值；A_{BU} 为样本空白的吸光度值；A_{BS} 为标准品空白的吸光度值；A_S 为标准品吸光度值。

(2)两点法

$$U=S\cdot\frac{\triangle A_U}{\triangle A_S}$$

式中：U 为被测样本浓度；S 为标准品浓度；$\triangle A_U$ 为被测样本固定时间内吸光度的差值；$\triangle A_S$ 为标准品固定时间内吸光度的差值。

(3)速率法

$$U=F\cdot\triangle A$$

式中：U 为被测样本浓度；F 为对应项目的因素值；$\triangle A$ 为样本的每分钟吸光度变化值。

3. 仪器操作

(1)开机　打开仪器后面的电源开关，仪器开始自检，然后进入 WINDOS XP 操作界面。双击“生化”字样的图标，仪器自动进入生化检验系统。

当显示屏上出现“正在初始化，请稍后”的字样时，仪器开始初始化，并自动清洗 3 次，如图 1-9 所示。

上海康美医疗器械有限公司
系统设置(S) 参数设置(B) 项目测试(T) 查询统计(Q) 系统维护(V) 窗口(W) 帮助(H)
正在初始化，请稍候...

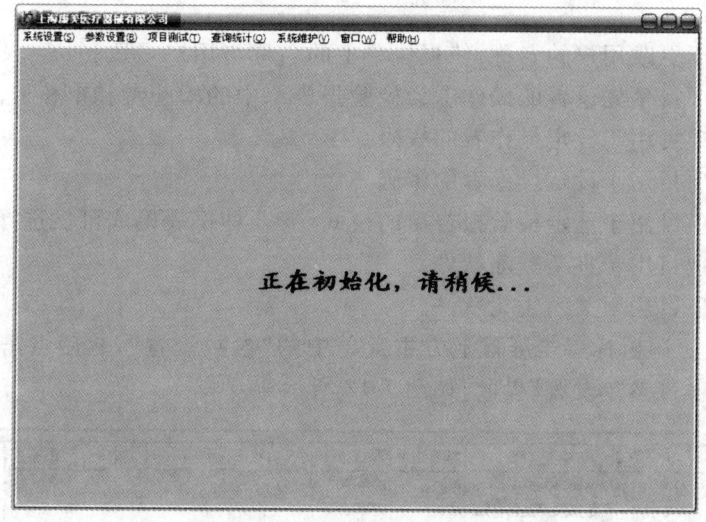

图 1-9 仪器开机显示画面

(2)菜单显示 主菜单如图 1-10 所示。

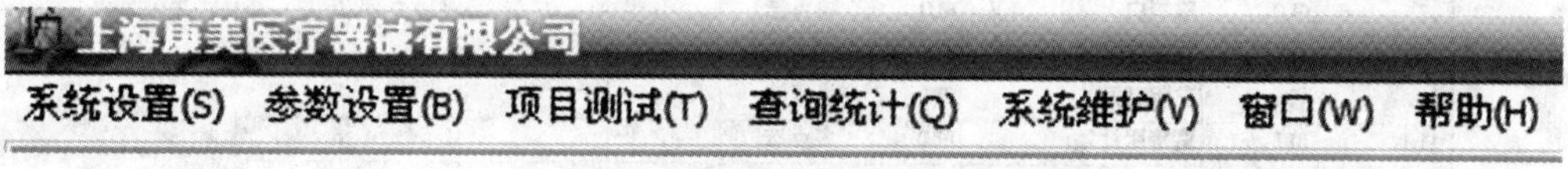

上海康美医疗器械有限公司
系统设置(S) 参数设置(B) 项目测试(T) 查询统计(Q) 系统维护(V) 窗口(W) 帮助(H)

图 1-10 在屏幕上部显示的主菜单

主菜单与子菜单的结构如图 1-11 所示。

系统设置
医院名称
用户设置
权限管理
修改口令
报表模式
重新登陆
退出系统
参数设置
项目参数
质控参数
项目组合
辅助信息
项目测试
病人资料
常规项目
质控项目
定标项目
查询统计
综合查询
项目查询
质控查询
统计报表
系统维护
仪器维护
数据库维护
系统维护
系统维护

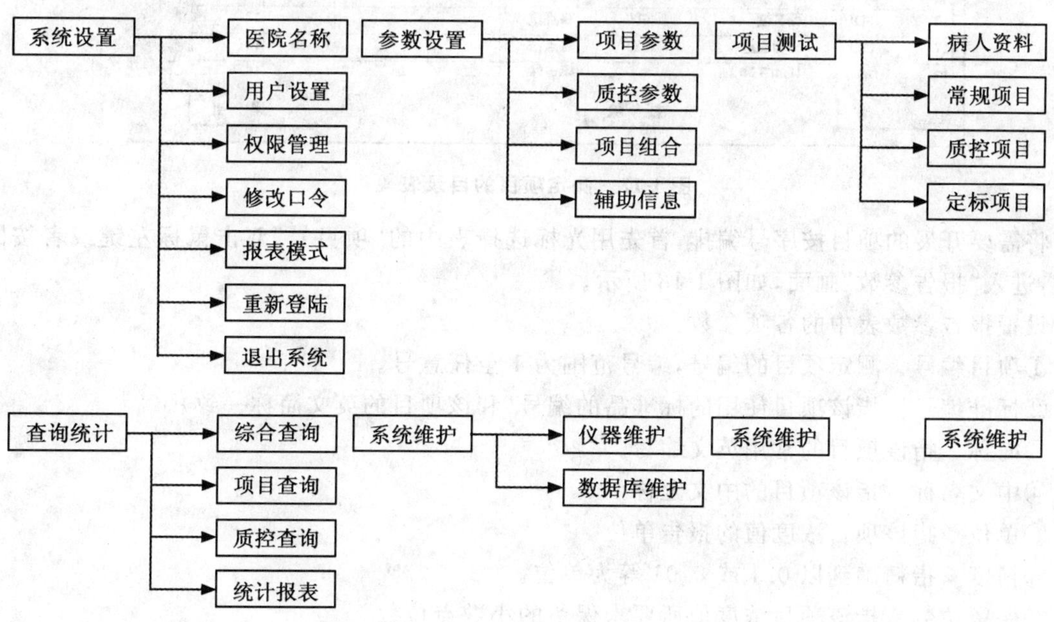

图 1-11 主菜单结构

(3)系统设置

医院名称:用于更改用户的名称,使报告单上的名称与用户一致。

用户设置:该项目预先设置的操作者为检验报告单中的检验者和审核者。

权限管理:该项目用于设定操作者的权限。

修改口令:该项目用于设定操作者的密码。

报表模式:该项目用于选定检验报告单的模式(有 3 种报表模式可供选择)。

重新登陆:该项目用于重新登陆软件。

退出系统:该项目用于关闭生化软件。

(4) 参数设置　用鼠标点击屏幕上方主菜单中的“参数设置”,然后点击下拉式菜单中的“项目参数”进入“项目参数设置”界面,如图 1-12 所示。

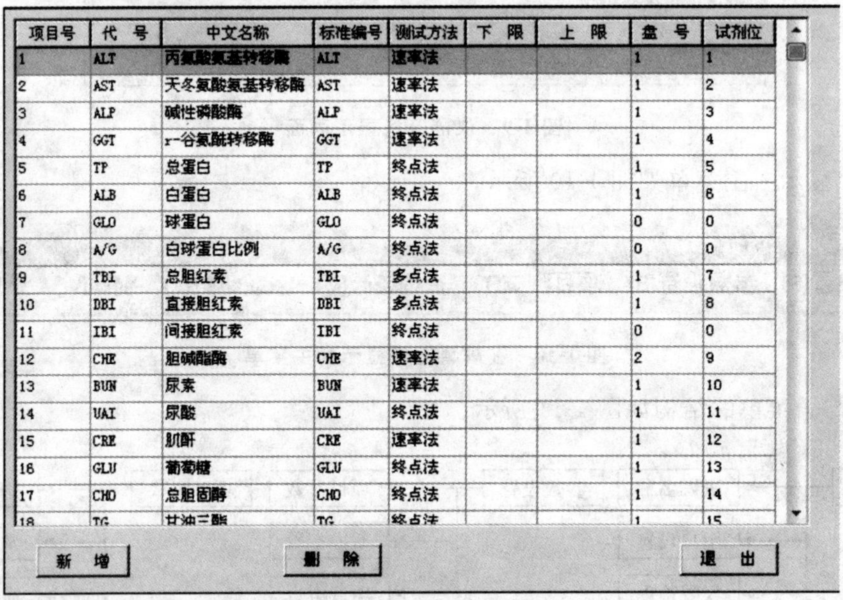

项目号	代 号	中文名称	标准编号	测试方法	下 限	上 限	盘 号	试剂位
1	ALT	丙氨酸氨基转移酶	ALT	速率法			1	1
2	AST	天冬氨酸氨基转移酶	AST	速率法			1	2
3	ALP	碱性磷酸酶	ALP	速率法			1	3
4	GGT	r-谷氨酰转移酶	GGT	速率法			1	4
5	TP	总蛋白	TP	终点法			1	5
6	ALB	白蛋白	ALB	终点法			1	6
7	GLO	球蛋白	GLO	终点法			0	0
8	A/G	白球蛋白比例	A/G	终点法			0	0
9	TBI	总胆红素	TBI	多点法			1	7
10	DBI	直接胆红素	DBI	多点法			1	8
11	IBI	间接胆红素	IBI	终点法			0	0
12	CHE	胆碱酯酶	CHE	速率法			2	9
13	BUN	尿素	BUN	速率法			1	10
14	UAI	尿酸	UAI	终点法			1	11
15	CRE	肌酐	CRE	速率法			1	12
16	GLU	葡萄糖	GLU	终点法			1	13
17	CHO	总胆固醇	CHO	终点法			1	14
18	TG	甘油三酯	TG	终点法			1	15

新 增　　删 除　　退 出

图 1-12　测定项目的目录表

将需要开展的项目按序号编排,首先用光标选择表中的“项目号”双击鼠标左键或者按回车键,进入“报告参数”画面,如图 1-13 所示。

设置报告参数表中的各项参数:

①项目编号　测定项目的编号,编号范围为 1 至任意号。

②标准编号　指该项目使用的标准品的编号(和该项目的英文简称一致)。

③简称　指该项目的常用英文缩写。

④中文名称　指该项目的中文全称。

⑤单位　指该项目浓度值的报告单位。

⑥精度　指精确到以 0.1 或 0.01 等为单位。

⑦保留位数　指该项目浓度值所要求保留的小数点位数。

⑧计算式输入。

⑨试剂线性　试剂说明书上注明的试剂线性。

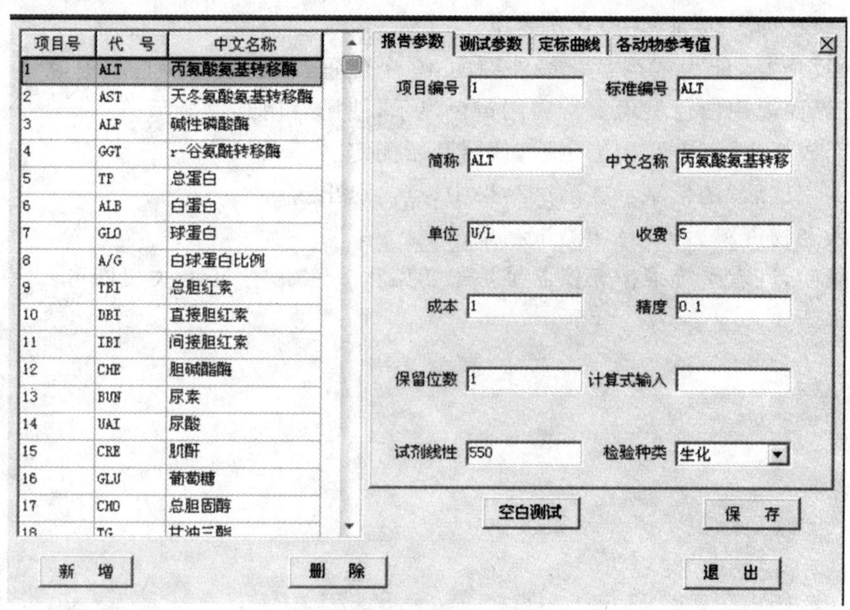

图 1-13　报告参数画面

⑩检验种类　填生化。

以上参数设定完毕后按保存。

(5)关机　点击主菜单中的“系统设置”,在下拉菜单中点击“退出系统”,此时软件关闭。下面在开始里面点击“关闭计算机”,等到提示“你可以安全地关闭计算机了”,方可关闭仪器后面的电源开关。

4.操作注意事项

(1)首先给清洗瓶中加满清洗用水(本机用蒸馏水),并连接好管路及电缆。

(2)开机(打开仪器后面的电源),待仪器启动完全后打开桌面上的启动程序。

(3)进入系统维护—仪器维护—发送命令—提示“修改吸液量成功”点击 OK—点击“泵水”直至有水注满清洗位中间的空间为止—初始化 2～3 次后退出该界面。

(4)进入参数设置—项目参数—依次双击当天需要做的终点法项目的项目号,进入参数设置当中,点击空白测试。(注意该步骤只是测试水空白信号,不需放入试剂。)保存后退出。

(5)进入参数设置—项目参数—按照项目参数中位置将盛放各种试剂的试剂仓放入到对应的位置中(位置不能放错)。

(6)点击项目测试—宠物资料—新增—建立宠物资料—该宠物资料建好后点击下一个,依次类推。最后一个宠物资料建好后,点击取消退出。

(7)点击项目测试—常规项目—选择自定义。

按项目输入　多个宠物做同一项目。

按样品输入　单个宠物做不同项目。

同一样本位置　测试重复性用。

(8)根据自己的需要,点击选择试剂下列项目,双击该项目后,该项目即可到右边的列表中。

注:样本编号对应宠物的编号顺序。样本位置即是宠物血清的放置位置,实际放置位置要

与显示位置一致,即为试剂盘中 20 孔的位置。

(9)加入反应杯,即为试剂盘。最外圈的 40 个位置,仪器使用反应杯是从 1～40 依次使用,未使用在界面上用白色显示。待用用黄色显示,使用后用红色显示。

(10)全部放好后,点击开始测定后,仪器开始测定。

(11)测试完成后,结果显示在测试结果中,点击退出。

(12)进入宠物资料后,可打印测试结果。

(13)关机前,进入系统维护—仪器维护—初始化 2～3 次—正常关机即可。

第二部分

验证性实验

实验一　临床实习基础

一、实验目的与要求

1. 参观动物医院，熟悉动物医院的机构、设施、诊疗情况和规章制度，为接触临床实践奠定基础。

2. 练习接近动物和通用的保定方法，要求掌握其方法和注意事项，确保临诊过程中的人畜安全。

3. 介绍一般临诊程序，要求掌握临床检查的基本过程和内容。

二、实验器材

器械　牛鼻钳子、长柄绳套各 2 件，细绳、扁绳各 2 条。

材料　实验动物：牛 1 头，羊 1 头，猪 1 头，犬 1 只，猫 1 只等。病志用纸：每个学生 1 份。

三、实验内容与方法

(一)接近动物法

接近动物前，应了解并观察动物的习性及其惊恐和攻击人、畜的神态，如马的竖耳、瞪眼，牛的低头凝视，猪的斜视、翘鼻、发出呼呼声，犬的吠叫和猫的喵叫等，以防意外的发生，确保人畜安全。

接近动物时，一般应请畜主在一旁协助保定，检查者应以温和的呼声，先向动物发出欲接近的信号，然后再从其前方徐徐接近，绝对不可从其后方突然接近。

接近后，先用手轻轻抚摸动物(如马、牛可抚摸颈侧或肩部，犬、猫可抚摸头顶或背部)使其保持安静和温顺状态，再进行检查，对猪则可在其腹下部或腹侧部用手轻轻瘙痒，使其安静或卧下，然后进行检查。

(二)动物保定法

保定是用人力、器械等控制动物活动，以方便诊疗或手术操作，确保人畜安全的一项措施。保定时，要做到安全、迅速、简便、确实。

保定的最终目的，是在保证完成诊疗操作的同时，保护任何动物不受意外伤害。

1. 牛的保定

(1)徒手握鼻保定法　术者一手抓住牛的鼻绳，将牛鼻上提，另一手握住牛的角根，并略向后推动，即可保定。若牛无鼻环或鼻绳，术者左手应先握住牛的右边角根，右手从下向上将牛下巴拖起，并顺着嘴端迅速转手握住鼻中隔以保定之(图 2-1)。

(2)鼻环保定法　牛常带鼻环，所以可把绳系在鼻环上进行适当的保定。

(3)鼻钳保定法　牛鼻钳是特制的专用于保定牛的金属保定器械。将鼻钳插入鼻孔,迅速夹紧鼻中隔,用一手或双手握持,同时牵拉鼻钳,亦可用绳系紧钳柄固定(图 2-2)。

(4)角根保定法　把绳子沿两角根缠紧,其一端固定在柱栏上,即可将头部固定(图 2-3)。如同时使用鼻钳,则保定效果更佳。

(5)头部保定法　将牛的两角及笼头绳分别拴在柱栏上,使头部紧顶在柱上(图 2-4)。

图 2-1　牛徒手握鼻保定法

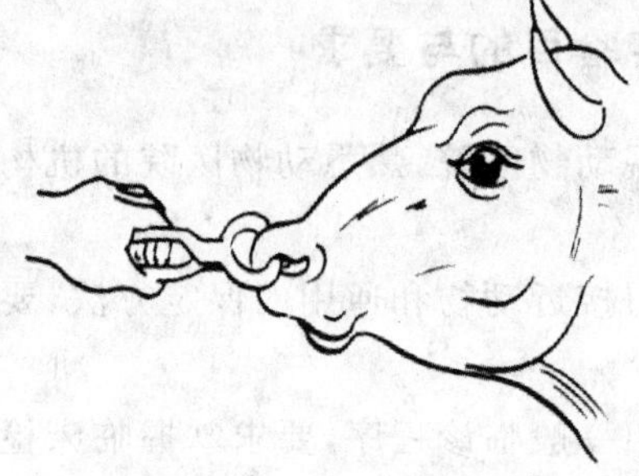

图 2-2　牛鼻钳保定法

图 2-3　牛角根保定法

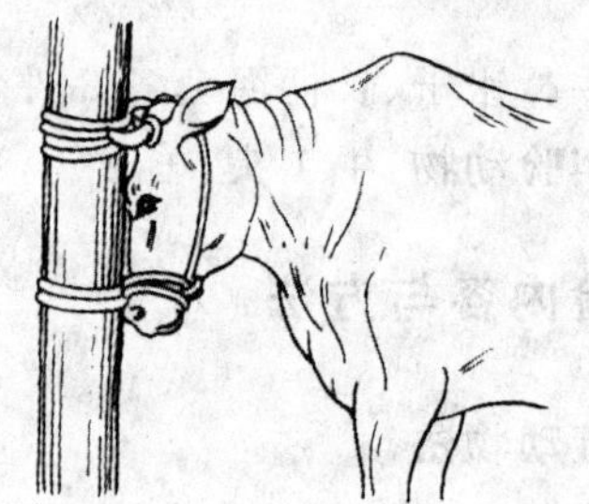

图 2-4　牛头部保定法

(6)柱栏内保定法

单柱颈绳保定法　将牛的颈部紧贴在单柱上,以单绳或双绳做颈部活结固定(图 2-5)。

二柱栏保定法　将牛牵至二柱栏旁,先做颈部活结保定使颈部固定在前柱一侧,再用一条长绳在前柱至后柱的挂钩上做水平环绕,将牛围在前后柱之间,然后用绳在胸部或腹部做上下,左右固定,最后分别在鬐甲和腰上打结。必要时可用一根长竹竿或木棒从右前方向左后方斜过腹,前端在前柱前外侧着地,后端斜向后柱挂钩下方,并在挂钩处加以固定(图 2-6)。

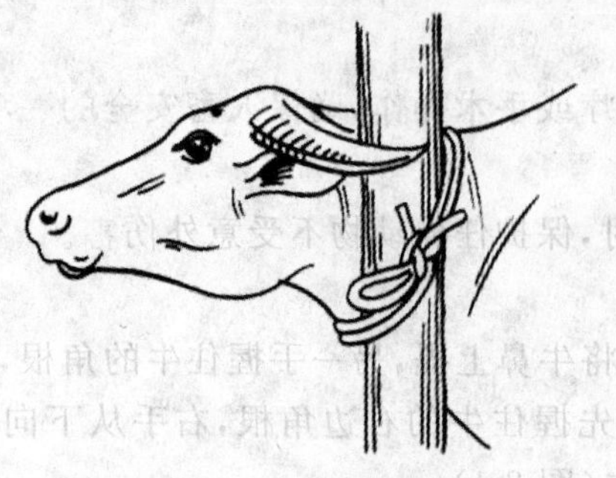

图 2-5　牛单柱颈绳保定法

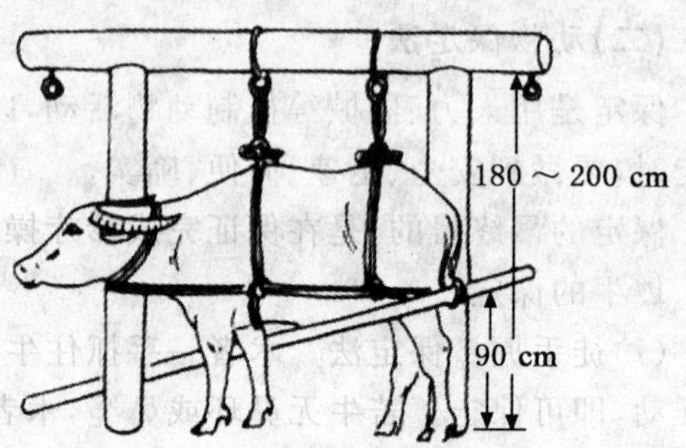

图 2-6　牛二柱栏保定法

四柱栏保定法　先将四柱栏的活动横梁按所保定的畜体高度调至胸部 1/2 水平线上，同时按该畜胸部宽度调好横梁的间距，然后牵畜入四柱栏，上好前后保定绳即可保定。必要时可加背带和腹带。适用于临床一般检查或治疗时的保定。

五柱栏保定法　保定时，可将牛头固定在前柱上(图 2-7)，其他同四柱栏保定。

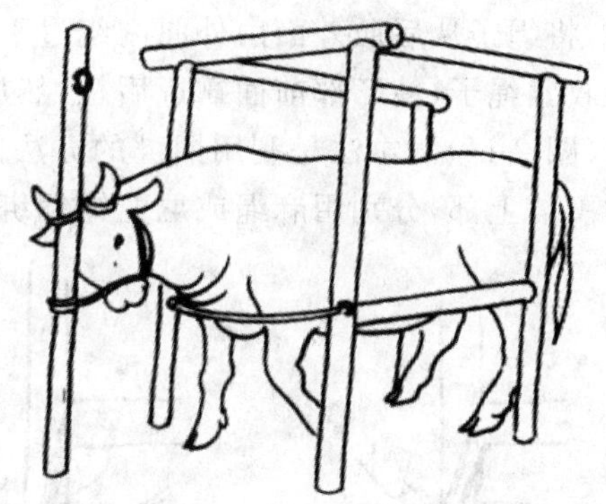

图 2-7　牛五柱栏保定法

六柱栏保定法　保定时先将柱栏的胸带(前带)装好，由后柱间将牛牵入，立刻装上尾带(后带)，并把缰绳拴在门柱的金属环上。这样牛既不能前进，也不能后退。为了防止牛跳起，可用扁绳压在鬐甲前部。为了防止牛卧倒可加上腹带。在尾柱间的横梁上有的装有铁环，是固定牛尾、拴尾绳的地方。诊疗或手术完毕，解除背带和腹带，解开缰绳和胸带，牛自前栏间离开。

栅栏保定法　当没有保定栏时，用一单绳将牛围在栅栏旁边，牛头绑在坚固的柱子上，做一不滑动的绳套装在牛的颈基部，绳的游离端沿牛体向后绕过后肢，绑在后方的另一柱上。为了防止牛摆动，在髋结节前做一围绳，把牛体和栅栏的横梁绑在一起。

(7)四肢的保定

牛前肢徒手提举保定法　术者面向后站立在牛左颈侧，以左手扶住肩部，右手顺前肢往下抚摸，握住掌部，然后左手向对侧轻推肩胛部，右手提起并屈曲前肢，左脚同时跨上一步，左手从前肢内侧伸入，协助握住系部，同时将屈曲的腕部垫靠在术者大腿上，即完成保定(图 2-8)。提前肢，应先令助手牵住牛头或将牛角保定于柱上。此法主要用于蹄部检查或治疗时保定。

牛后肢一般保定法　用一根柔软的小绳对折，以双绳在跗关节上将两肢胫部围住，然后将绳端穿过折转处拉紧，或将绳和尾拴在一起固定。也可用一根柔软的小绳，先在一后肢跗关节上胫部用绳结系住，再做“∞”形缠绕两肢胫部，将胫部固定在一起，拉紧绳子后打一活结固定(图 2-9)。

图 2-8　牛前肢徒手提举保定法

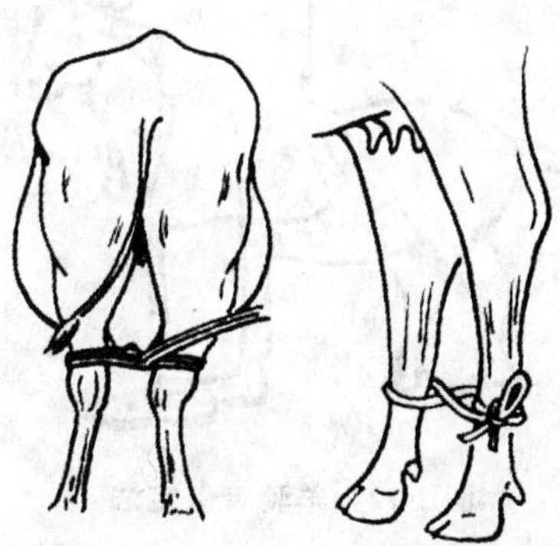

图 2-9　牛后肢一般保定法

牛前肢前方转位保定法　牛先做四柱或六柱栏保定，再用一根柔软的绳，在牛系部打一环结，将绳子在前柱前面从外向内绕过下横梁，拉起前肢，再将绳子兜住掌部前面，收紧绳子，把掌部侧面拉至前柱,使之紧贴前柱,然后用绳子环绕掌部和前柱,使二者紧靠在一起,固定得越紧越安全(图 2-10)。

牛后肢后方转位保定法　牛先做四柱或六柱栏保定,再用一根柔软的绳,在牛系部打一环结,将绳子从后肢外面由外向内绕过下横梁拉起后肢,使之离开地面,再将绳子兜住跖部,并用力收紧绳子,使跖部前面靠近后柱,然后将二者捆绕在一起,最后用引绳在胫部绕一圈,拉紧固定(图 2-11)。本法是利用捆绑的方法固定前后肢。前肢的前臂部,后肢的跟腱上部或两后肢的飞节上部,分别用麻绳或尼龙绳捆绑并系紧,以达到保定的目的。

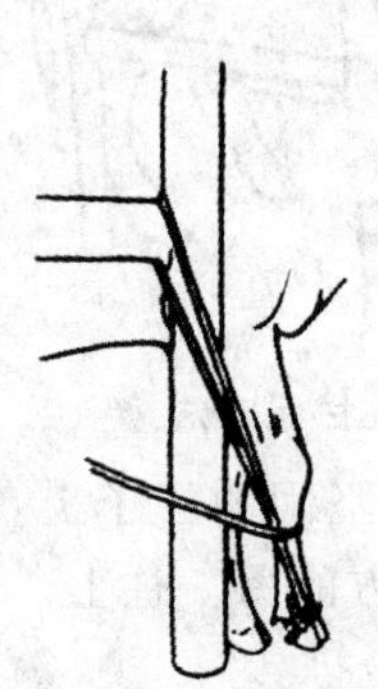

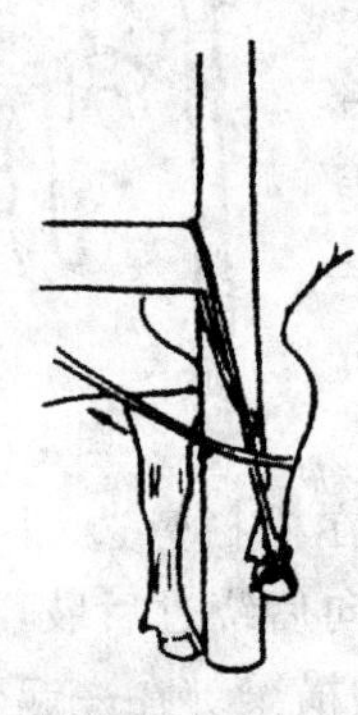

图 2-10　牛前肢前方转位保定法

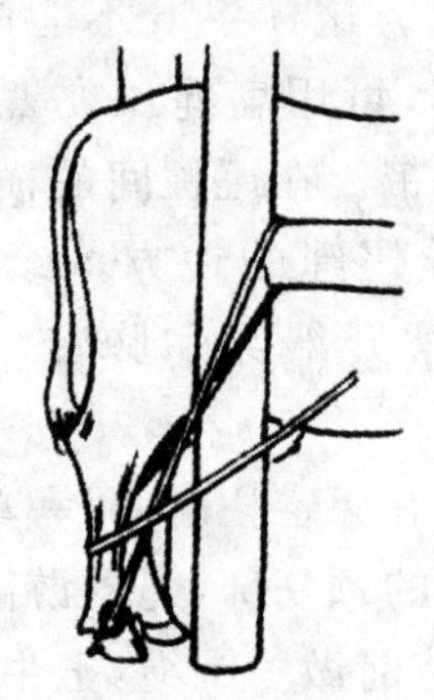

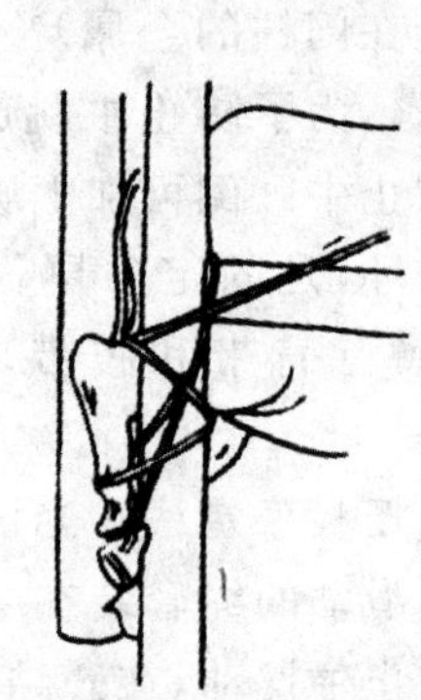

图 2-11　牛后肢后方转位保定法

2. 羊的保定　羊的性情温顺,保定也很容易,很少对人造成伤害。在羊群中捉羊时,可抓住一后肢的跗关节或跗前部,羊能被控制。另外,还有以下两种常用保定方法。

(1)骑跨保定法　术者两手握住羊的两角,骑跨羊身,以大腿内侧夹持羊两侧胸壁即可保定(图 2-12)。用于临床检查或治疗时的保定。

(2)两手围抱保定法　在羊身体一侧用两手分别围抱其前胸或股后部加以保定(图2-13)。用于一般检查或治疗时的保定。

图 2-12　羊骑跨保定法

图 2-13　羊两手围抱保定法

3. 猪的保定　在猪群中,可将其赶至猪栏的一角,使其相互拥挤而不便骚动,然后进行检查、处置。欲捉住猪群中个体猪进行检查时,可迅速抓住猪尾、猪耳或后肢,并将其脱出猪群然后做进一步保定。

(1)站立保定法　通常用绳套进行保定,在绳的一端做一活套,使绳套自猪的鼻端滑下,当猪只张口时迅速使之套入上腭，并立即勒紧，然后由一人拉紧保定绳的另一端，或将绳拴在柱子上，此时猪只多呈用力后退姿势，从而可保持固定的站立姿势（图 2-14）。亦可使用带长柄的绳套，其方法基本同上。将绳套套入上腭后，迅速捻紧而固定之。

图 2-14　猪站立保定法

（2）提举保定法　抓住猪的两耳，迅速提举，使猪腹面向前，并以膝夹住其颈胸部；亦可抓住两后肢的飞节，并将其后躯提起，夹住其背部而固定之；或从后方紧紧抓住猪尾，向上牵拉，使其两后肢离地（图 2-15）。

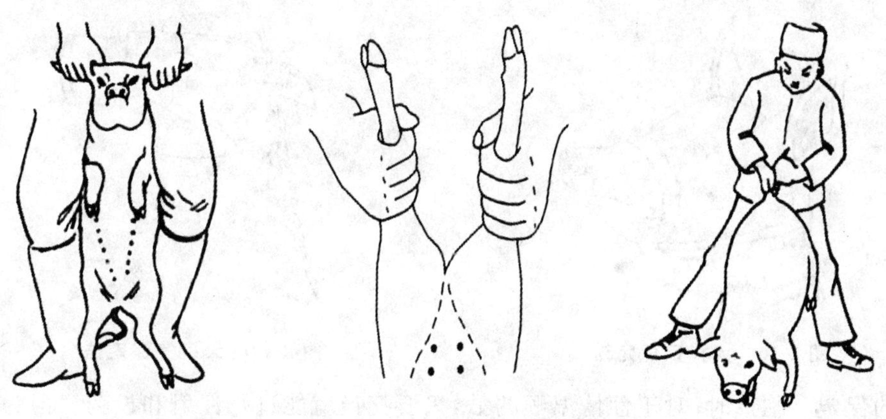

图 2-15　猪提举保定法

4. 犬的保定　因犬对其主人有较强的依恋性，保定时，若有主人配合，可使保定工作顺利进行。保定方法有多种，可根据动物个体的大小、行为及诊疗目的，选择不同的保定法。保定要做到方法简单、确实，确保人及动物的安全。对于温顺的犬可以不必保定，一边安抚一边诊断、治疗。诊疗时要防止咬伤，但也不要过于害怕。

（1）扎口保定法　为防止被犬咬伤，尤其对性情暴躁、有损伤疼痛的犬，应采用扎口保定。

长嘴犬的扎口保定法　用绷带或细的软绳，在其中间绕两次，打一活结圈，套在嘴后颜面部，在下颌间隙系紧。然后，将绷带两游离端沿下颌拉向耳后，在颈背侧枕部收紧打结（图 2-16）。这种方法保定可靠，一般不易被犬抓挠松脱。另一种扎口法是先打开口腔，将活结圈套在下颌犬齿后方勒紧，再将两游离端从下颌绕过鼻背侧，打结即可。

短嘴犬的扎口保定法　用绷带或细的软绳，在其 1/3 处打活结圈，套在嘴后颜面，于下颌间隙处收紧，其两游离端向后拉至耳后枕部打一结，并将其中一长的游离绷带经额部引至鼻背侧穿过绷带圈,在返转至耳后与另一游离端收紧打结。

(2)握耳保定法　小型犬用一手或两手握住犬两耳及头顶部皮肤即可,大型犬在抓住耳及头顶部皮肤的同时可骑在犬背上,用两腿夹住胸部。

(3)徒手犬头保定法　保定者站在犬的一侧,一手托住犬下颌部,另一手固定犬头背部,控制头的摆动。为了防止犬回头咬人,保定者站在犬侧方,面向犬头,两手从犬头后部两侧伸向其面部。两拇指朝上贴于鼻背部,其余手指抵于下颌,合拢握紧犬嘴。此法适用于幼年犬和温顺的成年犬。

(4)口笼保定法　犬口笼是用牛皮革制成。可根据动物个体大小选用适宜的口笼给犬套上,将其带子绕过耳后扣牢(图 2-17)。此法主要用于大型品种犬。

(5)提举后肢保定法　助手或畜主确实保定住犬的头部,术者握住两后肢,倒立提起后躯,并用腿夹住颈部。

(6)四肢捆绑法　分别握住犬一侧的前后肢,将前臂部和小腿合并在一起捆绑固定,另一侧前后肢以同样的方法固定。

(7)颈圈保定法　颈圈又称伊丽莎白颈圈,是一种防止自身损伤的保定装置,在小动物临床上应用很普遍。可选购合适颈圈,也可用硬纸壳、塑料板、X 线胶片自制。

(8)保定台保定法　选择适宜的台架,将犬保定成需要的姿势,如仰卧、侧卧或俯卧等。

图 2-16　犬扎口保定法

图 2-17　犬口笼保定法

5. 猫的保定　临诊时,对于性情温顺的猫,只要抚摸就能进行注射和投药。但为了防止被猫咬伤或搔抓,所以在临床诊疗时仍需注意安全。为防止猫逃离诊疗室,应把门窗关闭起来。其保定方法有以下几种:

(1)徒手捕捉与保定　在诊疗或其他日常管理需要抓猫时,不能单独抓其耳、尾或四肢。正确的抓猫方法是先给猫以亲近的表示,轻轻拍其脑门或抚摸其背部,一手顺势抓着猫的颈背部皮肤,另一手托起猫的腰部或臀部,使猫的腹壁向前,猫的大部分体重落在托臀部的手上,这样既安全又方便(图 2-18)。也可利用猫对主人的依恋性由主人亲自捕捉。保定时最好两人相互配合,一个人抓住猫的颈背部皮肤,另一个人双手分别控制住猫的前肢和后肢,以免把人抓伤。

(2)反绑保定法　将猫两前肢反转向背面,用布条捆绑,使两后肢朝上不着地。

(3)猫袋保定法　用厚布、人造革或帆布缝制成与猫身等长的圆筒形保定袋,两端开口均系上可以抽动的带子。将猫头从近端袋口装入,猫头便从远端袋口露出,此时将袋口带子抽紧(不影响呼吸),使头不能缩回袋内。再抽紧近端袋口,使两后肢露在外面(图 2-19)。这样,便可进行头部检查、测量直肠温度、注射及灌肠等。

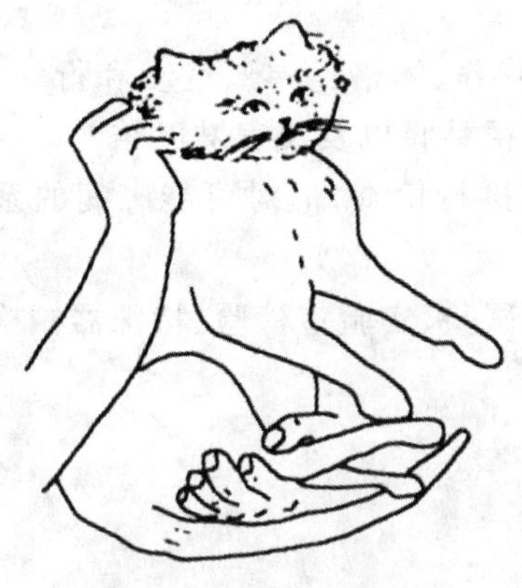

图 2-18　猫徒手保定法

图 2-19　猫袋保定法

(4)扎口保定法　尽管猫嘴短而平,仍可用扎口保定法,以免被咬致伤,其方法与犬的扎口保定相同(图 2-20)。

图 2-20　猫扎口保定法

(5)四柱保定法　将板凳倒放、四腿向上,作为四柱,把猫仰卧其中,每柱绑一条腿,使猫固定不动。也可用普通木椅,将猫仰卧于椅子上,用纱布条将四肢分别固定于椅子的四条腿上,头部自鼻端至下颌做一环扣,将猫的头部固定于椅子靠背中部。

(6)手术台和保定台保定　要进行外科处理,最好在手术台上进行保定。

(三)一般临诊程序

1. 病畜登记　按病志所列各项详细记载,如畜主姓名、住址,患畜的种别、年龄、性别、毛色、特征,发病日期等。

2. 病史调查　一般需要调查下列问题:

(1)动物发病时间。

(2)在什么情况下发病以及可能的发病原因。

(3)患病动物有哪些临床表现。

(4)患病动物过去得过什么病,何时发病及治疗情况。

(5)附近畜禽有无类似的疾病发生。

(6)患病动物的防疫情况如何。

(7)患病动物是否经过治疗，如何治疗，疗效如何。

3.现症的临床检查

(1)一般检查　观察患病动物的整体状态，如精神、营养、体格、姿势、运动和行为等，测定体温、脉搏和呼吸数；检查被毛、皮肤及表在病变；检查可视黏膜以及浅表淋巴结。

(2)各器官、系统检查　按生理系统或解剖部位顺次进行检查，但对可能患病的系统或脏器应进行重点检查。

4.辅助或特殊检查　根据需要可配合进行某些功能试验、实验室检验、特殊器械检查以及X射线检查、B型超声检查或其他检查等。

四、作业与思考题

1.临床上犬、猫常用的保定方法有哪些？

2.假如你是一名兽医人员，针对就诊病例应如何制定合理的临床诊断程序？

实验二　临床基本检查方法及一般检查

一、实验目的与要求

1.练习问诊、诊视、触诊、叩诊、听诊、嗅诊的操作技术，要求初步掌握其方法、应用范围及注意事项。

2.练习对动物全身状态、被毛、皮肤、浅表淋巴结、眼结膜的检查方法以及体温、脉搏、呼吸数的测定技术，并掌握正常与异常状态的判定标准。

3.结合动物医院病例认识有关症状及异常变化。

二、实验器材

器械　体温计2支，水盆2个，秒表2只，穿刺针2支，注射器2支，幻灯机或投影仪1台，幻灯片1套，牛鼻钳子1个。

实验动物　牛1头、羊1头、猪1头、犬1只及临床病例若干。

三、实验内容与方法

(一)临床检查的基本方法

基本的临床检查方法主要包括问诊、视诊、触诊、叩诊、听诊和嗅诊。因为这些方法简单、方便、易行，对任何动物、在任何场所均可实施，并且多可直接的、较为准确地判断病情，所以是临床上诊断疾病最基本的方法。

1.问诊　是兽医通过询问的方式向畜主或有关人员调查、了解畜群或病畜有关发病的各种情况。问诊的目的是为临床检查提供线索和重点。问诊是兽医诊断疾病的第一步，一般在着手进行病畜体检之前进行，通过问诊可获得第一手临诊资料，对其他诊断具有指导意义。

(1)问诊的主要内容

①病例登记　目的在于了解患病动物的个体特征，有利于动物疾病的诊断、治疗和预后判断。内容包括：畜主姓名或单位名称及联系方式、动物种类、动物品种、动物性别、动物年龄、动物毛色、动物用途、动物体重等。

②主诉　即畜主对动物及其患病情况的表达。记录主诉应尽可能用畜主描述的现象，而不是兽医对患病动物的诊断用语。主诉应当用最简明的语句加以概括。

③现病历　本次发病的时间、地点、病的主要表现；对发病原因的估计，病的经过和伴随症状及所采取的治疗措施与效果。

④日常管理　询问动物的饲养管理情况；繁殖和配种方式及配种制度；植被、污染、土壤和饮水等周围环境及舍外大气候，尤其应注意水产动物的周围环境状况；周围近期有无新引进的动物，新引进的动物是否带来新的疾病等。

⑤既往史　包括患病动物以前的健康状况,以及对动物现生活地区的主要动物传染病、寄生虫病和其他病史,对药物、食物和其他接触物的过敏史,以及家族病史等。

(2)问诊的基本方法和技巧

①主动创造一种宽松和谐的环境,以解除畜主的不安心情。

②尽可能让畜主充分地陈述和强调他认为重要的情况和感受。

③追溯早期症状开始的确切时间,直至目前的演变过程。

④在问诊的两个项目之间使用过渡语言,向畜主说明将要讨论的新话题及其理由,使畜主不会困惑你为什么要改变话题以及为什么要询问这些情况。

⑤根据具体情况采取不同类型的提问方式。

⑥问诊时要注意系统性、必要性和盲目性。

⑦对患病动物的病历内容,应严格执行兽医医疗机构病历管理规定,医院有责任(义务)为畜主保密。

(3)问诊的注意事项

①语言要通俗易懂,态度要和蔼,与畜主之间建立良好的关系。

②在内容上既要有重点,又要全面搜集情况;一般可采取启发的方式进行询问。

③对问诊所得到的材料不要简单地肯定或否定,应结合现症检查结果,进行综合分析;更不要单纯依靠问诊而草率作出诊断或即给予处方、用药。

④对患病动物的病历内容,应严格执行兽医医疗机构病历管理规定,医院有责任(义务)为畜主保密。

2.视诊　是兽医利用视觉直接或借助器械观察患病动物的整体或局部表现的诊断方法。视诊的适用范围包括群体检查和个体检查,可分为全身状态的视诊、局部视诊及特殊部位的视诊三方面。

(1)视诊的方法和内容

直接视诊时,一般先不要接近病畜;也不宜进行保定,应尽量使动物取自然的姿态。检查者在动物左前方1～1.5 m处,首先观察其全貌,然后由前往后、从左到右、边走边看;观察病畜的头、颈、胸、腹、脊柱、四肢。当至正后方时,应注意尾、肛门及会阴部;并对照观察两侧胸、腹部是否有异常;为了观察运动过程及步态,可进行牵遛;最后再接近动物,进行细致检查。

间接视诊时,根据需要应做适当地保定,其检查方法见各系统的有关检查法。

(2)视诊的注意事项

①对新来的门诊病畜,应使其稍经休息、呼吸平稳,并先适应一下新的环境后再进行检查。

②最好在自然光照的场所进行,保持光线充足。

③收集症状要客观而全面,不要单纯根据视诊所见的症状就确定诊断,要结合其他方法检查的结果,进行综合分析与判断。

3.触诊　是检查者通过触觉及实体感觉进行检查的一种方法。即检查者用手触摸按压动物体的相应部位,判定病变的位置、大小、形状、硬度、湿度、温度即按压敏感性等,以推断疾病的部位和性质。此外,也可借助于诊疗器械进行间接触诊。

(1)触诊的方法和内容　触诊的方法依检查的目的与对象不同而不同。

①检查体表的温度、湿度或感知某些器官的活动情况(如心搏动、脉搏、瘤胃蠕动等)时,应以手指、手掌或手背接触皮肤进行感知。

②检查局部与肿物的硬度,应以手指进行加压或揉捏,根据感觉及压后的现象去判断。

③以刺激为目的而判定动物的敏感性时,应在触诊的同时注意动物的反应及头部、肢体的动作,如动物表现回视、躲闪或反抗,常是敏感、疼痛的表现。

④对内脏器官的深部触诊,须依被检动物的个体特点(如畜种、大小等)及器官的部位和病变情况的不同而选用手指、手掌或拳进行压迫、插入、揉捏、滑动或冲击的方法进行。对中、小动物可通过腹壁行深部触诊;对大动物还可通过直肠进行内部触诊。

⑤对某些管道(食管、瘘管等),可借助器械(探管、探针等)进行间接触诊(探诊)。

(2)触诊的注意事项

①触诊时应注意安全,必要时要进行保定。欲触诊马、牛的四肢及腹下等部位时,要一手放在畜体的适宜部位做支点,以另一只手进行检查;并应从前往后,自上而下地边抚摸边接近预检部位,切忌直接突然接触。对猪、羊的触诊,在稍作保定后即可进行;对犬的触诊尤其对大体形犬,一定要在确实保定以后,而且在畜主配合下方可进行。

②检查某部位的敏感性时,宜先健区后病区,先远后近,先轻后重,并应注意与对应部位或健区进行对比;应先遮住病畜的眼睛;注意不要使用能引起病畜疼痛或妨碍病畜表现反应动作的保定方法。

4.叩诊　是兽医用手指或借助器械对动物体表的某一部位进行叩击,根据所产生的音响和性质,来推断内部病理变化或某器官的投影轮廓。动物各种组织结构的密度、弹性各异而产生不同的声音是诊断的基础。

(1)叩诊的应用范围　叩诊被广泛应用于肺、心、肝、脾、胃肠等几乎所有的胸、腹腔器官的检查。

(2)叩诊的方法和内容

①直接叩诊法　是用手指或叩诊锤直接向动物体表的一定部位(如副鼻窦、喉囊、马盲肠、反刍动物瘤胃等)进行叩击,以判定其内容物性状,含气量及紧张度。

②间接叩诊法　又分指指叩诊法与锤板叩诊法。本法主要适用于检查肺脏、心脏及胸腔的病变;也可用以检查肝、脾的大小和位置。

指指叩诊法　主要用于中、小动物的叩诊。通常以左手的中指紧密地贴在检查部位上(用做叩诊板);用由第二指关节处呈 90°屈曲的右手中指做叩诊锤,并以右腕做轴而上、下摆动,用适当的力量垂直地向左手中指的第二指节处进行叩击。

锤板叩诊法　即用叩诊锤和叩诊板进行叩诊。通常适用于大家畜。一般以左手持叩诊板,将其紧密地放于欲检查的部位上;用右手持叩诊锤,以腕关节做轴,将锤上、下摆动并垂直地向叩诊板上连续叩击 2～3 次,以听取其音响。

叩诊的基本音调有 3 种:清音(满音),如叩诊正常肺部发出的声音;浊音(实音),如叩诊厚层肌肉或实质脏器发出的声音;鼓音,如叩诊含气较多的马盲肠或反刍动物瘤胃上部时发出的声音。

在 3 种基本音调之间,可有程度不同的过渡阶段,如半浊音等。叩诊时用力的强度,对深在器官、部位及较大的病灶宜用强叩诊;反之宜用轻叩诊。为便于集音,叩诊最好在适当的室内进行;为利于听觉印象的积累,每一叩诊部位应进行 2～3 次间隔均等的同样叩击。

(3)叩诊的注意事项

①叩诊板应紧密地贴于动物体壁的相应部位上,对消瘦的动物应注意勿将其横放于两条肋骨上;对毛用羊只应将其被毛拨开。

②叩诊板勿须用强力压迫体壁,除叩诊板(指)外,其余手指不应接触动物体壁,以免影响振动和音响。

③叩诊锤应垂直地叩在叩诊板上;叩诊锤在叩打后应很快地离开。

④为了均等的掌握叩诊用力的强度,叩诊的手应以腕关节做轴,轻松的上、下摆动进行叩击,不应强加臂力。

⑤在相应部位进行对比叩诊时,应尽量做到叩击的力量、叩诊板的压力以及动物的体位等都相同。

⑥当确定含气器官与无气器官的境界时,先由含气器官的部位开始逐渐转向无气器官部位,再从无气器官部位开始而过渡到含气器官。

⑦叩诊锤的胶头要注意及时更换,以免叩诊时发生锤板的特殊碰击音而影响准确的判断。

5.听诊　是借助听诊器或直接用耳朵听取机体内脏器官活动过程中发出的自然或病理性声音,再根据声音的性质特点,判断其有无病理改变的一种方法。

(1)听诊的应用范围　听诊的应用范围很广,包括直接听取动物的嘶鸣、狂吠、呻吟、喘息、咳嗽、喷嚏、嗳气、咀嚼、运步等声音及高朗的肠鸣音等。现代听诊法主要用于检查心血管系统、呼吸系统、消化系统、胎心音和胎动音等。

(2)听诊的方法和内容

①直接听诊法　先于动物体表上放一听诊布,然后用耳直接贴于动物体表的欲检部位进行听诊。检查者可根据检查的目的采取适宜的姿势。

②间接听诊法　即应用听诊器在预检器官的体表相应部位进行听诊。

(3)听诊的注意事项

①经常检查听诊器,注意接头有无松动,胶管有无老化、破损或堵塞。

②听诊环境要安静和温暖,最好在室内或避风处进行,尤其是小动物应避免惊恐或因外界寒冷引起肌肉震颤产生噪声而影响听诊效果。

③听诊器两耳塞与外耳道相接要松紧适当,过紧或过松都影响听诊的效果。听诊器的集音头要紧密地放在动物体表的检查部位,并要防止滑动。听诊器的胶管不要与手臂、衣服、动物被毛等接触、摩擦,以免发生杂音。

④听诊时要聚精会神,并同时要注意观察动物的活动与动作,如听诊呼吸音时要注意呼吸动作;听诊心音时要注意心搏动等。并应注意与传导来的其他器官的声音相鉴别。

⑤听诊胆怯易惊或性情暴烈的动物时,要由远而近地逐渐将听诊器集音头移至听诊区,以免引起动物反应。听诊时仍需注意安全。

6.嗅诊　是以嗅觉判断发自病畜的异常气味与疾病关系的方法。这些异常的气味大多来自皮肤、黏膜、呼吸道、胃肠道、呕吐物、排泄物、脓液等病理性产物。嗅诊时检查者用手将病畜散发的气味扇向自己的鼻部,然后仔细的判断气味的特点与性质。临诊上经常用嗅诊检查的汗液、呼出气体、痰液、呕吐物、粪便、尿液和脓液味等。

常见分泌物和排泄物气味的诊断意义:呼出气体和尿液带有酮味,常常提示牛和羊的酮血症;呼出气体和鼻液有腐败气味,提示呼吸肺脏有坏疽性病变;呼出的气体和消化道内容物中有大蒜气味，提示有机磷中毒；粪便带有腐败臭味，多提示消化不良或胰腺功能不足引起；皮肤和汗液带有尿臭气味，提示尿毒症；阴道分泌物化脓、有腐败臭味，提示子宫蓄脓或胎衣停滞。

（二）全身状态的观察

1. 精神状态　动物的精神状态是中枢神经系统机能活动的反映，根据动物对外界、刺激的反应能力及行为表现而判定。临床上主要观察病畜的神态，注意其耳、眼的活动，面部的表情及各种反应活动。

健康动物表现为两眼有神，耳尾灵活，对外界刺激能迅速反应，听从主人使唤，行动敏捷，动作协调，行为正常，被毛（或羽毛）平顺并富有光泽，幼畜则显得活泼好动，宠物表现亲近主人。在疾病情况下，可表现两种异常状态：兴奋和抑制。

（1）兴奋状态　轻则表现为亢奋、躁动不安，竖耳、刨地、嚎叫；重则不顾障碍的前冲、后退，狂躁不驯或挣扎脱缰，甚至攻击人畜，这种精神状态称精神兴奋或狂躁，见于脑部疾病如脑炎，侵害神经系统的传染病如狂犬病等。

（2）抑制状态　一般表现为离群呆立，萎靡不振、耳耷头低，眼半闭，行动迟缓或突然站立，对周围淡薄而反应迟钝；重则卧地不起，这种精神状态称精神抑制。根据精神抑制的程度，可分为沉郁、嗜睡、昏迷等。

2. 体格发育　体格发育指动物骨骼与肌肉的外形及其发育程度。机体的发育受遗传、内分泌、营养代谢、饲养管理等多种因素的影响。体格发育的状况通常可用视诊的方法，根据骨骼和肌肉的发育程度及各部分的比例关系来判定，必要时可用测量器具进行测量，根据体高、体长、体斜长、颅径、胸围、管围及体重等作出判断。

检查体格时应考虑动物品种、年龄等因素形成的差异。体格分为体格强壮、体格中等和体格纤弱；发育程度可分为发育良好和发育不良，体格大小和发育状况呈一定关系。

3. 营养状况　与多种因素有关，但通常反映了机体对饲料摄入、消化、吸收和代谢的状况。营养状况一般用视诊的方法根据肌肉的丰满程度、皮下脂肪的蓄积量及被毛情况来判定，必要时可称量体重。临床上将营养状况区分为营养良好、营养中等、营养不良和营养过剩（肥胖）4 种情况。

（1）营养良好　表现为八九成膘，肌肉丰满，皮下脂肪充实，躯体圆润，骨骼棱角不显露，被毛平顺有光泽，皮肤富有弹性，机体抵抗力强。

（2）营养不良　表现为消瘦，五成膘以下，肌肉和皮下脂肪菲薄，骨骼棱角显露，肋骨可数，被毛蓬乱无光泽，皮肤缺乏弹性，常伴有精神不振、乏力。长期极度消瘦称恶病质，多预后不良。

（3）营养过剩　即肥胖，主要指体内中性脂肪积聚过多，表现为体重超重，多见于宠物。动物肥胖将导致其繁殖能力。生产性能下降，多因饲养水平过高、运动不足或内分泌紊乱而引起。

4. 姿势与步态　主要观察病畜表现的姿态特征。健康动物姿态自然。牛站立时常低头，食后喜四肢集于腹下而卧；站立时先起后肢，动作缓慢；羊、猪于食后好躺卧，生人接近时迅速起立，躲避；马多站立，常交换歇其后蹄，偶尔卧下，但闻吆喝声而起。典型的异常姿势可见有：

（1）全身僵直　表现为头颈挺伸，肢体僵硬，四肢不能屈曲，尾根挺起，呈木马样姿势（如破伤风、士的宁中毒）。

（2）异常站立姿势　病畜单肢悬空或不敢负重（如跛行）；两前肢后踏、两后肢前伸而四肢集于腹下(如蹄叶炎)。鸡可呈现两腿前后叉开姿势(如马立克氏病)。

(3)站立不稳　躯体歪斜或四肢叉开,依靠墙壁而站立;鸡呈扭头曲颈,甚至躯体滚转(如维生素B缺乏症)。

(4)骚动不安　牛、羊可见以后肢蹴腹动作;马骡可表现为前肢刨地,后肢踢腹,回视腹部,伸腰摇摆,时起时卧,起卧滚转或呈犬坐姿势或呈仰腹朝天等(如各种腹痛症)。

(5)异常躺卧姿势　牛呈曲颈伏卧而昏睡(如生产瘫痪);马呈犬坐姿势而后躯轻瘫(如肌红蛋白尿症)。

(6)步态异常　常见有各种跛行,步态不稳,四肢运步不协调或呈蹒跚、踉跄、摇摆、跌晃,而似醉酒状(如脑脊髓炎症)。

(三)被毛和皮肤的检查

1.被毛的检查　主要通过视诊观察毛羽的光泽、长度、分布状态、清洁度、完整性及与皮肤结合的牢固性进行判断。

健康动物的被毛整洁、平顺而富有光泽、生长牢固,每年春秋两季适时脱换新毛。患病动物被毛蓬松粗乱,失去光泽,易脱落或换毛季节推迟;羊的局限性脱毛常提示螨病。

检查被毛时,要注意被毛的污染情况,尤其注意污染的部位(体侧、肛门或尾部)。

2.皮肤的检查　主要通过视诊和触诊进行。

(1)颜色　检查白色皮肤的病畜时,可见有皮肤小点状出血(指压不褪色),较大的红色充血性疹块(指压褪色),皮肤青白或发绀。

(2)温度　宜用手背触诊检查,牛、羊可检查鼻镜、角根、胸侧及四肢;猪可检查耳及鼻端;禽可检查肉髯;马可触摸耳根、颈部及四肢。

病畜可表现为全身皮温增高、局部皮温增高或全身皮温降低、局部皮温降低,或皮温分布不均(如马鼻寒耳冷,四肢末梢冷厥)。

(3)湿度　通过视诊和触诊进行,可见有出汗与干燥现象。

(4)弹性　检查皮肤弹性的部位,牛在最后肋骨后部,小动物可在背部,马在颈侧。

检查方法:将该处皮肤做一皱襞后再放开,观察其恢复原态的情况。健康动物放手后立即恢复原状。皮肤弹性降低时,则放手后恢复缓慢。

(5)丘疹、水泡和脓疱　检查时要特别注意被毛稀疏处、眼周围、唇、蹄趾间等处。

3.皮下组织的检查　发现皮下或体表有肿胀时,应注意肿胀部位的大小、形状,并触诊判定其内容物性状、硬度、温度、移动性及敏感性等。

常见的肿胀类型及其特征有:

(1)皮下浮肿　表面扁平,与周围组织界限明显,压之如生面团样,留有指压痕,且较长时间不易恢复,触之无热、痛;而炎性肿胀则有热、痛,有或无指压痕。

(2)皮下气肿　边缘轮廓不清,触诊时发出捻发音(沙沙声),压之有向四周皮下组织窜动的感觉。颈侧、胸侧、肘后的皮下气肿,多为窜入性,故局部无热痛反应;而厌气性感染时,气肿局部并有热、痛反应,且局部切开后可流出混有泡沫的腐败臭味的液体。

(3)脓肿及淋巴外渗　外形多呈圆形突起,触之有波动感,脓肿可触到较硬的囊壁,可行穿刺鉴别之。

(4)疝　触之也有波动感,可通过触到疝环及整复试验而与其他肿胀相鉴别。猪常发生阴囊疝及脐疝;大动物多发腹壁疝。

(四)可视黏膜的检查

主要注意观察眼结合膜的颜色变化，首先观察眼睑有无肿胀、外伤及眼分泌物的数量、性质。然后再打开眼睑进行检查。

检查牛时，主要观察其巩膜的颜色及其血管情况，检查时可一手握牛角，另一手握住其鼻中隔并用力扭转其头部，即可使巩膜露出，也可用两手握牛角并向一侧扭转，使牛头偏向侧方(图2-21)。欲检查牛结膜时，可用大拇指将下眼睑拨开观察。

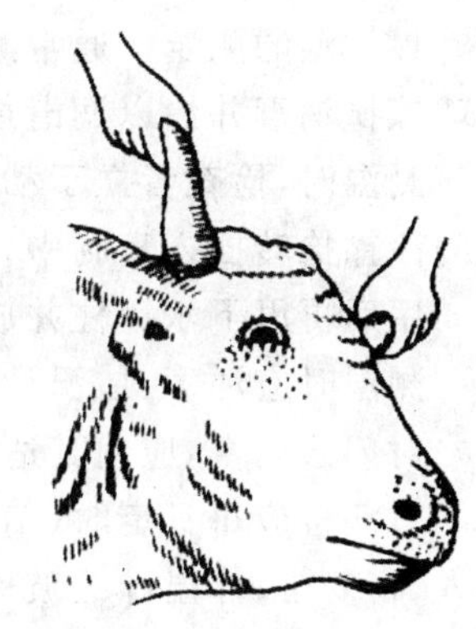

图 2-21　牛巩膜检查法

检查羊、猪时，可用两手拇指分别打开其上、下眼睑。

检查犬时，与羊、猪小动物相同。

健康马眼结合膜呈淡红色，牛的颜色较马稍淡，但水牛则较深，猪眼结合膜呈粉红色。结合膜颜色的变化可表现为：潮红(可呈现单眼潮红、双眼潮红、弥漫性潮红及树枝状充血)、苍白、黄染、发绀及出血(出血点或出血斑)。

检查眼结合膜时应注意：最好在自然光线下进行，因为灯光下对黄色不易识别。检查时动作要快，且不宜反复进行，以免引起充血。应对两侧眼结合膜进行对照检查。

(五)浅表淋巴结的检查

检查浅表淋巴结，主要进行触诊。检查时应注意其大小、形状、硬度、敏感性及在皮下的可移动性。

牛常检查颌下、肩前、膝襞、乳房上淋巴结等(图 2-22)。

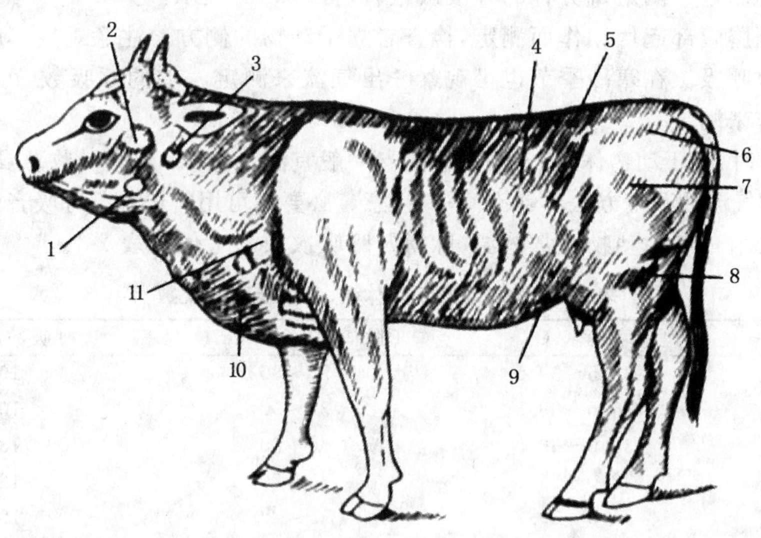

图 2-22　牛浅表淋巴结的位置

1. 颌下淋巴结　2. 耳下淋巴结　3. 颈上淋巴结　4. 髂上淋巴结　5. 髂内淋巴结　6. 坐骨淋巴结　7. 髂外淋巴结　8. 腘淋巴结　9. 膝襞淋巴结　10. 颈下淋巴结　11. 肩前淋巴结

猪可检查股前淋巴结和腹股沟淋巴结。

犬通常检查下颌淋巴结、腹股沟淋巴结和腘淋巴结等。

淋巴结的病理变化有　急性肿胀,表现淋巴结体积增大,并有热、痛反应,常较硬,化脓后可有波动感;慢性肿胀,多无热、痛反应,常较硬,表面不平,且不易向周围移动。

(六)体温、脉搏及呼吸数的测定

1.体温的测定　通常测定直肠的温度。首先甩动体温计使水银柱降至35℃以下;用酒精棉球擦拭消毒并涂以润滑剂后再行使用。被检动物应适当的保定。

测温时,检查者立于动物的左后方,以左手提起其尾根部并稍推向对侧,右手持体温计经肛门徐徐捻转插入直肠中;再将附有的夹子夹于尾毛上;经3～5 min后取出,读取度数。

用后再甩下水银柱并放入消毒瓶内备用。

测温时应注意:体温计于用前应统一进行检查、验定,以防有过大的误差。

对门诊病畜,应使其适当休息并安静后再测。

对病畜应每日定时(午前与午后各1次)进行测温,并逐日绘成体温曲线表。测温时要注意人、畜安全;体温计的玻棒插入的深度应适宜(大动物可插入其全长的2/3)。

注意避免产生误差,用前须甩下体温计的水银柱;测温的时间应适当(按体温计的规格要求);勿将体温计插入宿粪中;对肛门松弛的母畜,可测阴道温度,但是,通常阴道的温度较直肠温度稍低(0.2～0.5℃)。

2.脉搏数的测定　测定每分钟脉搏的次数,以"次/min"表示。

牛通常检查尾动脉,检查者站在牛的正后方,左手提起牛尾,右手拇指放于尾根部的背面,用拇指、中指在距尾根10 cm左右处尾的腹面检查;猪和羊可在后肢股内侧的股动脉处检查。

检查脉搏时,应待动物安静后再行测定。一般应检测1 min;当脉搏过弱而不感于手时,可依心跳次数代替之。

3.呼吸数的测定　测定每分钟的呼吸次数,以"次/min"表示。

一般可根据胸腹部起伏动作而测定,检查者立于动物的侧方。注意观察其腹肋部的起伏,一起一伏为1次呼吸。在寒冷季节也可观察呼出气流来测定。鸡的呼吸数,可观察肛门下部的羽毛起伏动作来测定。

测定呼吸数时,宜于动物休息、安静时检测。一般宜测1 min。观察动物鼻翼的活动或以手放于其鼻前感知气流的测定方法不够准确,应注意。必要时可用听诊肺部呼吸音的次数而代替。

4.正常参考值　各种动物正常体温、脉搏及呼吸次数参考值见表2-1。

表2-1　各种动物正常体温、脉搏及呼吸次数

畜种	体温/℃	脉搏数/(次/min)	呼吸数/(次/min)
黄牛、奶牛	37.5～39.5	50～80	10～30
水牛	36.5～38.5	30～50	10～30
猪	38.0～39.5	60～80	18～30
羊	38.0～39.5	70～80	12～30
犬	37.5～39.2	70～120	10～30
猫	38.5～39.5	110～130	10～30
禽类	40.0～42.0	120～200(心跳)	15～30
马	37.5～38.5	26～42	8～16
驴	37.3～38.2	42～54	12～17
骡	38.0～39.0	34～48	8～16

四、作业与思考题

1. 问诊的主要内容及技巧主要表现在哪些方面?
2. 叩诊的应用范围及临床诊断意义是什么?
3. 牛、猪的可视黏膜检查方法、常见病理变化及其临床意义是什么?
4. 为什么要进行整体及一般检查?

实验三　循环系统的临床检查

一、实验目的与要求

1. 练习心脏的临床检查法。要求初步掌握心脏的视、触、叩、听诊的部位、方法及正常状态，区别第一与第二心音。

2. 练习动物脉搏的触诊。要求了解不同动物脉搏触诊的部位、方法及正常状态。

3. 检查临床典型病例或听取异常心音录音的播放。要求初步认识心杂音及重要的异常心音。

二、实验器材

器械　听诊器每人 1 具、叩诊器 2 具、录音机 1 台、心音录音带 1 套。

实验动物　牛 1 头、羊 1 只、猪 1 头、犬 1 只及临床病例若干。

三、实验内容与方法

(一)心脏的检查

1. 心搏动的视诊与触诊　被检动物取站立姿势，使其左前肢向前伸出半步，以充分露出心区。检查者位于动物左侧方，视诊时，仔细观察左侧肘后心区被毛及胸壁的振动情况；触诊时，检查者一手(右手)放于动物的鬐甲部，用另一手(左手)的手掌紧贴于动物的左侧肘后心区，注意感知胸壁的振动，主要判定其频率及强度。

健康动物，随每次心室的收缩而引起左侧心区附近胸壁的轻微振动，称之为心搏动。

其病理变化可表现为心搏动减弱或增强。但应注意排除生理性的减弱(如过肥)或增强(如运动之后、兴奋、惊恐或消瘦)。

2. 心脏的叩诊　按前法保定，对大动物，宜用锤板叩诊法；小动物可用指指叩诊法。大动物先将其左前肢拉向前方半步，小动物则可提取其左前肢，以使心区充分显露；然后持叩诊器由肩胛骨后角垂直地向下叩击，直至肘后心区，再转而斜向后上方叩击。随叩诊音的改变，而标明由肺清音变为心浊音的上界点及由心浊音区又转为肺清音的后界点，将此两点连成一半弧形线即为心浊音区的后上界线。

健康动物心浊音区：牛在左侧，由于心脏被肺脏所掩盖的部分较大，只能确定相对浊音区，位于第 3～4 肋间，胸廓下1/3的中间部，其范围缩小。

其病理变化可表现为心脏叩诊浊音区的缩小或扩大，有时呈敏感反应(叩诊时回视、反抗)或叩诊呈鼓音(如牛创伤性心包炎时)。

犬的绝对浊音区位于左侧第 4～6 肋间，前缘达第 4 肋骨，上缘达肋骨和肋软骨结合部，大致与胸骨平行，后缘受肝浊音的影响而无明显界线。

3.心音的听诊　动物保定同前。一般用听诊器进行间接听诊，将集音头放于心区部位即可。应遵循一般听诊的常规注意事项。当需要辨认各瓣膜口心音的变化时，可按下表确定其最佳听取点(表 2-2)。

表 2-2　各种动物的心音最佳听取点

畜种	第一心音		第二心音	
	二尖瓣口	三尖瓣口	主动脉口	肺动脉口
牛、羊	左侧第 4 肋间，主动脉口的远下方	右侧第 3 肋间，胸廓下 1/3 的中央水平线上	左侧第 4 肋间，肩关节线下 1～2 指处	左侧第 3 肋间，胸廓下 1/3的中央水平线下方
猪	左侧第 5 肋间，胸廓下 1/3 的中央水平线上	右侧第 4 肋间，肋骨和肋软骨结合部稍下方	左侧第 4 肋间，肩关节线下 1～2 指处	左侧第 3 肋间，接近胸骨处
犬	左侧第 4 肋间	右侧第 3 肋间	左侧第 3 肋间	左侧第 3 肋间

听诊心音时，主要应判断心音的频率、强度、性质及有否分裂、杂音或节律不齐。当心音过于微弱而听不清时，可使动物做短暂的运动，并在运动之后听取。

(1)健康动物的心音特点

牛　黄牛及奶牛的心音较为清晰，尤其第一心音明显，但其第一心音持续时间较短；水牛的心音甚为微弱。

猪　心音较钝浊，且两个心音的间隔大致相等。

犬　心音清亮，且第一与第二心音的音调、强度、间隔及持续时间均大致相等。

区别第一与第二心音时，除根据上述心音的特点外，第一心音产生于心室收缩期中，与心搏动、动脉脉搏同时出现；第二心音产生于心室舒张期，与心搏动、动脉脉搏出现时间不一致。

(2)心音的病理变化　可表现为心率过快或徐缓、心音混浊、心音增强或减弱、心音分裂或出现心杂音、心律不齐等。

(二)脉管的检查

1.动脉脉搏的检查　大动物多检查颌外动脉或尾动脉；中、小动物则以股动脉为宜。

颌外动脉和尾动脉的检查方法如第二部分实验二所述。

股动脉检查，检查者左手握住动物的一侧后肢的下部；右手的食指及中指放于股内侧的股动脉上，拇指放于股外侧。

检查时，除注意计算脉搏的频率外，还应判定脉搏的性质(大小、软硬、强弱及充盈状态与节律)。正常的脉搏性质表现为：脉管有一定的弹性，搏动的强度中等，脉管内的血量充盈适度。其节律表现为强弱一致，间隔均等。

在病理情况下脉搏可表现出：脉率的增多与减少，振幅过大(大脉)或过小(小脉)，力量增强(强脉)或减弱(弱脉)，脉管壁松弛(软脉)或紧张(硬脉)，脉管内血液过度充盈(实脉)或充盈不足(虚脉)。脉率不齐则表现为间隔不等及大小不匀。

2.浅在静脉的检查　主要观察浅在静脉(如颈静脉、胸外静脉)的充盈状态及颈静脉的波动。

一般营养良好的动物，浅在静脉管不明显；较瘦或皮薄毛稀的动物则较为明显。

正常情况下，牛于颈静脉沟处可见有随心脏活动而出现的自颈基部向上部反流的波动，其反流波不超过颈部的下 1/3。

浅在静脉的病理变化主要有:局部肿胀;颈静脉过度充盈,呈绳索状;颈静脉波动超过下1/3。颈静脉波动的性质,可于颈中部的颈静脉上用手指加压法鉴定,即在加压后,近心端及远心端的波动均消失,是心房性波动(阴性波动),远心端消失而近心端不消失,是心室性波动(阳性波动);近心端与远心端均不消失,并感知动脉过强的波动,是伪性波动。同时还应参照波动出现的时期与心搏动及动脉脉搏的时间是否一致而综合判断。

四、作业与思考题

1. 循环系统检查的主要临床意义是什么?
2. 如何区别家畜的正常心音与异常心音?
3. 动物脉管的临床检查方法及病理变化表现在哪些方面?

实验四　呼吸系统的临床检查

一、实验目的与要求

1.掌握上呼吸道、胸廓和呼吸运动的检查内容和方法。

2.掌握胸肺的叩、听诊的检查方法，熟悉其正常状态。

3.结合典型病例认识主要症状并理解其临床意义。

二、实验器材

器械　听诊器、叩诊器、额带反射镜和保定用具。

材料　实验动物：牛、羊、猪、犬和患呼吸器官病的典型病例。图标模型：牛、猪和犬呼吸器官有关图标和模型。

三、实验内容与方法

（一）上呼吸道的检查

1.鼻的检查　主要应用视诊、触诊和嗅诊的方法。注意鼻的外观状态、呼出气体、鼻液、鼻黏膜等。

(1)鼻的外观检查　检查者一般位于病畜的前方进行观察。

健康的牛、猪、犬等的鼻镜或鼻盘均为湿润，并带有少许水珠，触之有凉感。

病畜可表现为：鼻镜或鼻盘干燥，温度升高，甚至龟裂、出血，白色鼻镜或鼻盘可见到发绀现象。

鼻梁歪曲，主要见于面神经麻痹，在猪常见于传染性萎缩性鼻炎。

鼻孔高度开张，呈喇叭状，一般提示呼吸困难。

(2)呼出气体的检查　健康动物，呼出气体无异常气味，稍有温热感，两侧气流均匀。

病畜可见有两侧呼出气流不均，有较强的热感，或带有恶臭味、腐败气味、烂苹果味和尿臭味等。

当怀疑有传染病的可能时，检查者应戴口罩，注意公共卫生。

(3)鼻液的检查　检查鼻液首先应注意鼻液的量（有无、多少），鼻液的性状、颜色、混杂物及单侧鼻液或双侧鼻液等。

健康牛有少量浆液性鼻液，常被其舌自然舔去。

病畜可见有：浆液性鼻液，为清凉透明的液体；黏液性鼻液，似蛋清样；脓性鼻液，呈黄白色或淡黄绿色的糊状或膏状，有脓臭味；腐败性鼻液，污秽不洁，带褐色，呈烂桃样或烂鱼肚样，具尸腐气味。

此外，还应注意出血及其特征（鼻出血鲜红呈滴状或线状；肺出血鲜红，含有小气泡；胃出血暗红,含有食物渣)、数量、混杂物、排出时间及单双侧性。

鼻液中弹力纤维的检查,取少量鼻液,置于试管或小烧杯中,加入10%氢氧化钠(钾)溶液2～3 mL,混合均匀,在酒精灯上,边震荡边加热煮沸至完全溶解。然后,离心倾去上清液,再用蒸馏水冲洗并离心,如欲使其着色,最好于离心前加入1%的伊红酒精溶液数滴,再取沉淀物涂片,镜检。弹力纤维为透明的折光性强的细丝状弯曲物,具有双层轮廓,两端或呈分叉状,常聚集成束状而存在,染色后成蔷薇红色(图2-23)。

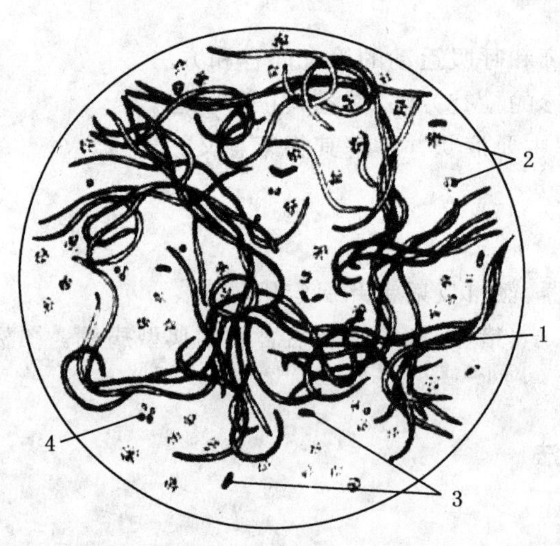

图2-23 鼻液中的弹力纤维

1.弹力纤维 2.脓细胞 3.杆菌 4.球菌

(4)鼻黏膜的检查

动物鼻黏膜检查法 将病畜头抬起,使鼻孔对着阳光或人工光源,即可观察鼻黏膜。小动物可用开鼻器。

在病理情况下,可见有潮红肿胀(表面光滑平坦,颗粒消失,闪闪有光)、出血、结节、溃疡、瘢痕,有时见有水泡、肿瘤。马鼻疽时则可见有火山口样溃疡面或星芒样瘢痕。

注意事项:须做适当的保定;注意防护,以防感染人畜共患病;将鼻孔对光检查,重点注意其颜色、有无肿胀、溃疡、结节和瘢痕等。

一般动物的鼻黏膜为淡红色,但有些牛鼻孔周围的鼻黏膜有色素沉着。

2.副鼻窦的检查 借助视诊观察其外部形态,借助触诊判断其温度、硬度及敏感性;借助叩诊以推断其内腔(含气量)状态。

健康鼻窦部完整,触之无痛,叩诊呈空匣(盒)音。

病理情况下,可见有窦区隆起、变形,有的病例兼有脓性鼻液,尤以低头时排出量增多。触诊有热痛;叩诊音变浊。

3.喉囊的检查 喉囊位于耳根和喉头中间、腮腺的上内测、下颌支的后方,通过视诊、触诊和叩诊进行检查,必要时可做穿刺检查。

健康马喉囊空虚无物,表面平整、柔软、无痛。

病马喉囊区肿胀，有热痛，呈波动感和叩诊浊音。使病畜低头并触压喉囊部时，自鼻孔流出脓性鼻液。

4.喉及气管的检查　通过视诊可查明喉及气管部位的外部状态，注意有无肿胀等变化；检查者立于患畜的前侧，一手持笼头，一手从喉头和气管的两侧进行按触压，判断其形态及肿胀性状；亦可在喉及气管的腹侧，自上而下听诊。

健康动物的喉及气管外观无变化；触诊无痛，听诊可闻似"赫"音。

在病理情况下可见有：喉及气管区的肿胀，有时有热、痛反应，并伴有咳嗽，听诊可闻强烈的狭窄音、哨音、喘鸣音等。

对小动物和禽类还可做喉的内部直接视诊，检查者将患畜的头部略为抬起，用开口器打开口腔，用压舌板下压舌根，对光观察之。检查鸡的喉部时，将头高举，在打开口腔的同时，用捏着肉髯手的中指向上挤压喉头，则喉腔即可显露。注意观察黏膜颜色，有无肿胀和附着物。

5.咳嗽的检查　首先询问有无咳嗽，注意听取其自发性咳嗽，并辨别是经常性或发作性？干性或湿性？观察有无疼痛、鼻液及其他伴随症状。必要时，可作人工诱咳，以判定咳嗽的性质。

(1)牛人工诱咳法　用多层湿润的毛巾遮盖或闭塞鼻孔一定时间后迅速放开，使之深呼吸，则可出现咳嗽。也可用一特制的橡皮(塑料)套鼻袋，紧紧地套在牛的口鼻部，使牛暂时中断呼吸，然后去掉套袋，病牛在深吸气后，可出现咳嗽。

在怀疑牛患有严重的肺气肿、肺炎、胸膜肺炎合并心肌功能紊乱时，应该慎用。

(2)动物诱咳法　经过短时间闭塞鼻孔或捏压喉部、叩击胸壁均能引起咳嗽。

健康动物很少发生咳嗽，但由于灰尘、刺激性气体等吸入呼吸道，可引起一、二声咳嗽，或短暂的发作性咳嗽。

在病理情况下，可发生经常性的剧烈咳嗽，其性质可表现为：干咳(声音清脆，干而短)、湿咳(声音钝浊，湿而长)、痛咳(不安，头颈伸直)，甚至出现痉挛性咳嗽。

(二)胸廓的检查

1.胸廓的视诊　注意观察呼吸状态，胸廓的形状和对称性；胸壁有无损伤、变形；肋骨与肋软骨结合处有无肿胀或隆起；肋骨有无变化，肋间隙有无变宽或变窄，凸出或凹陷现象；胸前、胸下有无浮肿等。

健康动物呼吸平顺，胸廓两侧对称，脊柱平直，胸壁完整，肋间隙的宽度均匀。

病例状态可见有：胸廓向两侧扩大(桶状)，胸廓狭小(扁平)，单侧性扩大或塌陷；肋间隙变宽或变狭窄；胸下浮肿或其他损伤。

2.胸廓的触诊　胸廓触诊着重注意胸壁的敏感性、感知温湿度、肿胀物的性状，并注意肋骨有否变形及骨折等。

健康动物触诊无痛。

病理状态可见：触诊胸壁敏感，有摩擦感、热感或冷感；肋骨肿胀、变形，或有骨折及不全骨折；尤其幼畜可呈串珠样肿；胸下浮肿；各种外伤。

(三)呼吸运动的检查

应在病畜安静且无外界干扰的情况下做下列检查。

1.呼吸频率(次数)的检查　详见本书第二部分实验二。

2.呼吸类型的检查　检查者立于病畜的后侧方,观察吸气与呼气时胸廓与腹壁起伏动作的协调性和强度。

健康动物一般为胸腹式呼吸,即在呼吸时,胸壁和腹壁的动作很协调,强度大致相等。

在病理情况下,可见有胸式或腹式呼吸。

3.呼吸节律的检查　检查者立于病畜的侧方,观察每次呼吸动作的强度、间隔时间是否均等。

健康动物在吸气后紧随呼气,经短时间休止后,再行下次呼吸。每次呼吸的间隔时间和强度大致均等,即呼吸节律正常。

病理性呼吸节律可见有:陈-施二氏呼吸(由浅到深再至浅,经暂停后复始)、毕欧特氏呼吸(深大呼吸与暂停交替出现)、库斯茂尔氏呼吸(呼吸深大而慢,但无暂停)。

4.呼吸匀称性的检查　检查者立于病畜正后方,对照观察两侧胸壁的起伏动作强度是否一致。

健康动物呼吸时,两侧胸壁起伏动作的强度完全一致。

病畜可见两侧不对称的呼吸动作。

5.呼吸困难的检查　检查者仔细观察病畜鼻翼的扇动情况及胸、腹壁的起伏和肛门的抽动现象,注意头颈、躯干和四肢的状态和姿势;并听取呼吸喘急的声音。

健康动物呼吸时,自然而平顺,动作协调而不费力,呼吸频率相对正常,节律整齐,肛门无明显抽动。

呼吸困难时,呼吸异常费力,呼吸频率有明显改变(增或减),补助呼吸肌参与呼吸运动。常见的呼吸困难类型有以下 3 种:

(1)吸气性呼吸困难　表现吸气用力,吸气时间延长。头颈平伸,鼻孔开张,形如喇叭,两肘外展,胸壁扩张,肋间凹陷,肛门有明显的抽动。甚至呈张口呼吸。吸气时间延长,可听到明显的狭窄音。

(2)呼气性呼吸困难　表现呼气用力,呼气时间延长,呈二段呼出;补助呼气肌参与活动,腹肌极度收缩,沿季肋缘出现喘线(息劳沟)。

(3)混合性呼吸困难　动物吸气、呼气都困难并伴有呼吸次数增多。但狭窄音多不明显。

(四)胸、肺叩诊

1.肺叩诊区

(1)牛肺叩诊区　近似三角形。上界为与脊柱平行的直线,并距背中线约一掌宽(10 cm 左右);前界为自肩胛骨后角沿肘肌向下所划的类似“S”形的曲线,止于第 4 肋间;后界由第 12 肋骨开始,向下、向前的弧线则经髋结节水平线与第 11 肋间相交叉,肩关节水平线与第 8 肋间相交叉而止于第 4 肋间下端。

此外,在瘦牛的右侧肩前 1～3 肋间部尚可发现一狭窄的叩诊区(牛肺脏右侧最前方多一副叶),称为肩前叩诊区,上部宽 6～8 cm,下部 2～3 cm。叩诊时,宜将前肢向后牵引,但其叩诊音往往不如胸部清楚(图 2-24 和图 2-25)。

(2)绵羊和山羊肺叩诊区　基本上与牛相同(图 2-26)。

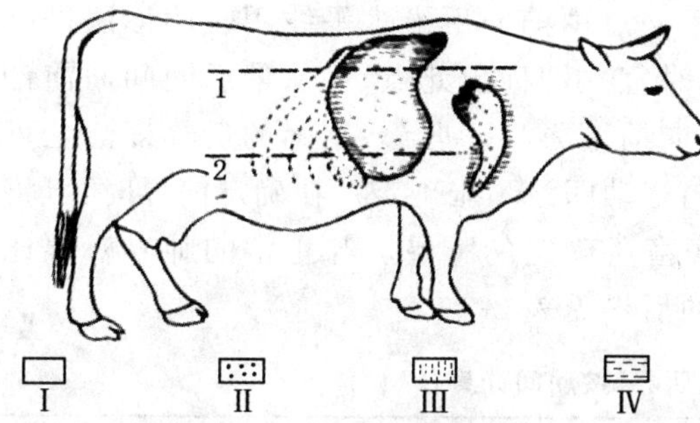

图 2-24　瘦牛肺叩诊区

1. 髋结节线　2. 肩端线

Ⅰ. 清音　Ⅱ. 浊鼓音　Ⅲ. 半浊音　Ⅳ. 浊音

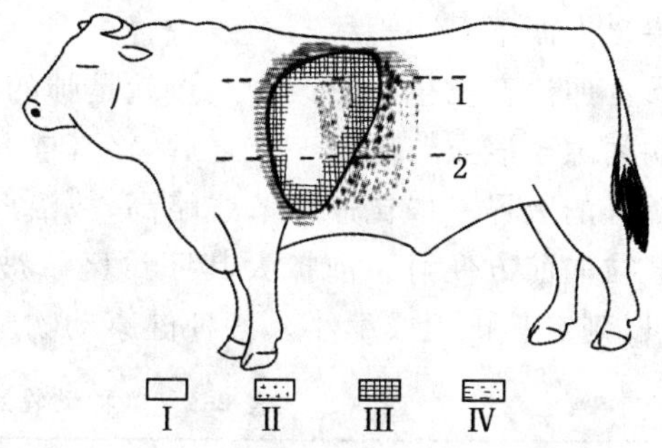

图 2-25　肥牛肺叩诊区

1. 髋结节线　2. 肩端线

Ⅰ. 清音　Ⅱ. 浊鼓音　Ⅲ. 半浊音　Ⅳ. 浊音

(3)猪肺叩诊区　上界距背中线 4～5 指宽；后界由第 11 肋骨处开始，向下、向前经坐骨结节线与第 9 肋间之交点，肩关节水平线与第 7 肋间之交点而止于第 4 肋间。肥猪的叩诊界不够清楚，其上界往往下移，前界则后移(图 2-27)。

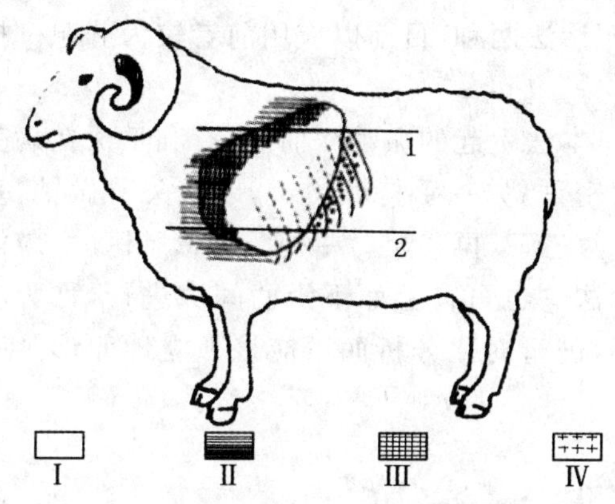

图 2-26　绵羊肺叩诊区

1. 髋结节线　2. 肩端线

Ⅰ. 清音　Ⅱ. 浊音　Ⅲ. 半浊音　Ⅳ. 浊鼓音

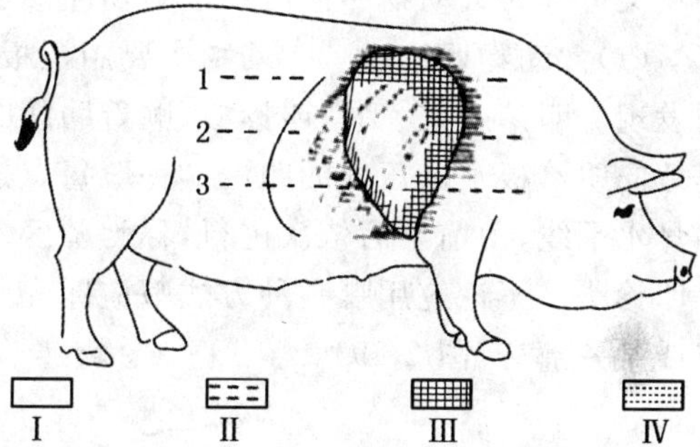

图 2-27　猪肺叩诊区

1. 髋结节线　2. 坐骨结节线　3. 肩端线

Ⅰ. 清音　Ⅱ. 浊鼓音　Ⅲ. 半浊音　Ⅳ. 浊音

(4)犬肺叩诊区　前界为自肩胛骨后角并沿其后缘所引之线，下止于第 6 肋间之下部；上界为自肩胛骨后角所划之水平线。距背中线 2～3 指宽；后界自第 12 肋骨与上界之交点开始，向下、向前经髋结节水平线与第 11 肋间之交点，坐骨结节水平线与第 10 肋间之交点，肩关节水平线与第 8 肋间之交点而达第 6 肋间之下部与前界相交(图 2-28)。

肺叩诊区的后界表示吸气与呼气时接近肺后缘的位置。在确定肺后缘时，应先划出髋结节水平线、坐骨结节水平线和肩关节水平线，然后由肺

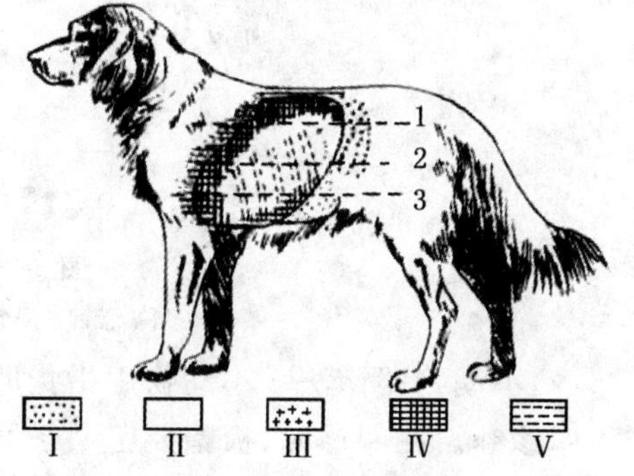

图 2-28　犬肺叩诊区

1. 髋结节线　2. 坐骨结节线　3. 肩端线

Ⅰ. 鼓音　Ⅱ. 清音　Ⅲ. 浊鼓音　Ⅳ. 半浊音　Ⅴ. 浊音

中央自上而下画一直线与3线垂直相交,依次由3个交点由前向后沿水平线用轻叩诊法进行叩诊。叩诊音发生明显改变之点就是肺的后缘。此时宜立即标出此点,并从最后肋间向前计算肋间隙至该点。确定3点之后,将其连起,由上方向前下方移动叩诊,则肺的后界即清楚可见。肺的上界一般比髋结节线略高,故沿此线的方向移动叩诊不难确定。在确定前界时,可将前肢拉向前方便可向前扩大其叩诊区。被检查的病畜所确定的肺界应与正常的肺界对照比较,以判定其扩大或缩小。各种健康动物肺叩诊区的后界见表2-3。

表2-3　各种动物肺叩诊区的后界(按肋间计算)

畜种	肋骨数	与髋结节水平线相交的肋间	与坐骨结节水平线相交的肋间	与肩关节水平线相交的肋间	终点
牛(羊)	13	11		8	4
马	18	16	14	10	5
猪	14～15	11～12	8～9	7	4
犬	13	11	10	8	6
骆驼	12	10		8	6

2.叩诊方法　胸、肺的叩诊方法有间接和直接叩诊法两种,目前以应用前者较为普遍。按动物又可分为大动物叩诊法和小动物叩诊法两种。

(1)大动物叩诊法　大动物主要用锤板叩诊法。本法引起的振动深而广,有利于深在病变的发现。叩诊时,一手持叩诊板,顺着肋间隙,纵放、密贴;另一手持叩诊锤,以腕关节做轴,垂直地向叩诊板上做短促的叩击。一般每点连续叩击两三下,再移至另一处。叩诊肺区时,应沿肋骨水平线,由前至后依次进行,称为肺区水平叩诊法。也可自上而下沿肋间隙进行,称为垂直叩诊法。不论应用哪一种方式都应叩完整个肺部,进行对比分析而不应该孤立地叩诊某一点或某一部分(图2-29)。

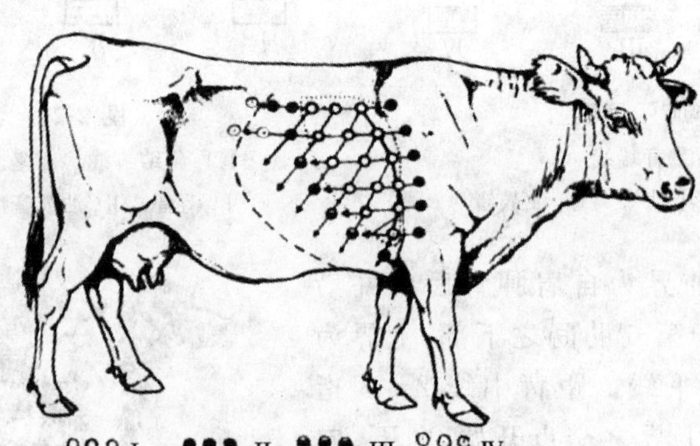

Ⅰ　Ⅱ　Ⅲ　Ⅳ

图2-29　牛肺区的叩诊次序

Ⅰ.清音　Ⅱ.浊音　Ⅲ.浊鼓音　Ⅳ.半浊音

(2)小动物叩诊法　小动物用指指叩诊法。即以左手中指作叩诊板,而以弯曲的右手中指作为叩诊锤。在叩诊时,板指要密贴于肋间隙并和肋间隙平行,其他手指宜略为抬起,勿使与体表接触;叩指要与叩击部位的体表垂直,以腕关节的活动为主,避免肘关节和肩关节参与活动,叩击的动作要灵活、短促而富有弹性。叩诊的顺序和大动物相同。

叩诊力量的强弱或轻重,应依体壁的厚薄和病灶的深浅而定;胸壁厚,病变深在,应依体壁的厚薄和病灶的深浅而定；胸壁厚，病变深在，宜用重叩诊；反之，胸壁薄，病变浅在，则用轻叩诊。小动物比大动物轻。为确定叩诊区和病变的界限时，宜用轻叩诊。叩诊的强度应大致相等。当发现病理性叩诊音时，可交替使用轻、重叩诊，并和正常的音响反复仔细进行对比，同时还应和对侧相应部位作对照和鉴别。如此才能较为准确的判定病理变化。

3. 正常肺区叩诊音　健康大动物的肺区叩诊音一般为清音，以肺的中 1/3 最为清楚；而上 1/3 与下 1/3 声音逐渐变弱。而肺的边缘则近似半浊音。健康小动物的肺区叩诊音近似鼓音。

胸、肺叩诊的病理性变化：胸部叩诊时可出现疼痛性反应，表现为咳嗽、躲闪、回视或反抗。肺部叩诊区的扩大或缩小。出现浊音、半浊音、水平浊音、鼓音或过清音。

4. 胸、肺叩诊时的注意事项　叩诊胸、肺时，除了遵循第一章临床基本检查法中各项规则外，还应注意以下几点：

(1)叩诊胸、肺时，必须在较为宽敞的室内进行，才能产生良好的共鸣效果。若房屋狭而小或在露天进行往往不能获得满意的效果。

(2)叩诊时室内要安静，避免任何嘈杂声音的干扰。

(3)叩诊的强度要均匀一致，切勿一重一轻。如此才能比较两侧对称部位的音响。但为了探查病灶的深浅及病变的性质，轻重叩诊可交替使用。因为轻叩诊不易发现处于深部的病变，重叩诊不能查出浅在小病灶。

(4)叩诊胸、肺时，不但要有正确的叩诊方法，而且还要准确的判断叩诊音的变化。为此必须熟悉正常叩诊音，才能发现和辨别病理性叩诊音。

(5)叩诊胸、肺时，要注意病畜的表现，有无咳嗽和疼痛不安的现象出现。

(五)胸、肺听诊

肺听诊区与叩诊区大致相同。听诊时，应先从呼吸音较强的部位即胸廓的中部开始，然后再依次听取肺区的上部、后部和下部。牛尚可听肩前音。每一听诊点间隔 3～4 cm，在每一点上至少听取 2～3 次呼吸，且须注意听诊音与呼吸活动之间的联系。对可疑病变应与对侧相应部位对比听诊判定。如呼吸音微弱，可人为的使其呼吸动作加强(如给以轻微运动后再行听诊)，以利于听诊。注意呼吸音的强度、性质及病理性呼吸音的出现。

健康动物可听到微弱的肺泡呼吸音，于吸气阶段较清楚，如“呋”、“呋”的声音。整个肺区均可听到，但以肺区中部为最明显。各种动物中，马的肺泡音最弱；牛、羊较明显，水牛甚微弱；幼畜比成畜略强。除马属动物外，其他动物尚可听到支气管呼吸音，于呼气阶段较清楚，如“赫赫”的声音，但并非纯粹的支气管呼吸音，而是带有肺泡呼吸音的混合呼吸音。

牛在第 3～4 肋间肩端线上下可闻混合性呼吸音。绵羊、山羊和猪的支气管呼吸音大致与牛相同。犬在整个肺区都能听到明显的支气管呼吸音。

在病理情况下，可见肺泡呼吸音的增强或减弱，甚至局限性消失。尚可出现病理性呼吸音或附加音：病理性支气管呼吸音、混合性呼吸音(“呋”-“赫”)，湿啰音(似水泡破裂声，吸气末期为明显)、干啰音(似哨音、笛音)、胸膜摩擦音(似沙沙声，粗糙而断续，紧压听诊器时明显增强，常出现于肘后)、击水音(如拍打半满的水袋而出现的振荡声)。

四、作业与思考题

1. 呼吸运动的临床检查内容是什么?
2. 如何进行反刍动物胸、肺的诊断?
3. 如何区别肺异常叩诊音？其临床诊断意义是什么?

实验五　消化系统的临床检查

一、实验目的与要求

1. 掌握口腔、咽部及食管的检查方法和内容。

2. 初步掌握牛、猪、犬腹部、胃肠及排粪动作和粪便的眼观检查方法。

3. 结合典型病例认识有关症状及异常变化。

二、实验器材

器械　听诊器、叩诊器(板与锤)、开口器、食管探管和保定用具(鼻钳子及绳等)。

材料　实验动物:牛、羊、猪、犬等,其数量依据分组情况而定。润滑剂(液体石蜡或其他油类)。

三、实验内容与方法

(一)口腔的检查

检查口腔,一般多用视诊、触诊和嗅诊,必要时用开口器辅助。检查时主要注意流涎,气味,口唇,口黏膜的温度、湿度、颜色及完整性(损伤和疹疱),舌和牙齿等有无变化。

1. 徒手开口法

(1)牛徒手开口法　检查者位于牛头的侧方,可先用手轻轻拍打牛的眼睛,在其闭眼的瞬间,以一手的拇指和食指从两侧鼻孔同时伸入,并捏住鼻中隔(或握住鼻环)向上提举,再用另一手伸入口腔中握住舌体并拉出,口即行张开(图 2-30)。

(2)羊、猪徒手开口法　以一手拇指与中指由颊部捏握上颌,另一手拇指及中指由左、右口角处握住下颌,同时上下用力拉开口腔即可,但应注意防止手指被咬伤。

(3)犬徒手开口法　两手握住犬的上下颌骨部,将唇压入齿列,使唇被盖于臼齿上,然后掰开口(图 2-31)。也可用布带开口,即用布带或绷带两段,各横置于上下犬齿之后,用两手同时将口上下拉开即可。

2. 开口器开口法

(1)牛开口器开口法　把牛用开口器前端送达牛的口角时,将把柄旋转,即可打开口腔进行检查或处理。

(2)羊、猪开口器开口法　由助手握住羊、猪的两耳进行保定;检查者将开口器平直伸入口内,待开口器前端达到口角时,将开口器的把柄用力下压,即可打开口腔进行检查或处理。

开口的注意事项:注意防止动物咬伤手指;拉出舌体时不要用力过大,以免造成舌系带损伤;使用开口器开口时,对患软骨症的患畜,要防止开张过大造成骨折。

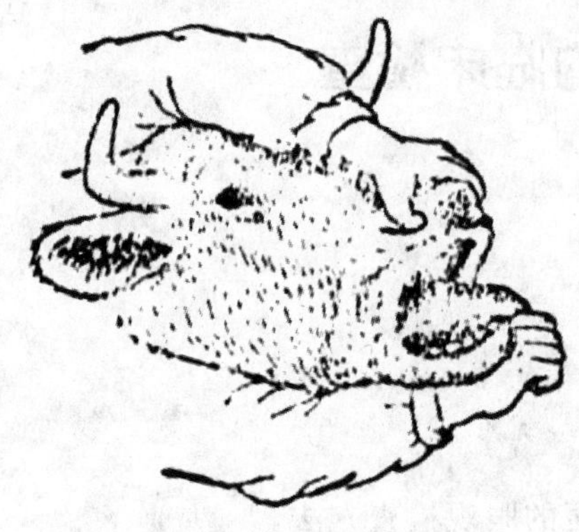

图 2-30 牛徒手开口法

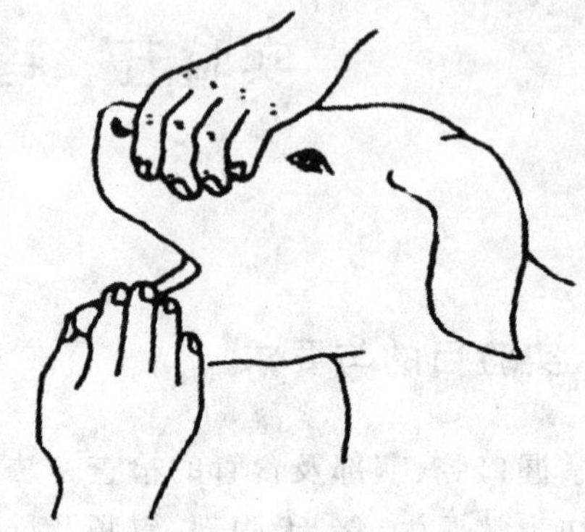

图 2-31 犬徒手开口法

(二)咽部的检查

咽的检查主要应用视诊和触诊方法。

咽的外部视诊要注意头颈的姿势及咽周围有无肿胀。触诊时,可用两手同时自咽部左右两侧加压并向周围滑动,以感知其温度、敏感反应及肿胀的硬度和特点。

(三)食管的检查

食管的检查可应用视诊、触诊和探诊的方法。

1. 视诊 注意吞咽过程饮食物沿食管沟通过的情况及局部有无肿胀。

2. 触诊 检查者用两手分别由两侧沿颈部食管沟自上向下加压滑动检查,注意感知有否肿胀、异物、内容物硬度,有无波动感及敏感反应。马咽外部触诊。

3. 探诊 一般根据患畜大小而选择口径不同及相应长度的胶管(或塑料管),大动物用长 2.0~2.5 m,内径 10~20 mm,壁厚 3~4 mm,其软硬度应适宜。

使用前探管应进行消毒,并涂以润滑油类。

动物应进行适当的保定,尤其要固定好头部。如需经口探诊时,应加装开口器,大动物及羊可经鼻、咽探诊。

探诊操作时,检查者立于动物前侧方,一手固定鼻翼,另一手持探管,自鼻道(或经口)慢慢送入,待探管前端达到咽腔时,可感知有抵抗,此时可稍作停顿,并作轻微的前后抽动,待动物发生吞咽动作时,应趁机送下。如动物不吞咽,可由助手捏压咽部以引起吞咽动作。探管通过咽腔后,应立即判断是否正确插入食管内。插入食管的标志是,用胶皮球向管内打气,不但能顺利打入,而且在左侧颈沟部可见到有气流通过的波动,同时压扁的胶皮球不会鼓起来。插入气管内的标志是,用胶皮球向探管内打气,在颈沟部看不到气流通过的波动,被压扁的胶皮球可迅速鼓起来。探管在咽部转折时,向探管内打气困难,也看不到颈沟部的波动。

此外,探管在食管内向下推进时可感到稍有抵抗和阻力。但如在气管内,可引起咳嗽并随呼气阶段有气流呼出,也可作为判定探管是否在食管内的标志。

探管误插入气管内时,应取出重插,探管不宜在鼻腔内多次扭转,以免引起黏膜破损、出血。

食管探诊主要用于检查食管阻塞性疾病、胃扩张的可疑或为抽取胃内容物时,对食管狭窄、食管憩室及食管受压等病变也具有诊断意义。食管和胃的探诊可兼有治疗作用。

(四)腹部的检查

腹围视诊:检查者须站立在动物的正前及正后方,主要观察腹围轮廓、外形、容积及肷部的充满程度,应做左右侧对照比较,主要判定其膨大或缩小的变化。

触诊:检查者位于腹侧,一手放于动物背部,以另一手的手掌平放于腹侧壁或下侧方,用腕力做间断冲击动作,或以手指垂直向腹壁做突击式触诊,以感知腹肌的紧张度,腹腔内容物的性状并观察动物的反应。

(五)反刍动物的胃肠检查

反刍动物属于复胃动物,其胃由前胃(瘤胃、网胃、瓣胃)和真胃(皱胃)组成,因此,临床上应针对不同的胃进行检查。

1.瘤胃的触诊、叩诊和听诊　成年牛的瘤胃容积为全胃总容积的80%,占左侧腹腔的绝大部分,与腹壁紧贴。

触诊:检查者位于动物的左腹侧,左手放于动物背部,检手(右手)可握拳、屈曲手指或以手掌放于左肷部,先用力反复触压瘤胃,以感知内容物性状。正常时,似面团样硬度,轻压后可留压痕。随胃壁缩动可将检手抬起,以感知其蠕动力量并可计算次数。正常时每两分钟2～5次。

叩诊:用手指或叩诊器在左侧肷部进行直接叩诊,以判定其内容物性状。正常时瘤胃上部为鼓音,由饥饿窝向下逐渐变为浊音。

听诊:多以听诊器进行间接听诊,以判定瘤胃蠕动音的次数、强度、性质及持续时间。

正常时,瘤胃随每次蠕动而出现逐渐增强又逐渐减弱的沙沙声。似吹风样或远雷声,健康牛每两分钟2～3次(牛的内脏位置如图2-32和图2-33所示)。

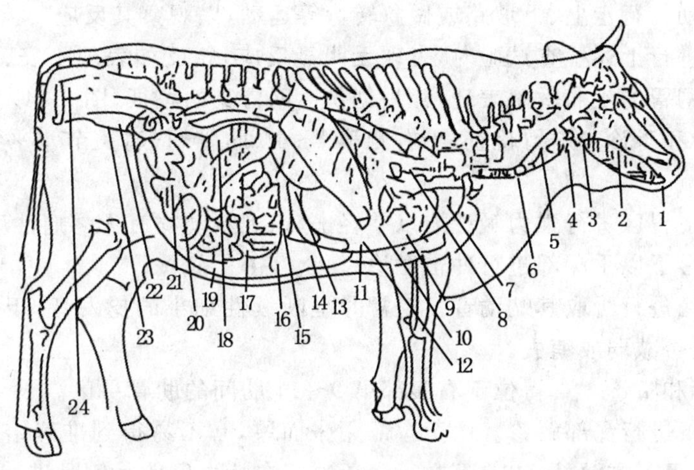

图2-32　牛的内脏位置(右侧)

1.口腔　2.鼻腔　3.咽　4.喉　5.食管　6.气管　7.肺　8.食管　9.心　10.肝　11.右肾　12.网胃　13.胆囊　14.瓣胃　15.十二指肠　16.皱胃　17.空肠　18.结肠　19.瘤胃　20.回肠　21.盲肠　22.膀胱　23.子宫　24.直肠

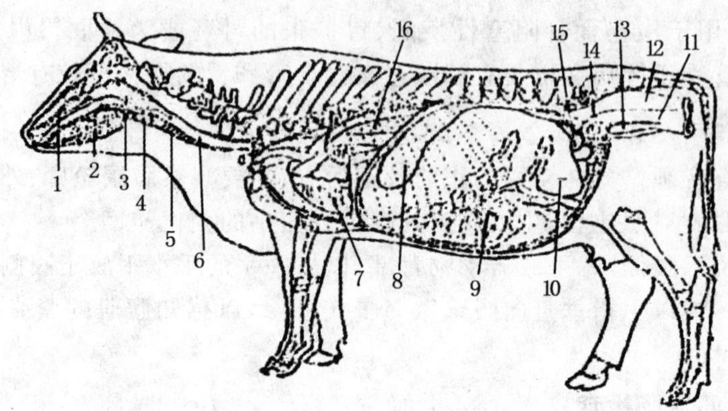

图 2-33 牛的内脏位置(左侧)

1.鼻腔 2.口腔 3.咽 4.喉 5.气管 6.食管 7.心 8.脾 9.大网膜 10.瘤胃 11.阴道 12.直肠 13.膀胱 14.子宫 15.空肠 16.肺

2.网胃的触诊、叩诊及压迫检查法 网胃位于腹腔的左前下方,相当于第6～7肋骨间,前缘紧接膈肌,与心脏相邻,其后下部则位于剑状软骨之上。

触诊:检查者面向动物蹲于左胸侧,屈曲右膝于动物腹下,将右肘支于右膝上,右手握拳并抵住剑状软骨突起部,然后用力抬腿并以拳顶压网胃区,以观察动物反应。

叩诊:于左侧心区后方的网胃区内,进行直接强叩诊或用拳轻击。以观察动物的反应。

压迫法:由两人分别站于动物胸部两侧,各伸一手于剑突下相互握紧,各将其另一手放于动物的鬐甲部;两人同时用力上抬紧握的手,并用放在鬐甲部的手紧握其皮肤,以观察动物反应。

或先用一木棒横放于动物的剑突下,由两人分别自两侧同时用力上抬,迅速下放并逐渐后移压迫网胃区,以观察动物反应。

此外,也可使动物行走上、下坡路或做急转弯等运动,以观察其反应。

正常动物,在进行上述检查试验时,表现无明显反应,相反如表现不安、痛苦、呻吟或抗拒并企图卧下时,乃网胃的疼痛敏感表现,常为创伤性网胃炎的特征(图 2-34)。

3.瓣胃的触诊和听诊 瓣胃检查,于右侧第7～10肋骨间,肩关节水平线上下3 cm范围内进行。

触诊:于右侧瓣胃区进行强力触诊或以拳轻击,以观察动物有无疼痛性反应。对瘦牛可使其左侧卧,于右肋弓下以手深部进行冲击触诊。

听诊:于瓣胃区进行听取其蠕动音。正常时呈断续性细小的捻发音,于采食后较为明显。主要判定蠕动音是否减弱或消失。

4.真胃的触诊和听诊 真胃位于右腹部第9～11肋间的肋骨弓区。

触诊:沿肋弓下进行深部触诊。由于腹部紧张而厚,常不易得到准确结果。为此,应尽可能将手指插入肋骨弓下方深处,向前下方行强压迫。在犊牛可使其侧卧进行深部触诊,主要判定是否有疼痛反应。

听诊:在真胃区内,可听到类似肠音,呈流水声或含嗽音的蠕动音。主要判定其强弱和有无蠕动音的变化。网胃、瓣胃及真胃的位置关系(图 2-35)。

图 2-34　牛创伤性网胃炎的敏感区

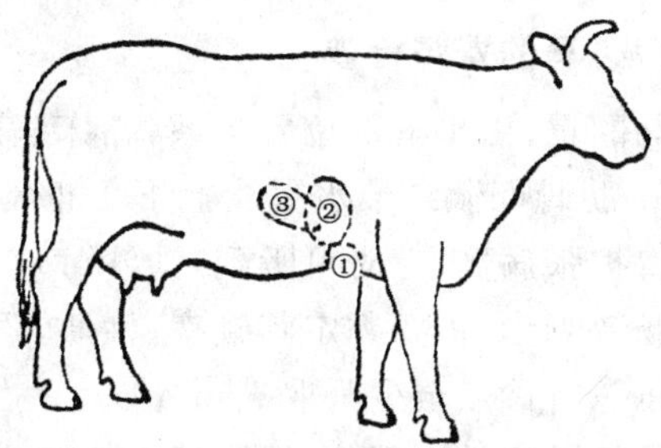

图 2-35　牛网胃、瓣胃及真胃的位置关系

1. 网胃　2. 瓣胃　3. 真胃

5. 肠蠕动音的听诊　健康牛在整个右腹侧，均可听到短而稀少的肠蠕动音。肠音频繁似流水状，见于各种类型的肠炎及腹泻；肠音微弱，可见于一切热性病及消化机能障碍。

(六)猪的胃肠检查

触诊：使动物取站立姿势，检查者位于后方，两手同时自两侧肋弓开始，加压触摸的同时逐渐向上后方滑动进行检查，或使动物侧卧，然后用拼拢、屈曲的手指，进行深部触摸。

叩诊：使动物侧卧，按其腹腔内脏在体表投影位置进行叩诊，对仔猪可用指指叩诊法。

触诊和叩诊主要用以判定腹腔脏器及其内容物的性状并观察有否疼痛反应。

听诊：主要判定肠音频率、性质及强度(猪的左、右侧内脏位置如图 2-36 所示)。

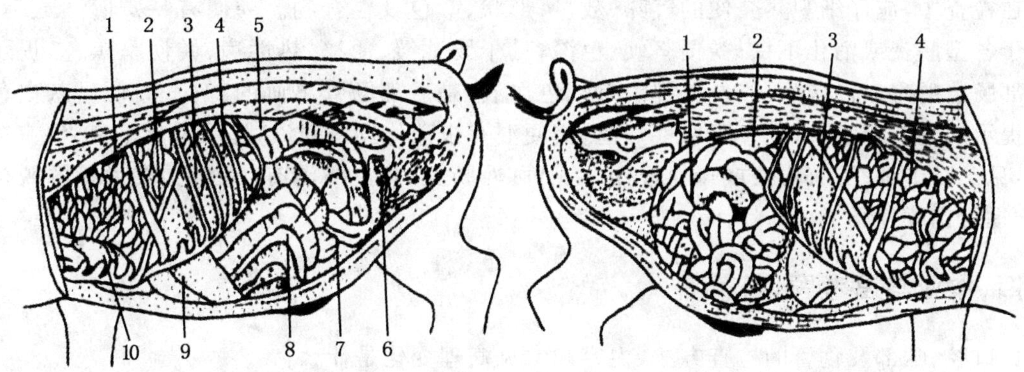

图 2-36　猪的左、右侧内脏器官位置图

左侧：1. 肺　2. 膈　3. 胃　4. 脾　5. 肾　6. 盲肠　7. 小肠　8. 结肠　9. 肝　10. 心

右侧：1. 小肠　2. 肾　3. 肝　4. 肺

(七)犬的胃肠检查

通常用双手拇指以腰部做支点，其余四指伸直置于两侧腹壁，缓慢用力，感觉胃肠的状态。也可将两手置于两侧肋骨弓的后方，逐渐向后上方移动，让内脏器官滑过指端，以行触诊。如将犬前后轮流高举，几乎可触知全部腹内器官。腹部触诊往往可以确定胃肠充满度、胃肠炎、肠便秘及肠变位等。

听诊部位在左右两侧肷部。健康犬肠音如哔拨音或捻发音。肠音增强见于消化不良、胃肠炎的初期。肠音减弱或消失见于肠便秘、阻塞及重剧胃肠炎等。

(八)马的胃肠检查

马的胃,由于解剖位置关系,临床病理学检查比较困难。胃蠕动音的听诊部位是在左侧第14～17肋骨间髋结节水平线上下。正常时由于胃的位置较深,一般听不到蠕动音,在安静环境对胃扩张病例,有时可听到"沙沙"声、流水声或金属音。

肠音听诊,主要判定其频率、性质、强度和持续时间,听诊时应对两侧各部进行普遍检查,并于每一听诊点至少听取1 min以上。

马的肠音听诊部位,按肠管的体表投影位置,于左侧肷部上1/3处为小结肠音,右侧肷部中1/3处为小肠音,左腹部下1/3为左侧大结肠音,右侧肷部为盲肠音,右侧肋骨弓下方为右大结肠音。但应注意,当肠音增强时,任何一点都可听到肠音。

正常小肠蠕动音如流水声或含漱音,每分钟8～12次;大肠音犹如雷鸣或远炮声,每分钟4～6次。

对靠近腹壁的肠管进行叩诊时,以其内容物性状为转移而音响不同。正常时盲肠基部(左肷部)呈鼓音;盲肠体、大结肠则可呈浊音或浊鼓音。

(九)排粪动作及粪便的感观检查

正常时,各种动物均采取固有的排粪动作和姿势。其异常表现为:腹泻、便秘、排粪失禁、排粪带痛和里急后重等。

各种动物的排粪量和粪便性状有异,同时受饲料的数量特别是质量的影响极大,要注意观察。在检查中,应仔细观察粪便的气味、数量、形状、颜色及混合物。粪便有特殊腐败或臭味,多见于各型肠炎或消化不良;粪便坚硬、色深,见于肠弛缓、便秘、热性病;粪便呈黑色,提示胃或前部肠道的出血性疾病;粪便外部附有红色血液,是后部肠管出血的特征;粪便呈灰白色黏土状提示缺乏粪胆素,可见于阻塞性黄疸;粪便混有未消化饲料残渣,提示消化不良;混有多量黏液,见于肠卡他;混有血液或排血样便,是出血性肠炎的特征;混有灰白色、成片状的脱落肠黏膜,提示伪膜性肠炎。

四、作业与思考题

1. 口腔、咽部及食管的检查方法、内容和常见病理变化是什么?
2. 如何正确打开牛、羊、猪、犬的口腔?口腔检查的临床意义是什么?
3. 反刍动物前胃检查的方法、内容及常见的病理变化是什么?
4. 猪、犬与反刍动物胃、肠检查的主要区别是什么?

实验六　直肠检查

一、实验目的与要求

1. 掌握牛、马直肠内部触诊的操作方法、检查顺序、正常状态及注意事项。

2. 有条件单位可先结合直检模型做一些模拟练习。

二、实验器材

器械　保定用具和灌肠器。

材料　实验动物：牛 1 头(或马 1 匹)。乳胶手套、人造革围裙及直检专用服等。

三、实验内容与方法

直肠检查主要用于大动物(牛、马、骡等)。将手伸入直肠内，隔肠壁间接地对后部腹腔器官(胃、肠、肾、脾等)及盆腔器官(子宫、卵巢、腹股沟环、盆腔骨骼、大血管等)进行触诊。中、小动物在必要时可用手指检查。直肠检查，对这些部位的疾病诊断及妊娠诊断具有一定价值。

现以牛(或马)的直肠检查为主要内容进行练习，以掌握其主要方法、检查顺序，并感知正常状态，了解注意事项。

(一)准备工作

1. 动物保定　以六柱栏较为方便。牛的保定可钳住鼻中隔，或用绳系住两后肢。马在左、右后肢应分别以足夹套固定于柱栏下端，以防后踢；为防止卧下及跳跃，要加腹带及压绳；尾部向上或向一侧吊起。如在野外，可借助在车辕内(使病马倒向，即臀部向外)保定；根据情况和需要，也可采取横卧保定(如“中兽医”中的公马去势时的保定法)。

2. 术者剪短指甲并磨光，充分露出手臂并涂以润滑油类，必要时宜用乳胶手套。

3. 对腹围膨大病畜应先行盲肠穿刺或瘤胃穿刺术排气，否则腹压过高，不宜检查，尤其是采取横卧保定时，更须注意防止造成窒息的危险。

4. 对心脏衰弱的病畜，可先给予强心剂；对腹痛剧烈的病马应先行镇静(可静脉注射 5% 水合氯醛酒精溶液 100～300 mL 或 30%安乃近溶液 20 mL)，以便于检查。

5. 一般可先行温水 1 000～2 000 mL 灌肠，以缓解直肠的紧张并排出蓄积的粪便以利于直检。

(二)操作方法

1. 术者将检手拇指放于掌心，其余四指并拢集聚呈圆锥形，以旋转动作通过肛门进入直肠，当直肠内蓄积粪便时应将其取出，再行入手；如膀胱内贮有大量尿液，应按摩、压迫以刺激其反射排空或行人工导尿术，以利入手检查。

2.检手沿肠腔方向徐徐深入,直至检手套有部分直肠狭窄部肠管为止方可进行检查。当被检动物频频努责时,入手可暂停前进或随之后退,即按照“努则退,缩则停,缓则进”的要领进行操作,比较安全。切忌检手未找到肠管方向就盲目前进,或未套入狭窄部就急于检查。当狭窄部套手困难时,可以采取胳膊下压肛门的方法,诱导病畜作排粪反应,使狭窄部套在手上,同时还可减少努责作用。如被检动物过度努责,必要时可用10%普鲁卡因10～30 mL作尾骶穴封闭,以使直肠及肛门括约肌弛缓而便于检查。

3.检手套入部分直肠狭窄部或全部套入(指大马)后,检手做适当的活动,用并拢的手指轻轻向周围触摸,根据脏器的位置、大小、形状、硬度、有无肠带、移动性及肠系膜状态等,判定病变的脏器、位置、性质和程度。无论何时手指均应并拢,绝不允许叉开并随意抓、搔、锥刺肠壁,切忌粗暴以免损伤肠管。并应按一定顺序进行检查。

(三)检查顺序

1.肛门及直肠　注意检查肛门的紧张度及附近有无寄生虫、黏液、肿瘤等,并感知直肠内容物的数量及性状,以及黏膜的温度和状态等。

2.骨盆腔内部　入手稍向前下方检查可摸到膀胱、子宫等。膀胱位于骨盆腔底部。无尿时,可感触到如梨子状大小的物体,当其内尿液过度充满时,感觉如一球形囊状物,有弹性波动感。触诊骨盆腔壁光滑,注意有无脏器充塞或粘连现象,如被检动物有后肢运动障碍时,应注意有无盆骨骨折。

3.腹腔内部检查

(1)牛直肠内部检查顺序:肛门—直肠—骨盆—耻骨前缘—膀胱—子宫—卵巢—瘤胃—盲肠—结肠袢—左肾—输尿管—腹主动脉—子宫中动脉—骨盆部尿道。

膀胱位于骨盆底部,空虚时触之如拳头大,充满时膀胱壁较紧张,触之有波动感。若呈异常膨大,为膀胱积尿。触之呈敏感反应,膀胱壁增厚,是膀胱炎之征。

耻骨前缘左侧为庞大瘤胃的上下后盲囊所占据,触摸时表面光滑,呈面团样硬度,同时可触之瘤胃的蠕动波,如触摸时感到腹内压异常增高,瘤胃上后盲囊抵至骨盆入口处,甚至进入骨盆腔内,多为瘤胃臌气或积食,借其内容物的性状,可鉴别之。

耻骨前缘的右侧可触到盲肠,其尖部常抵骨盆腔内,可感有少量气体或软的内容物。右腹饥饿窝为结肠袢部位,可触到其肠袢排列。在其周围是空回肠,正常时不易摸到。若触之肠袢呈异常充满而有硬块感时,多为肠阻塞。若有异常硬实肠段,触之敏感,并有部分肠管呈臌气者,多疑为肠套叠或肠变位。

右侧腹腔触之异常空虚,多疑为真胃左方变位。

正常情况下,真胃及瓣胃是不能触到的。但当真胃幽门部阻塞或真胃扭转继发真胃扩张,或瓣胃阻塞抵至肋骨弓后缘时,有时于骨盆腔入口的前下方,可摸到其后缘,根据内容物的性状可区别之。

沿腹中线一直向前至第3～6腰椎下方,可触到左肾,肾体常呈游离状态,随瘤胃的充满度而偏于右侧;右肾因位置在前不易摸到。若触之敏感、肾脏增大、肾分叶结构不清者,多提示肾炎。肾盂胀大,一侧或两侧输尿管变粗,多为肾盂肾炎或输尿管炎。

母畜还可触诊子宫及卵巢的大小、性状和形态的变化。公畜触诊副性腺及骨盆部尿路的变化等。

(2)马直肠内部检查顺序(马腹腔各脏器位置如图 2-37 所示):肛门—直肠—骨盆腔—膀胱—小结肠—左侧大结肠及骨盆曲—腹主动脉—左肾—脾脏—肠系膜根—十二指肠—胃—盲肠—胃膨大部。

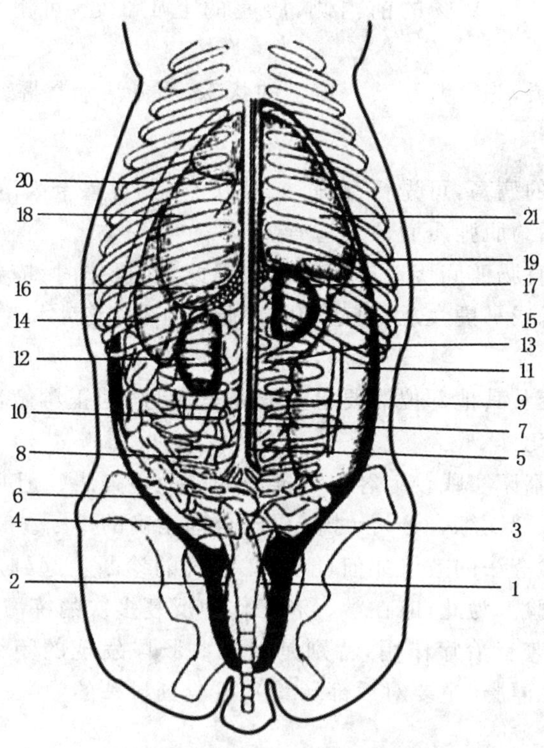

图 2-37　马腹腔纵剖各脏器位置示意图

1.直肠　2.膀胱　3.骨盆曲　4.左上结肠　5.后腔静脉　6.左下结肠　7.腹主动脉　8.小结肠　9.回肠　10.空肠　11.盲肠底　12.左肾　13.横行十二指肠　14.脾脏　15.十二指肠　16.胰腺　17.右肾　18.胃脏　19.结肠胃状膨大部　20.食管　21.肝脏

肛门及直肠:应注意肛门的紧张度及直肠内容物的多少、温度及有无创伤等。

骨盆腔及膀胱:骨盆腔由骨盆骨构成周壁光滑的空腔,耻骨前缘的前下方为膀胱,空虚无尿时仅呈拳头大的梨状物体,如充满尿液则呈囊状,触之有波动感。

小结肠:大部位于骨盆口前方、左侧,小部位于右侧,肠内的粪便呈鸡蛋大的球状物,多为串球样排列。小结肠位置可移动,故动物采取横卧保定时,宜注意其位置的改变。

左侧大结肠及骨盆曲:左腹下部触诊左大结肠,左下大结肠较粗且有纵带及肠袋,左上大结肠较细并无肠袋,重叠于左下大结肠上方、内侧而与之平行,内容物呈捏粉样硬度;左下大结肠行至骨盆前口处弯曲折回,而移行为左上大结肠,此即骨盆曲部,呈一迂回的盲端,约有小臂粗,表面光滑,游离,较易识别。

腹主动脉:位于椎体下方,腹腔顶部,稍偏左侧,触摸时有明显的搏动,呈管状物。

左肾:脊柱下方,腹主动脉左侧,第二、三腰椎横突下方,可摸到其后缘,呈半圆形物,并有坚实感。

脾脏:由左侧肾脏区稍向下方至最后肋骨部可触知脾脏的后缘,紧贴左腹壁,呈边缘菲薄的扁平镰刀状,较硬而表面光滑,通常其边缘不超过最后肋骨。

肠系膜根:再回至主动脉处并再向前伸,可触知肠系膜根部,注意有无动脉瘤;在其后下部为左右横行的十二指肠。在体躯较小的马或采取横卧保定时,可于前方感知胃的后壁边缘。

盲肠及胃状膨大部:右侧下方肷部,可触知盲肠底和盲肠体,呈膨大的囊状物,其上部常有一定量的气体而具弹性。于盲肠的前内侧,腹腔的上 1/3 处,可触知大结肠末端的胃状膨大部。

也可根据临床的需要,为了判断某一器官的状态,而灵活地掌握其顺序及内容。

(四)注意事项

1. 对表面腹痛剧烈的病畜,可先行镇静,一般以 1%的普鲁卡因溶液 10～20 mL 行后海穴封闭,可使直肠及肛门括约肌弛缓而便于检查。

2. 直肠检查是隔着直肠壁间接地进行触诊。因此,在操作时,应精心准备,严格遵守直检操作要领,以防由于粗暴或马虎大意,引起动物直肠壁穿孔,或对术者造成伤害,这对于初学者尤为重要。

3. 要熟悉腹腔、盆腔及其他部位需要检查的器官、组织的正常解剖位置和生理状态,以利判断病理过程的异常变化。

4. 直肠检查是兽医临床实践较为客观和准确的辅助检查法。但必须与一般临床检查结果及其所有症状、资料进行全面综合分析,才能得出合理正确的诊断。

5. 实践证明,直肠检查法的效果如何,能否在疾病的诊断上起到应有的作用,完全取决于检查者的熟练程度和经验。为此,应在学习和工作中反复多次的练习和掌握。

6. 直肠检查可同时兼有治疗作用,特别是对某些肠段发现的闭结粪块可进行按压、破碎(或破结),结合深部温水灌肠(主要对后部肠管),可收到显著的效果。

四、作业与思考题

1. 一般临床上在什么情况下考虑采取直肠检查?

2. 直肠检查时,为了保障人与动物安全,应注意哪些问题?

实验七　泌尿和生殖系统的临床检查

一、实验目的与要求

1. 了解肾脏、膀胱、尿道及外生殖器官的临床检查方法。

2. 练习牛(母牛)的尿道探诊方法。

3. 结合兽医院病例观察各种动物的异常排尿姿势。

二、实验器材

器械　公、母畜导尿管各1支、母畜阴道开张器1个。

材料　母牛1头、猪1头、犬1只、猫1只。保定用具及消毒药物、润滑剂(凡士林或液体石蜡)等。

三、实验内容与方法

(一)肾脏的检查

1. 视诊　当肾脏有病时，动物表现腰背僵硬，拱起，运步小心，后肢向前移动缓慢；牛有时可呈腰区膨隆；马间或表现为腹痛样症状；猪患肾虫病时，拱背、后躯摇摆。

2. 触诊　大动物可在腰背部强行加压或用拳捶击，也可由腰椎横突下侧方向向内探触，以观察动物是否呈现敏感反应。中、小动物如羊、犬、猫等，它们取站立姿势时，检查者立于动物后方，两手分别放在体躯两侧，以拇指于其腰背部作支点，其余四指指尖由腰椎之下对向腹内加压，由前至后或由后至前，也可由下向上以触诊肾脏的大小、硬度及敏感度；动物取横卧姿势时，可将一手置于腰背下方，另一手自上方以并拢的手指沿腰椎横突向下加压进行触诊。

3. 叩诊　健康动物于季肋头前缘左侧倒数第二腰椎，右侧倒数第一腰椎下方可叩诊出肾脏的浊(实)音区，不出现敏感反应。其范围因动物种类和体格大小而不同。病理情况下出现浊音区扩大或疼痛表现。

大动物可用直肠检查法触诊肾脏，其实际应用意义较大。

(二)膀胱的检查

膀胱触诊：膀胱位于骨盆腔底部，空虚时触之较软，大如梨状；中度充满时，轮廓明显，其壁较紧张，且有波动；高度充满时，可占据整个骨盆腔。

大动物膀胱检查，只能作直肠内部触诊，检查时应注意其位置、大小、充满度、紧张度及有无压痛等。

小动物如犬的膀胱检查，触诊时宜采取仰卧姿势，用一手在腹中线处由前向后触压。也可用两只手分别由腹部两侧，逐渐向体中线压迫，以感觉膀胱。当膀胱充满时，可在下腹壁耻骨前缘触到一有弹性的球形光滑体,过度充满时可达脐部。检查膀胱内有无结石时,最好用一手指插入直肠,另一手的拇指与食指于腹壁外,将膀胱向后方挤压,以便直肠内的食指容易触到膀胱。

(三)尿道探诊及导尿

尿道探诊及导尿,主要用于怀疑尿道阻塞,以探查尿路是否通畅;也用于当膀胱充满而又不能排尿时,导出尿液;必要时可用消毒液进行膀胱冲洗以做治疗;还可用于采集尿液以供检验。通常应用与动物尿道内径相适应的橡皮导尿管,对母畜也可用特制的金属导尿管进行之(具体操作部分参考实验十)。

(四)外生殖器的检查

1. 公畜外生殖器的检查　主要用视、触诊方法。检查时主要注意阴囊、睾丸和阴茎的大小、形状、肿胀、分泌物和新生物。

睾丸和阴囊:注意大小、形状、硬度、肿胀及热痛反应。同时检查是否有隐睾。

包皮和阴茎:注意损伤(包括冻伤)、麻痹及新生物,特别是肿胀。

2. 母畜外生殖器的检查　主要用视、触诊方法,必要时借助阴道开张器扩张阴道,仔细观察阴道黏膜的状态,主要注意黏膜的颜色、湿度、损伤、肿物及溃疡。

当阴道和子宫脱出时,可见阴门外有脱垂的阴道和子宫。母牛胎衣不下时,可见阴门外吊挂着部分胎衣。

(五)乳腺的检查

主要用视、触诊方法。

注意乳房的大小、形状、外伤、皮肤的颜色和疹疮;触诊时注意温度、硬度及热、痛反应。

同时注意乳腺淋巴结的检查,判定其大小、可动性及热、痛反应。必要时可作乳汁的眼观检查,注意其颜色、黏稠度、有否絮状物及混合物等。

(六)排尿检查

主要用视诊方法。

动物种类和性别不同,其正常排尿姿势也不尽相同。应留心观察公和母牛、羊、马、猪、犬和猫的排尿姿势。

动物的排尿异常有频尿和多尿,少尿和无尿,尿闭,排尿困难和疼痛,尿失禁等。

此外,应注意检查尿色,尿的透明度、黏稠度和气味等。

四、作业与思考题

1. 肾脏的诊断部位、方法及临床意义是什么?
2. 临床上小动物膀胱检查的具体方法是什么?
3. 阐述对母犬进行导尿的具体操作过程及注意事项。

实验八　神经系统的临床检查

一、实验目的与要求

1. 掌握头颅、脊柱及感觉、反射功能的检查方法。

2. 利用实际病例，按通常的临诊程序进行全面系统的临床检查。

3. 初步练习填写病历。

二、实验器材

器械　叩诊锤、针头。

材料　牛、羊及实际病例；胶头、病历夹。

三、实验内容与方法

(一)头颅、脊柱的视、触诊

头颅的视、触诊应注意其形状、大小、温度、硬度及外伤等变化。必要时，可采用直接叩诊法检查，以判定颅骨骨质的变化及颅腔、窦内部的状态。

注意脊柱的形状(上、下及侧弯曲)、有否僵硬、局部肿胀、热痛反应及运步时的灵活情况。

(二)感觉机能检查

动物的感觉除视、嗅、听、味觉外，还包括皮肤的痛觉、触觉(浅触觉)，肌、腰、关节感觉(深感觉)和内脏感觉。当感觉径路发生病变时，其兴奋性增高，对刺激的传送力增强，轻微刺激可引起强烈反应，称为感觉过敏；当感觉径路有毁坏性病变传送能力丧失时，对刺激的反应减弱或消失。

1. 痛觉检查　检查时，为避免视觉干扰，应先把动物眼睛遮住，然后用针头以轻微的力量针刺皮肤，观察动物的反应。一般多由感觉较钝的臀部开始，再沿脊柱两侧向前，直至颈侧、头部。对于四肢，可作环形针刺，较易发现不同神经区域的异常。健康动物针刺后立即出现反应，表现为相应部位的肌肉收缩、被毛颤动，或迅速回头、竖耳或作踢咬动作。检查时注意感觉减弱乃至消失及感觉过敏。

2. 深部感觉检查　检查深感觉，是人为地使动物四肢采取不自然的姿势，例如使马的两前肢交叉站立，或将两前肢广为分开。当人为的动作除去后，如健康马可迅速恢复原来的姿势，当深感觉发生障碍时，则可在较长时间内保持人为的姿势而不改变。

3. 瞳孔检查　瞳孔检查，是用手电筒从侧方迅速照射瞳孔，观察瞳孔反应。健康动物，在强光照射下，瞳孔迅速缩小；除去强光时，随即复原。注意瞳孔放大及对光反应消失的变化，尤其是两侧瞳孔散大，对光反应消失。

用手压迫或刺激眼球，眼球不动，表示中脑受侵害，是病情严重的表现。

(三)反射机能检查

反射是神经系统活动的最基本方式，是通过反射弧的结构和机能完成的，故通过反射的检查，可辅助判定神经系统的损害部位。兽医临床常检查的反射有：

1.耳反射　用细针、纸卷、毛束轻触耳内侧皮毛，正常时动物表现摇耳和转头，反射中枢在延髓及第1～2节颈髓。

2.鬐甲反射　用细针、指尖轻触马鬐甲部被毛，正常时，肩部皮肌发生震颤性收缩。反射中枢在第7节颈髓及第1～4节胸髓。

3.肛门反射　轻触或针刺肛门部皮肤，正常时，肛门括约肌产生一连串短而急的收缩。反射中枢在第4～5节荐髓。

4.腱反射　用叩诊锤叩击膝中直韧带，正常时，后肢于膝关节部强力伸张。反射弧包括股神经的感觉、运动纤维和第3～4节腰髓。检查腱反射时，以横卧姿势，抬平被检肢，使肌肉松弛时进行为宜。

(四)病历记录法

病历记录是记载有关动物在病程经过中的临床检查所见以及诊断、治疗等方面的书面材料。它不仅是自己临床工作的记录和依据，又可供他人和有关部门的参考。完整的病历既是医疗统计的基础数据，又是科学研究的原始资料，对科学资料的积累，实际经验的总结，都具有重要意义。因此对临床检查的所有结果，都应详细的记录于病历(病志)中。填写时一般应遵循如下几个原则：

1.全面而详细　包括问诊、临床检查及某些辅助(特殊)检查的所见与结果，都应详尽的记入，某些检查的阴性结果也应记入，因为可以作为排除诊断的依据。

2.系统而科学　为了记录的系统性，便于归纳、整理，所有记录内容应按系统有秩序地记载；所见的各种症状应以通用的名词和术语记入。

3.具体而肯定　各种症候、表现，应尽可能的具体和肯定，避免用可能、好像、似乎等不确切的词句。当然，如果不能确切肯定某种变化时，可在所见的后面加以问号，以便通过进一步的观察和检查再行确定之。

4.通俗而易懂　词句应通顺，比喻和形象的描绘应简要明了，便于理解。

病历记录的一般内容、程序：

(1)病畜登记　动物种属、品种、性别、年龄、毛色、特征等。

(2)主诉及问诊材料　包括病史；详细的发病情况或流行病学调查的结果；饲养管理情况；就诊前的经过及处理等。

(3)临床检查所见　这是病历组成的主要内容，初诊病历记录更应详尽。

①记录体温、脉搏及呼吸数。

②整体状态的检查记录，包括精神状态、体格、发育、营养情况，姿势、结构的变化，表背的病变。

③各器官系统的检查所见，依次记录心血管系统、呼吸器官系统、消化器官系统、泌尿生殖系统、神经系统等症状、变化。

根据病畜的具体情况或检查者的习惯，也可按畜体各部位、器官的程序进行记录。

(4)辅助检查(特殊检查)的结果　一般以附表的形式记录之,如实验室检查(血、尿、粪便)结果,心电图、X 射线、超声波所见等。

(5)病历日志　每日记载体温、脉搏、呼吸数(一般可绘制曲线图以表示之)。记录各器官、系统的新变化(一般仅重点记入与前日不同的所见),所采取的治疗措施、方法、处方及饲养管理上的改进等。各种辅助检查的结果,会诊的意见及决定等。

(6)病历的总结　当治疗结束时以总结方式,对诊断及治疗结果加以评定,并指出今后在饲养、管理上应注意的事项;如以死亡为转归时,应进行剖检,并将其剖检所见加以记录。最后应总结全部诊疗过程中的经验及教训。病历记录(病志)见表 2-4。

表 2-4　病历记录(病志)格式表

年　　月　　日　　　　门诊编号________

畜主				住址					
畜种		年龄		性别		毛色		特征	
诊断	月　　日			转归	年　　月　　日		兽医师签名		
	月　　日				年　　月　　日				
主诉及病史:									
检查所见:		体温/℃			脉搏/(次/分)			呼吸/(次/分)	
月　　日		检查所见及处理							
								兽医师签名	

四、作业与思考题

1. 如何进行动物感觉机能的检查?
2. 兽医临床上所检查的神经反射的种类及反射机能病理变化的临床诊断意义是什么?
3. 结合临床病例,记录并撰写一份完整的病例报告。

实验九　常用治疗技术

一、实验目的与要求

1. 熟悉常用的注射器具，学会注射器的正确使用方法。

2. 掌握皮下注射法、肌内注射法的操作要领及注意事项。

二、实验器材

器械　注射器、毛剪。

材料　犬、羊或牛、兔、马；脱脂棉、碘酊、酒精、生理盐水。

三、实验内容与方法

(一)静脉注射法

部位　牛、羊、马等动物均可在颈静脉沟上 1/3 与中 1/3 交界处进行静脉注射。因为此处肌肉较薄，静脉比较浅在，操作容易，便于注射(图 2-38)。猪的注射部位常选在耳静脉、前腔静脉。犬可在前肢正中静脉或后肢小隐静脉注射。

方法　剪毛消毒后，以手指压在(或以胶管勒紧)注射部位近心端静脉上，待血管隆起后，选择与静脉粗细相适宜的针头，以 15°～45°刺入血管内，见到回血后，将针头顺血管走向推进的 1～2 cm(大动物)，将药液徐徐注入。注射完毕，左手拿酒精棉球压紧针孔，右手迅速拔出针头。为了防止针孔溢血，继续紧压局部片刻，最后涂以碘酊。

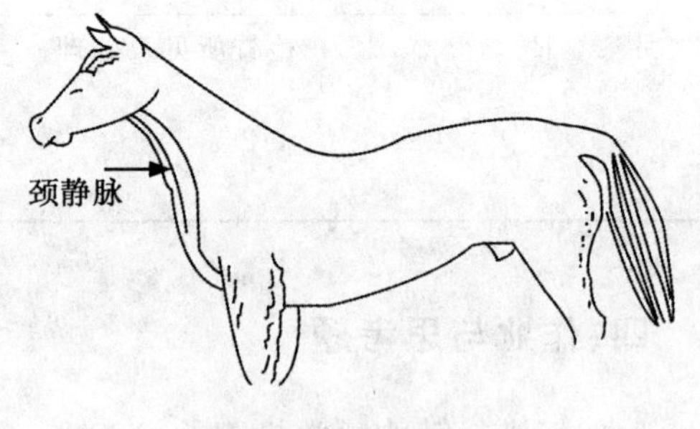

图 2-38　静脉注射

当注射大量药液时，多采用分解动作。按上述方法刺入针头，当血液流出后，迅速连接排净空气的输液胶管和输液瓶，放低输液瓶，见回血时，将输液瓶提高，药液即流入静脉内。

(二)肌内注射法

部位　凡肌肉丰富的部位，均可进行肌内注射。猪、羊多在颈侧部，大家畜在臀部和颈侧部，犬、猫多在脊柱两侧的腰部肌肉或股部肌肉，禽多在胸肌。

方法　左手固定于注射局部，右手持连接针头的注射器，与皮肤呈垂直的角度，迅速刺入肌肉，一般刺入深度为 2～4 cm；此时改用左手持注射器，右手推动活塞手柄注入药液。为防止针头折断，注射时注意不可将针头完全刺入肌肉中，一般只刺入全长的 2/3 即可。

(三)皮下注射法

皮下注射是将药物注射于皮下组织内，经毛细血管、淋巴管吸收，一般经 5～10 min 呈现效果。凡是易溶解无强烈刺激性的药品及菌苗、疫苗等均可作皮下注射。

部位　选择富有皮下组织、皮肤容易移动的部位。牛在颈侧或肩胛后方的胸侧，犬、猫在颈侧或背部、股内侧，猪在耳根或股内侧，马、骡多在颈侧，禽在翅膀或大腿根部，雏鸡在颈背部或腿部。

方法　局部剪毛消毒后，用左手的拇指和中指捏起皮肤，食指压其顶点，使其形成三角凹窝。右手持注射器，迅速将针头刺入凹窝中心的皮肤内，深 2 cm 左右。放开皮肤，抽动活塞不见出血时，注入药液。药液多时，应分点注射。注射完毕拔出针头，局部涂以碘酊。

四、作业与思考题

1. 牛、犬的静脉注射要点是什么？
2. 简述犬的皮下注射、肌内注射操作要领。

实验十　特殊治疗技术

一、实验目的与要求

1. 掌握瘤胃穿刺、膀胱穿刺和关节腔穿刺技术的操作要领及注意事项。

2. 熟练掌握导尿技术的操作要领及注意事项。

3. 了解膀胱冲洗技术的操作要领及注意事项。

4. 熟练掌握洗胃技术和灌肠技术的操作要领及注意事项。

二、实验器材

器械　注射器、套管针、手术刀、毛剪、洗涤器、导尿管、导胃管、漏斗、吸引器、灌肠器、压力气筒、吊桶、塞肠器(有木质塞肠器与球胆塞肠器)。

材料　犬、羊或牛、兔、马;脱脂棉、绳子等。碘酊、酒精、石蜡、0.1%高锰酸钾溶液、2%硼酸溶液、2%～3%碳酸氢钠溶液、1%～2%盐酸普鲁卡因溶液、1%～2%食盐水、生理盐水等。

三、实验内容与方法

(一)穿刺技术

1. 瘤胃穿刺技术

用途　当瘤胃臌气严重时,可作紧急排气或注入制酵剂。抽取瘤胃液作疾病诊断用。

部位　穿刺点在髂骨外角与最后肋骨中点连线的中央,也可选在瘤胃隆起最高点穿刺。

方法　牛、羊行站立保定,术部剪毛、消毒。术者以左手将局部皮肤稍向前移,右手持套管针向对侧肘头方向刺入(必要时可先用手术刀在术部皮肤做一小切口,易于使套管针刺入)。然后固定套管,拔出针芯,使瘤胃内的气体断续地、缓慢排出。如遇针孔阻塞,可用针芯通透,切忌拔出套管针。为了防止臌气继续发展,造成重复穿刺,因此,套管应继续固定,并留置一定的时间后才可拔出。必要时亦可从套管向瘤胃内注入某些制酵剂。拔出套管时应先插回针芯,同时压定针孔周围的皮肤,再拔出套管针,然后消毒处理。

在进行瘤胃穿刺时,应注意以下问题:

(1)放气时应注意病畜的表现,放气速度不宜过快,以防止发生急性脑贫血。

(2)整个过程要求术者始终用手固定套管针或穿刺针防止因瘤胃蠕动致使穿刺针滑脱瘤胃进入腹腔,而引发局部感染和继发腹膜炎。

(3)须经套管注入药液时,注药前一定要确切地判定套管是否在瘤胃内。

2. 膀胱穿刺技术

用途　当排尿困难或尿闭时,作为急救措施,可行膀胱穿刺术,排出积尿。

部位 大动物可从直肠内进行膀胱穿刺;中、小动物则从下腹壁进行膀胱穿刺。

方法 大动物行柱栏内站立保定,手入直肠,掏尽宿粪。然后用手带入穿刺针,从直肠内刺入臌满的膀胱内排尿。在排尿过程中,术者的手要始终固定穿刺针,排尿完毕,则马上拔出穿刺针。中、小动物穿刺时,行侧卧或仰卧保定,于耻骨前缘的下腹壁上,垂直腹壁皮肤刺入膀胱内排尿。

3.关节腔穿刺术

用途 用于诊断和治疗关节疾病,多用于马。

部位 在其关节臌隆最明显部穿刺。

方法 各关节腔穿刺方法略有不同。

(1)蹄关节滑膜囊穿刺术在蹄冠背侧,蹄匣边缘上方 1～2 cm,中线两侧 1.5～2 cm 处。从侧面自上而下刺入伸腱突下 1.5～2 cm 深。

(2)冠关节滑膜囊穿刺术在系骨远端后面与屈腱之间的凹陷处。从上向下刺入 1.5～2 cm 深。

(3)球关节滑膜囊穿刺术在掌骨远端后面,系韧带前面和上籽骨前上方三者之间的凹陷内。从两侧由上向下与掌骨侧面呈 45°刺入 2.5～4 cm 深。

(4)桡腕关节滑膜囊穿刺术在副腕骨上缘,腕外屈肌腱分枝与桡骨远端后方的凹陷处。由上向下刺入 2.5～4 cm 深。

(5)肘关节滑膜囊穿刺术在桡骨外侧韧带结节和肘突之间的凹陷处。向前下方刺入 2.5～3 cm 深。

(6)肩关节滑膜囊穿刺术在肩胛冈下端,冈下肌腱的前缘,臂骨大结节上方的凹陷处。由前向后稍偏内与马体表面呈 30°～45°刺入 4～5 cm 深。

(7)胫距关节滑膜囊穿刺术一般于前内关节盲囊内进行,即在趾长伸肌腱和跗关节内侧长韧带之间的凹陷处,关节的屈面,胫内踝下方刺入1.5～3 cm 深。

(8)股膝关节滑膜囊穿刺术在膝外直韧带与膝中直韧带之间的凹陷处。稍向上方刺入 3～4 cm 深。

(9)髋关节滑膜囊穿刺术横卧保定,用长 10～15 cm 长的针头,在股骨大转子和中转子之间的切迹处中央刺入,然后将针头向前内方呈水平方向刺入 8～12 cm 深。

在进行关节腔穿刺时,保定要确实,消毒要严格,以免发生感染。针入关节腔后即可有关节液流出,若无液体流出时可压迫关节囊或用注射器抽吸,但不可过深刺入关节腔内,以免损伤关节软骨。

(二)导尿技术与膀胱冲洗技术

1.准备

(1)根据动物种类备用不同类型的导尿管。用前将导尿管放在 0.1%高锰酸钾溶液的温水中浸泡 5～10 min,前端蘸液体石蜡。

(2)冲洗药液宜选择刺激或腐蚀性小的消毒、收敛剂。常用的有生理盐水、2%硼酸溶液、0.02%～0.1%高锰酸钾溶液、1%～2%石炭酸溶液、0.1%～0.2%雷佛奴尔溶液等。此外,也常用抗生素及磺胺制剂的溶液(冲洗药液的温度要与体温相近)。

(3)备好注射器与洗涤器。

(4)术者手、病畜的外阴部及公畜阴茎、尿道口要清洗消毒。

2. 操作步骤

(1)助手将尾巴拉向一侧或吊起。术者将导尿管握于掌心，前端与食指同长，呈圆锥形伸入阴道 15～20 cm(大动物)，先用手指触摸尿道口，轻轻刺激或扩张尿道口，随即插入导尿管，徐徐推进，当进入膀胱后，则无阻力尿液自然流出。

(2)排完尿后，导尿管另端连接洗涤器或注射器，注入冲洗药液，反复冲洗，直至排出药液透明为止。

(3)公马冲洗膀胱或导尿时，先于柱栏内固定好两后肢，术者蹲于马的一侧，将阴茎拉出，左手握住阴茎前部，右手持导尿管插入尿道，徐徐推进，当到达坐骨弓附近时，则感有阻力推进困难，此时助手在肛门下方可触摸到导尿管的前端，轻轻按摩辅助向上转弯，术者与此同时继续推送导尿管，即可进入膀胱导出尿液。冲洗方法与母畜相同。导尿或冲洗完之后，还可注入治疗药液。而后除去导尿管。

3. 注意事项　在进行导尿与膀胱冲洗时，应注意以下问题：

(1)当识别母畜尿道口有困难时，可用开膣器开张阴道，即可看到尿道口。

(2)插入导尿管时，防止粗暴操作，以免损伤尿道黏膜或造成膀胱壁的穿孔。

(3)导尿或冲洗膀胱时，要注意人畜安全。

(三)导胃与洗胃法

1. 准备　大动物于柱栏内站立保定，小动物行侧卧保定。

2. 操作步骤

(1)先用胃管测量到胃内的长度(牛从唇至倒数第 5 肋骨，羊从唇至倒数第 2 肋骨，马从鼻端至第 14 肋骨)并做好标记。

(2)装好开口器，固定好头部。

(3)从口腔徐徐插入胃管，到胸腔入口及贲门处时阻力较大，应缓慢插入，以免损伤食管黏膜。胃管前端经贲门到达胃内后，阻力突然消失，此时可有酸臭味气体或食糜排出。胃管插入胃内并经验证后可在胃管外端装上漏斗灌入温水，将头低下，利用虹吸原理或用吸引器抽出胃内容物。如此反复多次，逐渐排出胃内大部分内容物，直至病情好转为止。小动物的胃管插入胃内后，在胃管外端口连接装有灌洗液的注射器，向胃内注完相当量的灌洗液后，再抽出胃内容物，反复灌洗，直至吸出液体与灌洗液颜色相同为止。

(4)治疗胃炎时，导出胃内容物后，要灌入防腐消毒药。

(5)冲洗完之后，缓慢抽出胃管，解除保定。

3. 注意事项　在进行导胃与洗胃时，操作中要注意安全。使用的胃管要根据动物的种类选定，胃管长度和粗细要适宜。瘤胃积食宜反复灌入大量温水，方能洗出胃内容物。马胃扩张时，开始灌入温水不宜过多，以防胃破裂。

(四)灌肠法

1. 准备

(1)中小动物于手术台上侧卧保定。大动物柱栏内站立保定，吊起尾巴。

(2)木质塞肠器呈圆锥形，长 15 cm，中间有直径 2 cm 的小孔，前端钝圆，直径 6～8 cm，后端呈平面，直径 10 cm，两边附着两个铁环。塞入直肠后，将两个铁环拴上绳子，系在笼头或颈部套包上。

球胆塞肠器是在排球胆上剪两个相对的孔，中间插入一根直径1～2 cm的橡胶管，然后用胶密闭剪孔，胶管两端各露出10～20 cm。塞入直肠后，向球胆内打气，胀大的球胆堵住直肠膨大部，即自行固定。

(3)灌肠溶液一般用微温水、微温肥皂水、1%温盐水或甘油(小动物用)。消毒、收敛用溶液有0.1%高锰酸钾溶液、2%硼酸溶液等。治疗用溶液根据病情而定。营养溶液可备葡萄糖溶液、淀粉浆等。

2.操作步骤

(1)一般方法　将灌肠液或注入液盛于漏斗(或吊桶)内，将漏斗举起或将吊桶挂在保定栏柱上。术者将灌肠器的胶管另一端，缓缓插入肛门直肠深部，溶液即可徐徐注入直肠内，边流边向漏斗(或吊桶)内倾注溶液，直至灌完。并随时用手指刺激肛门周围，使肛门紧缩，防止注入的溶液流出。灌完后拉出胶管，放下尾巴。

(2)中小动物灌肠　使用小动物灌肠器，一端插入直肠，另端连接漏斗，将溶液倒入漏斗内，即可流入直肠。也可使用100 mL注射器连接胶管注入溶液。

(3)大量压力深部灌肠　主要应用于马的肠结石、毛球及其他异物性大肠阻塞、重危的大肠便秘等。

灌肠之前，先用1%～2%盐酸普鲁卡因溶液10～20 mL，在尾根下凹窝内(后海穴)与脊椎平行刺入10 cm，进行注射，使肛门与直肠弛缓之后，将塞肠器插入肛门固定。然后将胶管插入木质塞肠器的小孔到直肠内(或与球胆塞肠器的胶管连接)，高举吊桶或漏斗，溶液即可注入直肠内，也可用压力气筒压入溶液。一次平均可注入10～30 L溶液。灌完后为防止溶液逆流，可将塞肠器保留15～20 min后再取出。

3.注意事项　在进行灌肠时，应注意以下问题：

(1)直肠内存有宿粪时，按直肠检查要领取出宿粪，再进行灌肠。

(2)防止粗暴操作，以免损伤肠黏膜或造成肠穿孔。

(3)溶液注入后由于排泄反射，溶液易被排出，为防止排出，用手压迫尾根，或于注入溶液的同时以手指刺激肛门周围，也可按摩腹部。最好办法是用塞肠器压定肛门。

四、作业与思考题

1.简述瘤胃穿刺的部位及操作要领。

2.试述牛膀胱穿刺的操作过程。

3.为什么要进行灌肠？如何选择灌肠液？

实验十一　X 线检查

一、实验目的与要求

1. 了解 X 线机的一般构造，掌握其使用方法。

2. 通过 X 线机透视检查的操作，初步了解家畜胸部透视的操作技术。

3. 了解 X 线摄影检查的技术条件及其确定方法。

4. 掌握大动物四肢下部的骨关节及小动物胸部摄片的方法。

5. 从实践中了解 X 线摄片的暗室操作技术。

6. 通过消化道钡餐造影检查示教，初步掌握大、小家畜食管造影的操作技术。

二、实验器材

器械　X 线机、X 线管、螺丝刀、接线板、红色护目镜、透视暗室用照明红灯及遮光用红、黑布帘。大动物鼻胃管、小动物胃管，金属汤匙，500 mL 量杯、茶杯、中号漏斗、水剂灌药器。X 线软片、暗盒附增感屏、铅号码、测厚尺、聚光筒、密纹静止滤线器(缺者暂免)、胸部摄片架、四肢骨关节摄片架、软片切刀、暗室灯、洗片架(夹)、定时钟、温度计、洗片盆或桶。

材料　小猪或羊，犬或猫，牛或马；稀钡悬浮液(浓度约 40%)、浓钡浆(浓度约 80%)、润滑剂，显影剂、定影剂。

三、实验内容与方法

(一)X 线机的使用与透视检查法

1. 10 mA 和 30(或 50)mA X 线机的结构

(1)机头　10 mA、30 mA 或 50 mA X 线机采用组合式机头的结构，机头外壳由金属板或铝合金制成，内衬一层薄铅板防止机头漏出射线(有些机头用铅套筒把 X 线管包裹，只在放射窗处开一圆孔让有用的线束通过)。目前国产 10 mA、30 mA 或 50 mA 组合机头采用圆筒(罐)状的外壳，外壳中央开一圆形放射窗，装上一块向内凹陷的杯状有机玻璃，对准 X 线管焦点，透过有机玻璃可在灯丝点亮后看到 X 线管阳极反射面的情况，并可检视机头内有无游离气泡，放射窗外可接上活动光门或聚光筒，以控制照射野的大小。机头内装有 X 线管、高压变压器和灯丝变压器，圆筒的一端安装耐油橡皮制成的涨缩器，另一端为机头电路的接线端子板。通过导线与控制台相连。两端外壳另装上金属盖。机头内充满高压绝缘油。

(2)线管　是一个具有特殊用途的真空玻璃二级管，由阴极、阳极及管壁构成阴极有灯丝、集射罩，阳极有倾斜的钨靶。

(3)变压器

高压变压器　把高压电输送给 X 线管的两极以产生 X 线。这种变压器的特点为输出电压很高，连续工作的容量小而瞬间工作的容量大。

灯丝变压器　系供给 X 线管（或高压整流管）灯丝加热的低压电流，次级电压多在 4～10 V，因其次级与高压变压器次级相连，故要求较高的绝缘性能。

(4)操纵台　也称控制台，是开动 X 线机和调节 X 线质量的装置，为一薄铁制的小箱子，内装自耦变压器、转换器、电阻器、继电器和保险丝等。面板上安装有各种操纵设备如电源开关和电源电压调节器、指示灯、电源电压(V)表、透视摄影曝光计时器（或手闸式定时钟开关）、透视曝光开关（脚踏开关）。

2. X 线机的操作步骤　电源电压与机器要求的电压要相符，接地要确实，各旋钮或调节器应在零位，然后按以下步骤操作：

(1)启开电源开关　电源指示灯亮，电源电压表有读数。

(2)调节电源电压　旋转电源电压调节器使电压表指到 220 V 处。

(3)拨好透视摄影交换器　透视时拨向"透视"，摄影时拨向"摄影"处。

(4)调节毫安　30 或 50 mA X 线机、毫安表有两行读数，上行读数大者为摄影毫安，下行读数小者为透视毫安。

(5)调节千伏　根据需要调节千伏，按调节器的千伏数刻度选择即可。

(6)调节曝光时间　摄影检查需要调节曝光时间、曝光计时器的刻度以秒为准，由 0～8 s 或 0～10 s 最短能控制到 0.2 s 以上。透视曝光由脚踏开关控制。

(7)曝光　摄影时按下计时器手闸按钮，即开始曝光，达到预定的时间时，自动跳闸，切断高压，曝光随即停止。透视曝光时间，由脚踏开关随意控制，离开脚踏，曝光停止。

(8)关闭机器　用毕，关闭电源开关，拉开墙闸，各调节器或开关返回零位。

3. X 线机操作注意事项

(1) 启开电源后不要立即曝光，应稍等片刻，使灯丝预热产生足够电子。但使用完毕应立即关闭电源，免使灯丝不必要地点燃增加蒸发而缩短寿命。

(2) 必须在额定性能内使用，切勿过负荷。如 30 mA X 线机最大摄影性能为 30 mA、85 kV、10 s。低于额定性能使用，可以延长 X 线管寿命。同时每次摄影曝光之后，应有数分钟间歇，以待阳极靶面散热。连续透视，如机头超过额定温度（感觉烫手），应停机冷却，或加风扇散热，免至超过规定的热容量。

(3)在曝光过程中，除透视毫安以外，不能作任何其他调节，有需要时应停止曝光再行调节。

(4)注意熟悉 X 线机正常使用现象，若发现异常声音、臭味、漏油、荧光过亮或过弱，毫安表反应针震动或下跌等等，应立即停机检查。

(5)X 线机平日要注意防震防潮，保持清洁干燥，定时检查安全接地，小心操作使用。

4. 透视检查操作法

(1)透视器材的准备

①在机头放射窗外安装好活动光门，在荧光屏上装上活动褶迭式暗箱，集体观察时不装暗箱，但需在透视暗室内进行。

②安装好透视荧光屏，并轻轻转机头使放射窗的中心垂直对准荧光屏的中心。

③透视者戴红眼镜进行暗适应，调节眼睛适应于黑暗中观察的视力。

(2)机器的调节及透视操作

①把透视摄影交换器旋转对准“透视”处,并把脚踏开关接上操纵台的曝光插座,调节好电源电压。

②透视条件用 2.5～3 mA,暂用 60 kV(实际上应按投照部位厚度而增减)。关闭活动光门,然后踏下脚踏开关,观察毫安表读数,调节至 2.5 mA 或 3 mA 即可。

③稍打开活动光门,露出一方形小孔,闭目除去红眼镜,踏下脚踏曝光,观看方形的淡绿色荧光照射野是否位于荧光屏中央,否则调整机头至对准为止。然后在曝光之下再开大活动光门,适当扩大照射野范围(只能小于而不能等于荧光屏,更不能大于荧光屏的面积),即可正常地进行检查。透视小部位时,照射野要相应缩小。

④留意观察体会荧光的亮度,然后曝光数秒间歇数秒进行,小动物(或人体)四肢较薄部位的观察,注意认识软组织、骨骼、关节间隙的阴影与亮度,体会 X 线的穿透作用,荧光作用及影响 X 线穿透力与荧光亮度的因素,理解透视检查在疾病诊断上的意义。

5. 小家畜胸部透视检查

在上述透视操作之后,接着转入做小家畜的胸部透视。

(1)动物准备　小猪、羊、犬、猫均可,按具体情况选择 1 头,畜体应清洁干燥。

(2)透视场地准备　集体观察,在暗室内进行,并把荧光屏上的折叠暗箱取下,关闭室内门窗并用红黑双层布帘遮蔽,防止漏光。熄灭白灯,改用红灯照明。应备有盛接粪尿器皿。

(3)透视体位与动物保定　小猪可用徒手直立保定透视,分别用两手执着同侧耳壳及前肢,把猪向上提举,作背腹位或侧位透视。亦可作卧位透视,但前、后肢要分别向前后尽量拉开。

羊、犬除上述两种体位外,尚可作自然站立侧位透视。猫以直立位或卧位为宜。除自然站立姿势外,任何体位均应把两前肢尽量向前拉紧,各种体位中以直立位效果最佳,但保定比较麻烦。每种动物均应进行正位(背腹位)和侧位透视,但羊的胸透应以侧位为主。

(4)透视条件　2.5～3 mA,透视千伏按动物大小而定,以上动物用 55～65 kV 即可,猫可用低限(50～55 kV),机头与荧光屏的距离在各种 X 线机均已固定,参照使用则可。

(5)透视的方法程序　先开大光门,对全肺进行浏览,获得初步的全面印象后,再缩小光门分区进一步观察。如发现异常,可进一步缩小光门,对病变深入观察,并与对称的正常部位进行比较,最后开大光门进行全面的复核比较。

(6)胸部透视荧光影像的初步认识

①背腹位肺野　肺富含空气,X 线容易透过,投影在荧光屏上呈现明亮而均匀的阴影,通过与明亮的肺组织对比,应显现出下述器官的影像。

心脏　在背腹位呈卵圆形的黑暗阴影,位于两肺之间的中央偏左处,细看可见其搏动。

横膈　呈圆顶状暗影,为肺野的下界,细看可以观察其随呼吸而运动。

②侧位肺野　除见心脏和横膈外,尚可显现主动脉,后腔静脉和肺动脉等大血管和气管阴影,大血管的阴影较暗,而气管阴影最亮,比肺野更为透明。

此外,在背腹位和侧位胸透时,均容易看到肋骨与胸椎等骨骼影像,其阴影最为暗黑。

(二)X 线摄影检查与暗室技术

1. X 线摄影器材及暗室设备的认识与使用

(1)摄影器材

①X 线软片　为醋酸纤维或涤沦片基制成的双面药膜胶片,呈淡黄绿色。感光性能分为

低速、中速和高速 3 种，大小尺寸共有 6 种规格，习惯上以英寸表示。

国产片习惯上以 25 张为一盒包装，每张软片夹有双面保护纸，用黑纸袋包装，外衬硬纸皮防止屈折，并以黑色或红色喷塑铝箔袋密封，然后装盒。平日应立放以免受压，置于冷暗干燥处保存。

②增感屏　其大小尺寸与 X 线软片规格相同。通常用胶水纸或特制胶布粘贴于暗盒内。除常规的钨酸钙增感屏外，还有感光性能更优的氟氯化钡增感屏和稀土增感屏。注意对增感屏勿污损和折伤。

③暗盒(片盒)　由塑料片及金属板制成，目前的暗盒多用铝板制成，作装盛软片进行摄影之用，大小尺寸及规格与 X 线软片及增感屏相同，盒面可透 X 线，盒底内面衬有一层弹力泡沫垫，使增感屏与 X 线软片紧密接触，供摄影用的暗盒，内面都贴有增感屏，要两屏药膜相对，切勿贴反。盒底外面装有弹簧开关，装片后要把开关卡紧以免漏光。

④聚光筒(遮线筒或活动光栅)　用来限制照射野的大小和减少散射线。

⑤测厚尺　用来测量被摄部位厚度以确定千伏数。

⑥铅号码　用来标记照片的日期和编号。

⑦摄影架　用来安放固定暗盒进行摄影。

⑧滤线器　安装在电动诊视床的滤线器多是活动滤线器。此外还有密纹静止滤线器。应按其规定焦距使用。密纹滤线器大小尺寸与暗盒规格相同，能滤去散射线，提高影像清晰度。

(2)暗室设备器材

①安全红灯　暗室操作时的照明光源。

②切刀　为裁切软片用。

③洗片架(夹)　夹持软片进行冲洗用，由不锈钢制成，其大小规格与软片相同。

④定时钟　以分为单位的定时闹钟，用以计算显影时间。

⑤其他尚有温度计、洗片盒(或桶)、冲洗池、干片机、天平、量杯、漏斗等。

⑥显影剂与定影剂。

2.摄影技术条件的选择与曝光条件表的制订　试以小猪或羊的胸部摄影为例进行技术条件的选择和曝光条件表的制订。

(1)用测厚尺测量猪(或羊)的胸部侧位厚度厘米数，并以彩笔标记被测位置。

(2)试用书本上介绍的千伏数或使用千伏数计算公式：千伏数＝厚度(cm)×2＋基数，算出千伏值，基数范围为 25～30，焦点胶片距用 75 cm 或 100 cm，试用 30 mA 和 0.4 s 曝光时间。

3.小动物胸部背腹位及侧位投照的操作步骤

(1)根据动物大小，准备相应大小的胶片。一般中、小猪可用 8×10 或 7×11 的软片，装入暗盒内的两块增感屏之间，紧闭暗盒备用。若把较小的软片装入较大的暗盒内，须在暗盒上标明软片的位置。

(2)X 线摄片登记和编号。在号码牌上按所编 X 线号排好铅号码、日期和左、右等铅字，并贴挂在暗盒上。

(3)测量尺测量胸厚的厘米数，参照条件表选择投照条件。但在毫安秒值维持不变的情况下，尽量用高毫安和短时间曝光。

(4)按选定的投照条件调节好 kV、mA、曝光时间和距离。

(5)把暗盒装在摄影架上，动物用保定带保定两前肢及头部(羊可套在羊角上)垂直悬挂起来(注意勿压迫气管)，进行水平投照。如用卧位摄影，暗盒平放在地上或床上，人工保定动物进行垂直投照。

(6)摆好位置并对准X线束中心。背腹位摄影，矢状面与片盒垂直，胸骨柄与片盒上界等高。侧位投照，矢状面与片盒平行，片盒侧缘与胸骨剑突对齐，X线束的中心对准软片的中心。

(7)接通机器电源，调节好电源电压，掌握呼吸间歇的安静时机进行曝光，曝光完毕即关闭电源。

4.大动物前肢腕关节前后位及内侧位投照

(1)胶片的准备，在体格不大的动物，使用5×7软片，体型较大的动物切成6×8或7×11软片。

(2)动物被检部应清洁干燥，局部不能留有碘、汞类药物。在柱栏内站立保定待检。

(3)编号、排铅号码、测厚、选择投照条件，调节机器等参照胸部投照的方法进行。

(4)片盒装于四肢摄片架上，对正腕关节摆放好片盒位置，X线束中心水平对准两列腕骨之间的间隙。

(5)接通电源，开动机器，掌握在动物安静的瞬时进行曝光。

摄片时应注意以下问题：

(1)软片的放置与被检部位要一致，方位要正确。

(2)片盒要紧贴被检部位，局部要清洁干燥。

(3)X线束中心要对准被检部位中心并与胶片垂直，拍摄关节时中心线束要对准关节间隙。

(4)拍摄长骨等细长部位，软片长轴与X线管长轴垂直。拍摄长而宽的部位，如胸、腹时，X线管长轴与胶片长轴平行，X线管的阳极端应位于投照部较薄的一端。

5.暗室技术

(1)胶片的装卸

①X线软片开盒　胶片装卸过程全部在暗室内进行。先把软片纸盒封口撕开，关闭白灯，在安全红灯下把盒内包裹软片的塑料铝箔密封袋反折的封口剪开，即可进行装片。

②装片　把暗盒底朝上平放桌面，打开暗盒。把已开盒的X线软片密封袋折口打开，用右手拇指及食指伸入封袋内连同保护纸轻轻取出一张软片，左手掀去护纸的下页，把软片放入暗盒内的增感屏上，再用左手食指和中指隔着面页护纸检查软片前沿及两角，若已正确位于暗盒后，右手即把软片平放盒内并将保护纸取出，把底盖盖好并卡紧。随后则把软片密封袋口反折好，放回纸盒内盖好(如软片尺寸大，按需要裁小后再行装片)。

③卸片　经过摄影曝光后的胶片可以卸片进行冲洗。把暗盒平放于台上打开盒盖，把胶片倒出以手接住。如不能脱出可用指甲轻轻将其刮起，用食指和拇指拿着片角取出，再夹在洗片架上进行冲洗。

(2)X线软片的冲洗

①显影　把已经卸下的胶片夹好在洗片架上，放入清水中浸湿后拿起，滴去清水，即放入显影桶内上下移动几次，然后加盖显影，显影液温度20℃，显影时间4～6 min。如用盆冲时，则不装洗片架。

②洗影　显影完毕的胶片，拿起滴去显影液，放入清水中漂洗片刻(由数秒至20 s不定)

取出滴去清水。

③定影　洗影完毕的照片，放入定影桶内定影（盆冲时平放定影盆内）10～15 min 并加盖。中间可翻动一次。

④冲影　定影完毕的胶片，拿起滴去定影液，放入流动清水中冲洗 0.5～1 h。

⑤干燥　冲影完毕的胶片，拿起滴去清水，放在凉片架上凉干，或放入电热干片箱内烤干。最后装入封套登记，送阅片室阅片和归档。

(3)暗室操作的注意事项

①暗室内应切实保持黑暗，不能漏光。

②软片的装卸和操作，应避免在红灯下曝露时间久，致使胶片发灰。

③冲洗过程中，胶片避免摩擦划伤，避免重叠或粘着。

（三）X 线消化道造影检查法

1.大家畜食管造影　按常规方法把鼻胃管正确插入食管至咽后 10 cm 左右，固定胶管把动物牵入透视保定栏内或预定位置。用 75～80 kV，3 mA 先行在全段食管经路上透视一次，并检查证实胶管在食管内确实无误后，接上漏斗或水剂灌药筒，用红灯照明，在漏斗或灌药筒内倒入稀钡约 300 mL，熄灭红灯，举高漏斗使钡剂进入食管，同时开始透视观察，由颈部开始跟踪观察流至胸段食管及通过膈肌进入胃的情况，注意食管内径大小，钡流速度与流通情况，有无狭窄、扩张、停滞或充盈缺损等。

注意：胃管不要插入过深，但又要避免钡剂灌入气管。

2.小家畜钡餐检查　被检动物犬需禁饲 12 h 以上，猪要禁饲 24 h。先透视观察一遍胸腹部有无异常后才作钡餐检查。透视条件 60～70 kV、3 mA。如可能时先喂给一汤匙稠钡浆，观察食管黏膜及胃内是否空虚，有无不透性异物，注意能否观察到黏膜情况，并戴橡皮手套试行对胃按压看能否成功（因小家畜的胃正常时多被肋弓覆盖，难以触到）。然后灌入稀钡液约 250 mL。注意观察胃的位置、体积、形态，紧张度与移动性，有无龛影或充盈缺损，胃的蠕动、钡剂通过幽门及十二指肠进入小肠的情况，至此可暂停观察。1 h 后再复查，注意胃的排空程度及肠的流通情况，钡剂到达肠管的位置，肠管的移动性，有无粘连和占位性病变等。

附　家兔消化道 X 线造影

1. 钡餐的配置和灌服　按硫酸钡∶水为 1∶2 的比例用小烧杯配制新鲜的约 200 mL 的悬浊液，使用时还要求搅拌均匀。轻轻掰开兔嘴，并将其舌头拉出嘴外，用注射器插入口中，然后徐徐注入。

2.兔的保定　灌服钡餐后，将兔保定于拍摄台上，采取左侧卧式。

3.拍摄条件　电源 220 V；管电压 63 kVp；电流 50 mA；曝光时间 0.08 s；焦点胶片距离 90 cm。

4.拍摄方案　注射完钡餐后，分别在 1 min、30 min、40 min、1 h、1.5 h、3 h、5 h 后对兔的食道进行拍片。

四、作业与思考题

1.试述 X 线产生的基本条件及 X 线的特性。

2.详细记录本次实验的结果并进行分析。

实验十二　超声波检查

一、实验目的与要求

1. 了解超声诊断仪的各功能键，掌握其使用方法及注意事项。

2. 结合超声诊断仪的使用，进行超声检查的一般操作，初步了解家畜超声检查的方法。

3. B超图像的阅读与分析(图像质量的分析、腹部各脏器的B超图像特点、腹水的影像特征以及不同腹水量时的B超影像的区别)。

二、实验器材

器械　A型超声诊断仪、超声多普勒诊断仪、超声影像打印仪、热敏超声打印纸、耦合剂、螺丝刀、毛剪、试电笔、接线板、各种探头、剪刀或剃刀、套管针或静脉留置针、注射器。

材料　犬、羊或牛、兔(每组1只)；甘油或石蜡油、棉花、生理盐水。

三、实验内容与方法

(一)A型超声波诊断仪的使用方法及注意事项

1. 图形位置的调节　仪器接通电源后，“电源开关”扳到“开”的位置，荧光屏上即有红色亮光指示。1～2 min后，适当调节“辉度”旋钮便能看见扫描基线的显示，其清晰度可调节“聚焦”和“辅助聚焦”旋钮。基线上下左右可调节“垂直移位”和“水平移位”，使波形移到便于观察的位置。

2. 探测方式的选择　作为一般诊断时，使用单迹显示，此时应把“单向、双向”开关置于“单向”位置。此时荧光屏上出现两条基线。上边基线显示探测波形，下边基线为距离标志，每一格代表1 cm，每5小格有一加长的脉冲标志代表5 cm，此时为单探头工作，必须把探头接于“探头Ⅰ”插座上。

双迹显示探测主要是测量脑中线波的位移，也可用于其他部位作定位比较。

3. 工作频率选择　超声波工作频率选择是根据所诊断的组织不同而异，一般有1.25 MHz、2.5 MHz、5 MHz三档，通常使用频率为2.5 MHz。作颅外探测时可用1.25 MHz。作浅表部位探查如眼球等可用5 MHz。

工作频率变换时，应配合使用相同频率的探头。

4. “深度”控制调节　“粗调”和“微调”是作为深度测量范围的调整，作为一般诊断时，粗调可调到“2”，用水槽或仪器的标距调整“微调”至适当的比例，如8：10或10：10，如探测浅表部位需要把回波展宽分析，可将“粗调”置于“1”。如探测深度较大，可将“粗调”置于“3”，这时最大深度可观察1 m。

5. “增益”与“抑制”的调整　“增益”是调节仪器的灵敏度，当单向常规检查时，灵敏度可置于“6～7”之间，作脑探查时，可适当开大。对于“抑制”旋钮，在一般探查时可置于“5”的位置，作脑探查时可适当减少。

6.“输出”的调整　“输出Ⅰ”和“输出Ⅱ”为探头Ⅰ和探头Ⅱ的发射强度控制，调整发射强度也可略为改变仪器灵敏度，并且当“输出”较小时，始脉冲的宽度小，有利于浅表部位的探测。

7.探查方法　一般常用的探查方法是直接接触法，将探头与畜体表面直接接触，探头与体表之间一定要涂上耦合剂，使超声能够传入机体组织。常用的耦合剂，为对畜体无刺激性的和不易流失的油类，如甘油、蓖麻油、石蜡油等。

间接探测的方法是探头与畜体表面没有直接接触，用不漏液的圆筒容器置于被探查部位，中间充满水，探头置于水与体表之间进行探查，这种方法对浅表部位的诊断较为适用。

(二)家畜肝脏超声探查法

各种家畜的超声探查方法基本相似，现以牛为例介绍如下。

1.仪器条件　A型超声诊断仪，探头频率为2.5 MHz。先用正常灵敏度(即一般灵敏度)探查，根据情况可随时开大增益。扫掠时间比例为1∶1或1∶2。

2.探查技术

(1)检动物于柱栏内自然站立保定，右季肋部涂擦耦合剂(剪毛或不剪毛均可)。

(2)探查手法：一般采用滑行探查和定点探查两种方法。滑行探查用于确定肝脏的大小、斜径、上下径、上下界和观察波型的变化，从而了解肝脏形状(即体表投影)、肝脏边缘锐钝情况及发现病变的有无和性质。探查顺序：牛一般先从第13肋骨后缘开始，然后顺次向前探查第12、11、10、9、8等肋间，每个肋间由上向下滑行，在肝脏波型消失处，用颜色做上记号，然后把各点连起来，就构成了肝脏(右侧)体表投影位置，从而就可测定肝脏的后界、肝肺界及上下界，量出上下径等。

(3)肝脏斜径和厚度测量法：肝脏的斜径是描右侧肝体表投影的最大斜长，即第13肋骨后缘斜向第8肋的距离。

肝脏厚度测定法，从第12、11、10肋间分别与腰—肘连线(即右侧第2腰椎横突末端与肘突的连线)相交的各点，作为测定厚度的代表点。

(4)右侧肝脏前上界或肺界：当探头置于肝脏上界各肋间时，若动物处于吸气状态时示波屏上出现肺波，相反在动物呼气时则出现肝波，此即肺肝界。

(5)肝脏边缘锐钝的测定：当探头滑向各肋间下缘时，注意观察示波屏上肝实质平段消失时的宽窄情况，即可判断肝脏边缘的钝锐。

(6)肝脏波型的观察：采用肋间连续滑行及多点、多方向探查法，在出肝波饱和、稳定时，观察波数、波幅、形态、分布状况及波的活动度等，从而发现肝病理变化。

(三)超声多普勒诊断仪的使用方法及注意事项

1.应用范围　通过听取胎心音、胎动音、脐带音、胎盘音、母体血管音诊断死胎、多胎；确定胎盘位置及分娩时监听胎心变化。可以探查浅表的血管，从血流音的有无判断血管是否阻塞和断肢再植后血管是否畅通。通过听取肝、脾、肱动脉、颈动脉、甲状腺等多种血流音进行科研和诊断疾病。

2.仪器使用方法和注意事项

(1)仪器提柄转下将前部支起，放平稳。

(2)将电源线的插头插入机后电源插座内,接通电源(接地要可靠)。

(3)将探头的高频插头分别接至仪器 S、F 端高频插座上,接触要良好。

(4)向上开启电源开关,指示灯亮,预热 1 min 后即可使用。

(5)音量大小可以调节,音量钮右推为大,以听清多普勒信号音为原则,不必过大,以免产生噪声。

(6)探头为仪器关键部件,其中压电晶片质脆,应避免磕碰。

(7)探头必须消毒使用时,不可用高温消毒法,以免有机玻璃部分受热损坏,应采用其他消毒法。

(8)该仪器应远离能产生高频电磁场的仪器设备工作,以免干扰,影响正常使用。

(9)若使用中听到电台广播,是由于仪器的 S 端高频插座与探头的高频插座接触不良所致,并非仪器故障,使之接触良好,广播即消失。

(四)犬实验性腹水的 B 超探查诊断——不同腹水量时超声的观察

1. 注入生理盐水前腹部的 B 超探查

(1)实验动物的准备　探察部位在脐部周围,将动物的腹部剃毛并清洁,然后涂上耦合剂。

(2)仪器的准备　在接通主机电源前将线阵探头、打印机与主机连接好,然后接通主机和打印机的电源,打开主机开关并将亮度、辉度调节到最佳,同时调节打印机亮度和对比度到打印的图像达最佳的效果。

(3)实验犬取站立位或侧卧位进行探查,探查时选用线阵探头,按一定的顺序从不同的角度进行扫描,当获得最佳的腹部影像时将图像冻结后用打印机打印出来。

2. 注入生理盐水 50 mL 的腹部腹水 B 超探查　细致观察腹部腹水充盈的程度,腹水的 B 超影像为均匀的液性暗区,可随呼吸或体位的改变而改变,内部脏器(如肠管)在腹腔中位置改变情况(如肠管的漂浮)。

3. 分别注入生理盐水 100 mL、150 mL 的腹部腹水 B 超探查　方法如步骤 1、步骤 2。

4. 对 B 超探查图像进行阅读和分析　对注入生理盐水前,及分别注入 50 mL、100 mL、150 mL 生理盐水时这 4 种条件下所观察到的 B 超影像进行分析,对比不同量腹水时 B 超影像的变化及特点。

四、作业与思考题

1. 简述超声检查在兽医临床的应用。

2. 比较观察不同腹水量时的 B 超影像和 X 线影像的区别。

实验十三　心电图检查

一、实验目的与要求

1.掌握心电图机的使用方法与注意事项。

2.结合心电图机的使用，进行心电图检查的一般操作，并初步了解家畜心电图检查的进行方法。

二、实验器材

器械　热笔直描式心电图机、螺丝刀、接线板、试电笔、毛剪、橡皮垫。

材料　家兔、羊或兔、鸡；酒精棉球、饱和盐水。

三、实验内容与方法

(一)热笔直描式心电图机(XDH-3心电图机的使用)

1. 未接通电源之前，导联选择开关置于"0"位，灵敏度控制开关置于"1"位，"记录"，"观察"，"准备"功能选择开关置于"准备"位，调节基线移位调节器，使热笔位于记录纸的中间，接好地线。

2.电源开关向上接通，指示灯亮后，预热2 min后开始工作。

3.调节基线位移调节器，使描笔位于中间。

4.功能选择键置于"观察"位。

5.功能选择键置于"记录"位，电动机转动，记录纸走出，同时重复地按1 mV定标电压按钮，此时应描出10 mm振幅的方波。调节热笔温度调节器，使热笔描出线条浓淡适中。如标准波形大于或小于10 mm，可调节增益细调电位器校正。然后将功能选择键拨置"准备"位。

6.将导联上插头和畜体上相对位置的电极用橡胶绷带连接。红色标记的电极接右前肢(RA)，黄色标记的电极接左前肢(LA)，黑色标记的电极接右后肢(RL)，蓝色标志的电极接左后肢(LL)，白色标志的吸球式电极接胸(C)。

7.首先将功能选择键置于"准备"位置，然后转动导联选择键至某一导联。稍待片刻，再将功能选择键拨回"准备"，稍等后，再拨回"观察"位，等描笔的跳动比较稳定后，即可将功能选择键拨到"记录"位，记录下该导联的心电波形。以后每次变换导联或更换胸电极位置时，均按照上述步骤重复一次。也可做连续描记，即马达不停，变换导程开关。

8.装纸：当向左端扳动装纸扳手时，装纸架即自动跳起，然后将其取出，把心电图纸夹在装纸架中间有弹性的部位。记录纸最长为35 m。

9.选用的记录纸宽度为50 mm，其纸圈两端要求平整，否则将影响走纸速度。

10.描记完毕，关闭电源开关，旋回导联选择器，卸下肢导联线及地线，切下记录纸，并注明动物号及描记日期。

(二)注意事项

1.仪器使用的环境温度一般应在35℃以下为宜。

2.仪器连续使用时间一般不超过4 h,如在夏天机内温度升高时应略予休息后再用。

3.当导联线未接妥病畜身体上的电极板时,导联选择键应处于"0"的位置。并将功能选择键置于"准备"档。

4.使用时必须接地线,以确保人畜安全。本机装有一个接地线插孔,并附有接地线一根,以备接在附近冷水管上。

附 兔心电图描记方法

将实验兔背位固定于兔台上,先在引导电板安放的部位剪毛,采用与人相似的电极导联进行引导。即将R、L、F 3个肢导联分别与兔的右前肢、左前肢和左后连接,胸导联 V_1 置于胸骨右缘第4肋间隙,V_2 置于胸骨左缘第4肋间隙,V_3 置于 V_2 与 V_4 的连线中点,V_4 置于左侧第5肋间隙与左锁骨中线相交处,V_5置于左腋前线与 V_1 同一水平上,V_6 置于左腋中线与 V_4 同一水平上,电极用鳄鱼嘴型夹子连接。为了保持良好的导电性,在每一导联与机体接触处用消毒酒精浸润,待兔安静后描写其心电图。用50 mm/s纸速、10 mm/mV的电压描记。

四、作业与思考题

1.心电图描记完毕后,分别计算出心率,测量各导联中心电图的持续时间和各波的电压值,并对所有测量数据进行统计学处理。

2.正常心电图各波形的命名及意义。

实验十四 血液常规检验(一)

一、实验目的与要求

1. 掌握红细胞和白细胞的计数技术。

2. 学会血沉、血红蛋白、红细胞压积容量的检验方法。

二、实验器材

器械 显微镜、分光光度计、离心机、计数板、红细胞稀释管或沙利氏吸管、一次性定量 10 μL或 20 μL 毛细玻璃管、5 mL 吸管、中试管。血沉管、血红蛋白计、红细胞压积测定管和采血针头等。

材料 供采血动物(山羊、家兔等);氯化钠、冰醋酸、硫酸钠、氯化高汞、结晶紫、盐酸、枸橼酸钠等。

三、实验内容与方法

(一)红细胞计数

红细胞计数(red blood cell count,RBC)是指计算每升血液内所含红细胞的数目。红细胞计数的方法很多,一般常用显微镜计数法。

1. 原理 血液经稀释后,充入血细胞计数室,用显微镜观察,计数一定容积内的红细胞数并换算成每升血液中的红细胞数。

计数板:计数各种血细胞专用量具。临床上最常用的是改良纽巴(Neubauer)氏计数板。它是由一块特制的厚玻璃构成,通过 H 形槽沟将其分成上下两个相同计数池。计数池两侧各有一条支柱,将盖玻片盖于计数池的两侧支柱上,盖片与计数池间形成 0.1 mm 高度的缝隙。在各池的平面玻璃上,刻划有 9 mm^2 面积的刻度,分为 9 个大方格,每格长、宽各 1 mm,面积 1 mm^2,体积 0.1 mm^3,容量 0.1 μL。四角每一大方格都用单线划分为 16 个中方格,为计数白细胞之用。中央一个大方格用双线划分为 25 个中方格,每个中方格又划分为 16 个小方格,共计 400 个小方格,此为计数红细胞之用,如图 2-39 和图 2-40 所示。盖玻片专用于计数板的盖玻片呈长方形,厚度为 0.4～0.7 mm。通常大小是 24 mm×20 mm×0.6 mm。

试剂 稀释液:

(1)0.85%氯化钠溶液

(2)赫姆(Hayem)氏液

氯化钠(使溶液成为等渗)	1.0 g
结晶硫酸钠(增加溶液的密度,使红细胞不成串钱状)	5.0 g
氯化高汞(固定红细胞,并具防腐作用)	0.5 g
蒸馏水	200 mL

溶解后加 1%伊红溶液 1 滴,使呈红色,以便识别。

以上两种稀释液,任选一种即可。

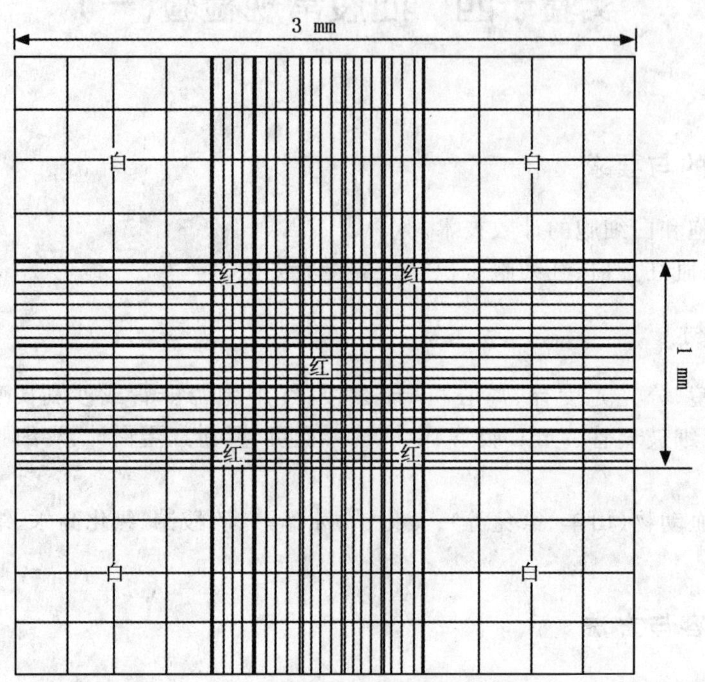

图 2-39　计数池划线图

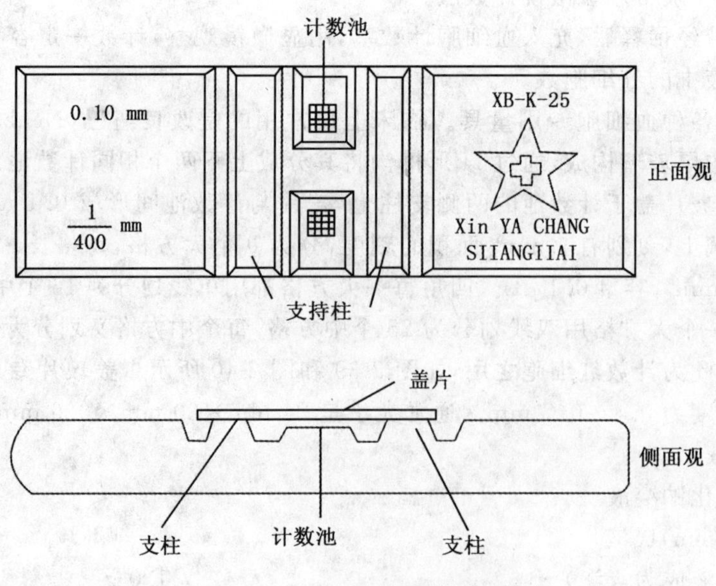

图 2-40　计数池的正面和侧面

2. 操作方法

(1)红细胞吸管稀释法

①用红细胞稀释管吸取血液至刻度“0.5”处，用脱脂棉球擦去吸管外面及尖端的血液。

②迅速将吸管插入红细胞稀释液内，吸稀释液至刻度“101”处。

③将吸管的两端夹持于拇指与中指(或食指)之间，振荡时应转换方向，以使血液和稀释液充分混合均匀。

④将管内稀释血液弃去2～3滴，倾斜执握吸管，以管尖接触盖玻片边缘与计数池空隙处，小心充液，使管尖的一小滴稀释血液借毛细管的作用自然引入计数池。计数池充液法见图2-41。

⑤将充好稀释血液的计数室置于水平的显微镜载物台上，静止3 min，待悬浮的血细胞完全沉落后，再用低倍镜或高倍镜计数。

(2)试管稀释法

①取小试管1支，加入红细胞稀释液3.98 mL。

②用沙利氏吸血管吸取全血样品至20 μL刻度处(或吸血至刻度10 μL处，红细胞稀释液用2 mL)。

③擦去吸管外壁多余的血液，将此血液吸入试管底部，再吸、吹数次，以洗出沙利氏管内黏附的血细胞，然后试管口加塞，颠倒混合数次。

④用吸管吸取已稀释好的血液，放于计数池与盖玻片接触处，即可自然流入计数池内(图2-41)。注意充液不可过多或过少，过多则溢出而流入两侧槽内，过少则计数池中形成空气泡，致使无法计数。

⑤充池后待2～3 min，用低倍镜依次计数中央大方格内的四角和正中5个中方格内的红细胞。

计数时，先用低倍镜，光线要稍暗些，找到计数池的格子后，把中央的大方格置于视野之中，然后转用高倍镜，在此中央大方格内选择四角与最中间的5个中方格(或用对角线的方法数5个中方格)，每一中方格有16个小方格，所以总共计数80个小方格。计算时要注意压在左边双线上的红细胞应计数在内，压在右边双线上的红细胞则不计数在内；同样，压在上线的计入，压在下线的不计入，此即所谓“数左不数右，数上不数下”的计数法则。计数顺序如图2-42所示。

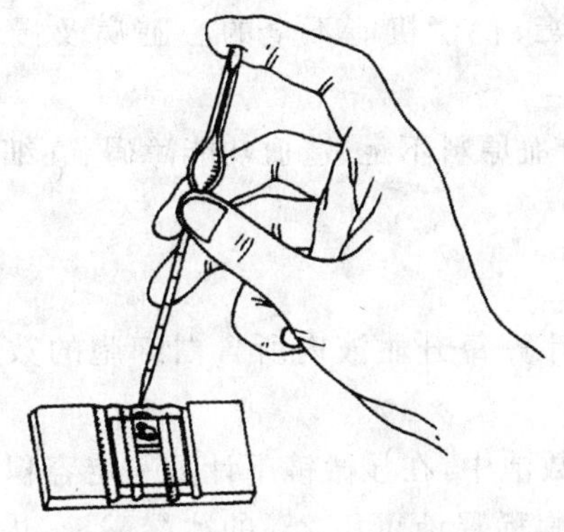

图 2-41　计数池充液法

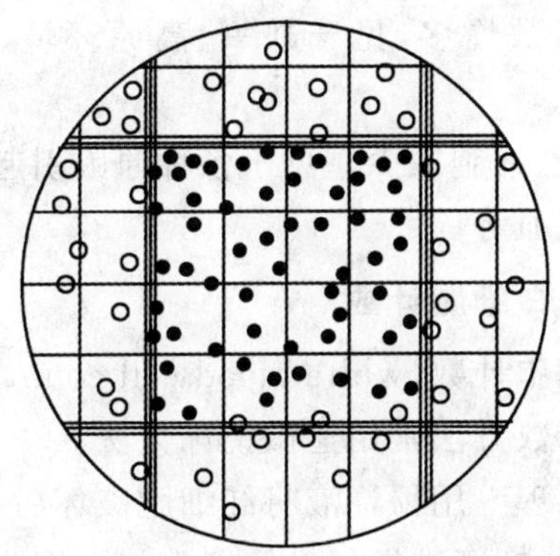

图 2-42　红细胞计数顺序

3.计算

$$5\text{个中方格内红细胞数}\times5\times10\times200\times10^{6}=5\text{个中方格内红细胞数}\times10^{10}$$

式中:5个中方格(即80个小方格)内的红细胞总数;×5为5个中方格换算成1个大方格;×10为1个大方格容积为0.1 μL,换算成1.0 μL;×200为血液的稀释倍数;$\times10^{6}$为由微升换算成升。

4.注意事项

(1)红细胞计数是一项细致的工作,稍有粗心大意,就会引起计数不准。为避免计数不准,关键是防凝、防溶、取样正确。防凝是指采取末梢血液的动作要快,防止血液部分凝固。取抗凝血时,抗凝剂的量要合适,不可过少使血液部分呈小块凝集;采血中应及时将血液与抗凝剂混匀。防溶是指防止过分振摇而使红细胞溶解,或是器材用水洗后未用生理盐水冲洗而发生溶血,使计数结果偏低。取样正确是指吸血10 μL或20 μL一定要准确,吸血管外的血液要擦去吸血管内的血液要全部洗入稀释液中;稀释液的用量要准;充液量不可过多或过少,过多可使血盖片浮起,过少则计数室中形成小的空气泡,使计数结果偏低甚至无法计数。此外,显微镜台未保持水平,使计数室内的液体流向一侧,这些操作上的错误均可使计数结果不准确。

(2)器械清洗方法　沙利氏吸血管或红细胞稀释管,每次用完后,先用清水吸吹数次,然后在蒸馏水、酒精、乙醚中,按次序分别吸吹数次,干后备下次使用。血细胞计数板用蒸馏水冲洗后,用绒布轻轻擦干即可,切不可用粗布擦拭,也不可用乙醚、酒精等溶剂冲洗。

5.正常参考值　健康动物除山羊的红细胞数较多外,其他动物的红细胞数为$(6.0\times10^{12})\sim(8.0\times10^{12})$/L。

6.临床意义

(1)相对性增多　由多种原因导致的血浆容量减少,使红细胞相对增多,多为暂时性的,常见于剧烈呕吐、严重腹泻、水摄入减少、应用利尿剂后、大面积烧伤、多汗、多尿、急性肠胃炎、肠梗阻、肠变位、渗出性胸膜炎、某些传染病及发热性疾病等;也见于犬和猫焦躁不安、兴奋,且通常在1 h内恢复正常。

(2)绝对性增多　为红细胞增生过多所致,有原发性和继发性两种。原发性红细胞增多症,又叫真性红细胞增多症,与促红细胞生成素产生过多有关,见于肾癌、肝细胞癌、雄激素分泌细胞肿瘤、肾囊肿等疾病,红细胞可增加2~3倍。继发性红细胞增多,是由于代偿作用使红细胞绝对数增多,见于缺氧、高原环境、一氧化碳中毒、代偿机能不全的心脏病及慢性肺部疾病。

(3)红细胞减少　见于各种原因引起的贫血,如造血原料不足、造血功能障碍、红细胞破坏过多或失血等。

(二)白细胞计数

白细胞计数(white blood cell count,WBC)是指计算每升血液内所含白细胞的数目。白细胞的计数方法常用显微镜计数法。

1.原理　用稀释液将红细胞破坏后,混匀充入计数池中,在显微镜下计数一定容积中的白细胞数,经换算求得每升血液中的白细胞总数。白细胞稀释液可用2%的冰醋酸液,内加1%结晶紫液1滴,以便与红细胞稀释液区别。

2. 操作方法

(1)白细胞吸管稀释法　用白细胞稀释管吸取血液到刻度“0.5”处，用棉花擦去管尖外部的血液，吸取白细胞稀释液至刻度“11”处，即为20倍稀释；用拇指和食指(或中指)分别堵住白细胞稀释管两端，充分摇荡、混匀；先弃去2～3滴后，将一小滴充入计数池内，静止2 min后，在低倍镜下计数。

(2)试管稀释法　在小试管内加入白细胞稀释液0.38 mL；用沙利氏吸血管吸取被检血至20 μL处，擦去管外黏附的血液，吹入小试管中，反复吹吸数次，以洗净管内所黏附的白细胞，充分振摇混匀；用毛细吸管吸取被稀释的血液，充入已盖好盖玻片的计数室内，静置2～3 min后，待白细胞下沉。用低倍镜计数四角的四个大方格内的白细胞数。计数方法和原则与红细胞计数相同。

3. 计算

$$\text{白细胞数}/\mathrm{L}=4\text{个大格白细胞数}\div 4\times 10\times 20\times 10^{6}$$

式中：÷4为每个大格内白细胞平均数；×10为因一个大格容积为0.1 μL，换算为1.0 μL；×20为血液稀释倍数；$\times 10^{6}$为将1 μL换算为1 L。

4. 注意事项　与红细胞计数的注意事项相同。初学者容易把尘埃异物与白细胞混淆，可用高倍镜观察，白细胞有细胞核的结构，而尘埃异物的形状不规则，无细胞结构。

5. 正常参考值　白细胞的正常值马、骡、驴、牛、绵羊为$8.0\times 10^{9}\sim 9.0\times 10^{9}$/L。山羊、猪为$13.0\times 10^{9}\sim 14.0\times 10^{9}$/L。

6. 临床意义

(1)白细胞增加　见于大多数细菌性传染病和炎性疾病，如炭疽、腺疫、巴氏杆菌病、猪丹毒、纤维素性肺炎、小叶性肺炎、腹膜炎、肾炎、子宫炎、乳房炎、蜂窝织炎等疾病。此外还见于白血病、恶性肿瘤、尿毒症、酸中毒等。

(2)白细胞减少　见于某些病毒性传染病，如猪瘟、马传染性贫血、流行性感冒、鸡新城疫、鸭瘟等；并见于各种疾病的濒死期和再生障碍性贫血。此外，还见于长期使用某些药物时，如磺胺类药物、青霉素、链霉素、氯霉素、氨基比林、水杨酸钠等。

(三)红细胞沉降速度的测定

红细胞沉降速度或称血沉(ESR)是指防凝血在特制的玻璃管中(血沉管)在单位时间内，观察红细胞下降的毫米数。其方法很多，主要介绍魏氏和涅氏两种方法。

1. 原理　红细胞沉降速度与红细胞串钱状的形成、红细胞数目的多少、血浆蛋白的组成以及测定时室温的变化、血沉管倾斜的程度等因素有关。

2. 操作方法

(1)魏氏法　魏氏血沉管长30 cm，内径为2.5 mm，管壁有200个刻度，每一刻度之间距离为1 mm，附有特制的血沉架如图2-43所示。

测定方法如下：

①取3.8%枸橼酸钠液0.4 mL置于小试管中。

②自颈静脉采血1.6 mL，加入上述试管，轻轻混合。

③用血沉管吸取抗凝血至刻度“0”处，用棉花擦去管外血液，直立于血沉架上。

④经15、30、45、60 min，分别记录红细胞沉降的刻度数，用分数形式表示(分母代表时间，分子代表沉降mm数)。

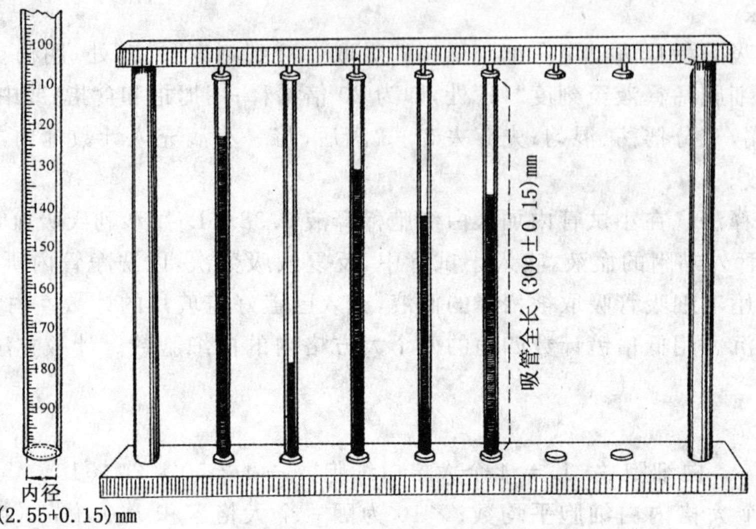

图 2-43 魏氏血沉架装置

(2)涅氏法 涅氏血沉管有两种,一种仅有 100 个刻度者,称为"六五"型血沉管;另一种除有 100 个刻度供测定血沉之外,一侧自上而下标有 20～125,用来表示血红蛋白的百分数,管中央自上而下标有 1～13,用来表示红细胞数(百万/mm^3),这种管子特称为三用血沉管。二者测定血沉的结果是一致的,故可通用。测定方法是:向涅氏血沉管内加入 10%EDTA 二钠液 4 滴或加入草酸钠粉 0.02～0.04 g。自颈静脉采血,沿管壁接取血液至刻度"0"处,轻轻颠倒混合数次。垂直立于试管架上,经 15、30、45、60 min,分别读取红细胞沉降的数值。

3. 注意事项

(1)血沉管必须垂直静立(牛、羊的血液,血沉速度很慢,可倾斜 60°,以加速沉降。注意,其正常值也相应增加);血液柱面上不应有气泡;抗凝剂的量要按规定加入。

(2)测定时要在 20℃左右的温度下进行。

(3)报告结果时,必须注明是用什么方法测定的。

4. 临床意义

(1)血沉加快 见于贫血、急性全身性感染、浆膜腔急性炎症、脓肿、肾小球肾炎等。

(2)血沉减慢 见于大出汗、腹泻、肠阻塞等疾病。

(四)血红蛋白的测定

血红蛋白(homoglobin,Hb)是一种含铁的色蛋白,是红细胞的主要内含物,它是血红素和珠蛋白肽链连接而成的一种结合蛋白,属色素蛋白。每个正常红细胞内所含的血红蛋白约占红细胞重量的 32%～36%,或红细胞干重的 96%。

血红蛋白测定是测定并计算出每升血液中血红蛋白的克数。测定血红蛋白的常用方法有沙利氏比色法和氰化高铁血红蛋白测定法。

1. 沙利(Sahli)氏比色法

(1)原理 血液与盐酸作用后,变为褐色的盐酸高铁血红蛋白,与标准比色柱相比,然后换算出每升血液中血红蛋白的克数。

沙利氏血红蛋白计 1 套(沙利氏吸管 1 支、测定管 1 支、细玻棒 1 支、装有标准玻璃色板的比色计 1 个)，国产的沙利氏血红蛋白计是以 100 mL 血液含 14.5 g 血红蛋白为 100%而设计的。

0.1 mol/L 盐酸或 1%盐酸溶液。

(2) 操作方法

①在测定管内加入盐酸溶液 4～5 滴。

②用沙利氏吸管吸取血液至刻度 20 μL 处，用棉花擦去管尖外部的血液，立即将管中的血液吹入测定管的底部，并轻轻吸吹上清液数次；然后用细玻棒搅拌，使血液与盐酸充分混合，静置 10 min。

③待测定管内的血液变成类似咖啡色后，缓缓滴入蒸馏水，并用细玻棒搅动，直至颜色和标准色柱一致时为止；读取测定管内液体凹面的刻度数，即为 100 mL 血液中血红蛋白的克数。

(3)计算　所读取的克数乘以 10，即为每升血液中血红蛋白的克数。

2. 氰化高铁血红蛋白测定法

(1)原理　表面活性剂溶解红细胞膜，释放血红蛋白。血红蛋白被高铁氰化钾氧化为高铁血红蛋白(Hi)，在一定的 pH 下，Hi 与氰离子(CN^-)结合生成稳定的棕红色氰化高铁血红蛋白(HiCN)。HiCN 在波长 540 nm 处有一吸收峰，测定其吸光度，可求得血红蛋白浓度(g/L)。

试剂的配制(HiCN 转化液)：

氰化钾	50 mg
高铁氰化钾	200 mg
无水磷酸二氢钾	114 mg
TritonX - 100(或其他非离子表面活性剂)	1.0 mL
蒸馏水	1 000 mL

配成后用滤纸过滤，置棕色瓶中，塞紧后保存于冷暗处，但勿使结冰，可保存数月。此液应透明、淡黄色，pH 在 7.0～7.4，以蒸馏水作空白，用 540 mm 闭塞，吸光度应小于 0.001。若变浑、变绿或发生混浊则应废弃。

(2)操作方法

①取血液 20 μL 加入 5 mL 血红蛋白转化液中，充分混匀，静置 5 min。

②用分光光度计比色，波长 540 mm，光径 1 cm，以转化液或蒸馏水作为空白，测定吸光度。

(3)注意事项

①可用末梢血液直接测定，静脉血按每毫升血液 1.5 mg EDTA 二钠的比例抗凝，不可用肝素抗凝(可致混浊)。

②HiCN 法结果准确可靠，操作简便，但试剂中 KCN 为剧毒，在配制和保存过程中应提高警惕，防止污染。用于大量标本时，应注意废液处理，可用解毒液除毒，即按每升加次氯酸钠 35 mL 混匀后敞开过夜，使 CN^- 氧化成 CO_2 和 N_2 挥发后，再排入下水道。

(4)计算

血红蛋白(g/L) = 测定管吸光度 ×(64 458 ÷ 44 000)× 251 = 测定吸光度 × 367.7

式中:64 458 为目前国际公认的血红蛋白平均分子量;44 000 为 1965 年国际血液标准化委员会公布的血红蛋白摩尔吸光度;251 为稀释倍数。

(5)正常参考值　各种动物血红蛋白正常值在 90～120 g/L。

(6)临床意义　参考红细胞计数。

(五)红细胞压积容量(PCV)的测定

红细胞压积容量(packed cell volum,PCV)又叫压容或比容,是指红细胞在血液中所占容积的比值。红细胞压积主要与血液中红细胞的数量及其大小有关,常用来做红细胞各项平均值的计算,据此作为贫血的形态学分类;此外在兽医临床上还借此以了解血液浓缩程度,作为补液量的参考。测定红细胞压积的方法有比重测定法、折射计法、放射性核素法、血细胞分析仪法、温氏法和毛细血管高速离心法等。目前在兽医临床上采用温氏法较为广泛,这里介绍温氏法。

1. 原理　在 100 刻度玻璃管中,充入抗凝血,经一定时间离心后,红细胞下沉并紧压于玻璃管中,读取红细胞柱所占的百分比,即为红细胞压积容量。

2. 操作方法

(1)用长针头吸满抗凝血,插入温氏管底部,轻捏胶皮乳头,自下而上挤入血液至刻度 10 处。温(Wiritrobe)氏管的管长 11 cm,内径约 2.5 mm,管壁有 100 个刻度。一侧自上而下标有 0～10,供测定血沉用,另一侧标有 10～0,供测定比容用见图 2-44。如无这种特制的管子,可用有 100 刻度的小玻璃管代替。可选用长 12～15 cm 的针头,将针尖剪去并磨平,针柄部接以胶皮乳头。也可用细长微细吸管代替。

(2)置离心机中,以 3 000 r/min 的速度离心 30～45 min(马的血液离心 30 min,牛、羊的血液离心 45 min),取出观察,记录红细胞层高度,再离心 5 min,如与第一次离心的高度一致,此时红细胞柱层廓占的刻度数,即为 PCV 数值,用百分数表示。

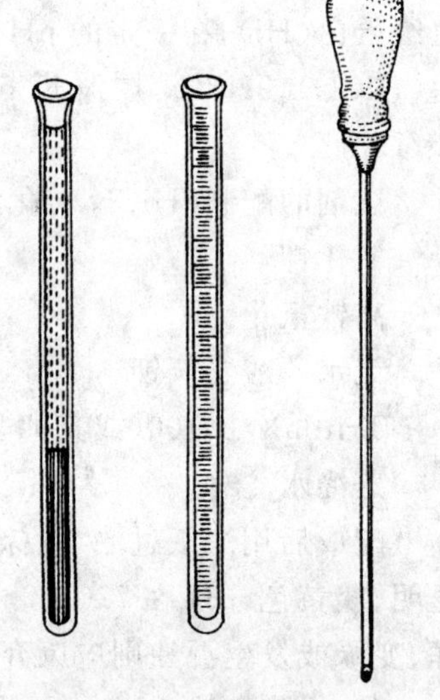

图 2-44　温氏红细胞压积测定管及充液长针头

3. 注意事项

(1)温氏管及充液用具必须干燥,以免溶血。

(2)离心时,离心机的转速必须达到 3 000 r/min 以上,并遵守所规定的时间。

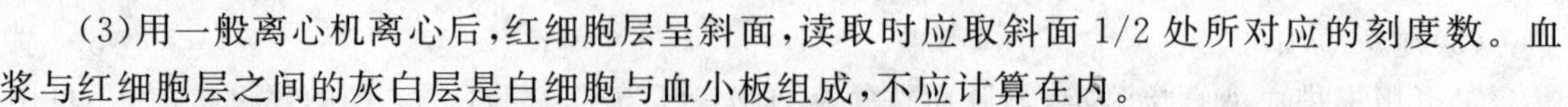

(3)用一般离心机离心后,红细胞层呈斜面,读取时应取斜面 1/2 处所对应的刻度数。血浆与红细胞层之间的灰白层是白细胞与血小板组成,不应计算在内。

4. 正常参考值　各种动物 PCV 正常值在 30%～40%。

5. 临床意义

(1)红细胞压积增高　见于各种原因所致的红细胞绝对性增多时,如真性红细胞增多症、肺动脉狭窄、高铁血红蛋白血症;见于各种原因所引起的血液浓缩的疾病,如急性胃肠炎、肠便秘、肠变位、瓣胃阻塞、渗出性胸膜炎和腹膜炎以及某些传染病和发热性疾病。由于红细胞压积增高的数值与脱水程度成正比,因此在临床上可根据这一指标的变化而推断机体的脱水情况,并计算补液的数量及判断补液量的实际效果。

(2)红细胞压积降低　见于各种贫血,但降低的程度并不一定与红细胞数一致,因为贫血的类型不同。

四、作业与思考题

1.红细胞与白细胞计数方法的主要区别是什么?

2.临床上进行红细胞数、血红蛋白含量、红细胞压积容量、血液沉降速度等测定的诊断意义主要表现在哪些方面?

实验十五　血液常规检验(二)

一、实验目的与要求

1. 掌握血液涂片的制作方法和染色技术。

2. 掌握白细胞分类技术。

3. 了解各类细胞的形态特征。

二、实验器材

器械　显微镜、白细胞分类计数器、载玻片、染色盆及支架、染色缸、洗瓶等。

材料　瑞氏染粉、吉氏染粉、甲醇、甘油、磷酸氢二钠(Na_2HPO_4)0.2 g、磷酸二氢钾(KH_2PO_4)0.3 g、香柏油、吸水纸等。

三、实验内容与方法

白细胞分类计数(differential count of white blood cell,DC)是指利用染色的血液涂片计算血液中各类白细胞的百分率。其原理是将血液制成分布均匀的薄膜涂片,用复合燃料染色,根据各类白细胞着色特征予以分类计数,得出相对比值(百分率),以观察数量、形态和质量的变化,对疾病有辅助诊断意义。

(一)涂片方法

取无油脂的洁净载玻片数张,选择边缘光滑的载片作为推片(推片一端的两角应磨去,也可用血细胞计数板的盖玻片作为推片),用左手的拇指及中指夹持载片,右手持推片;先取被检血1小滴,放于载玻片的右端,将推片倾斜30°～40°角,使其一端与载片接触并放于血滴之前,向后拉动推片,使与血滴接触,待血液扩散形成一条线状之后,以均等的速度轻轻向前推动推片,则血液均匀的被涂与载片上而形成一薄膜。

良好的血片,血液应分布均匀,厚度要适当。对光观察时呈霓虹色,血膜应位于玻片中央,两端留有空隙,以便注明动物别、编号和日期,如图2-45和图2-46所示。

(二)染色方法

1. 染液及其配制

(1)瑞(Wright)氏染液　瑞氏染粉0.1 g,甲醇60.0 mL。将染色粉置于研钵中,加少量甲醇研磨,使其溶解,然后将已溶解的染液倒入洁净的棕色玻瓶,剩下未溶解的染料再加少量甲醇研磨,如此继续操作,直至全部染料溶解并用完甲醇为止。在室温中保存7 d后即可应用。新配制的染液偏碱性,放置后可呈酸性。保存时间愈久,染色力愈佳。

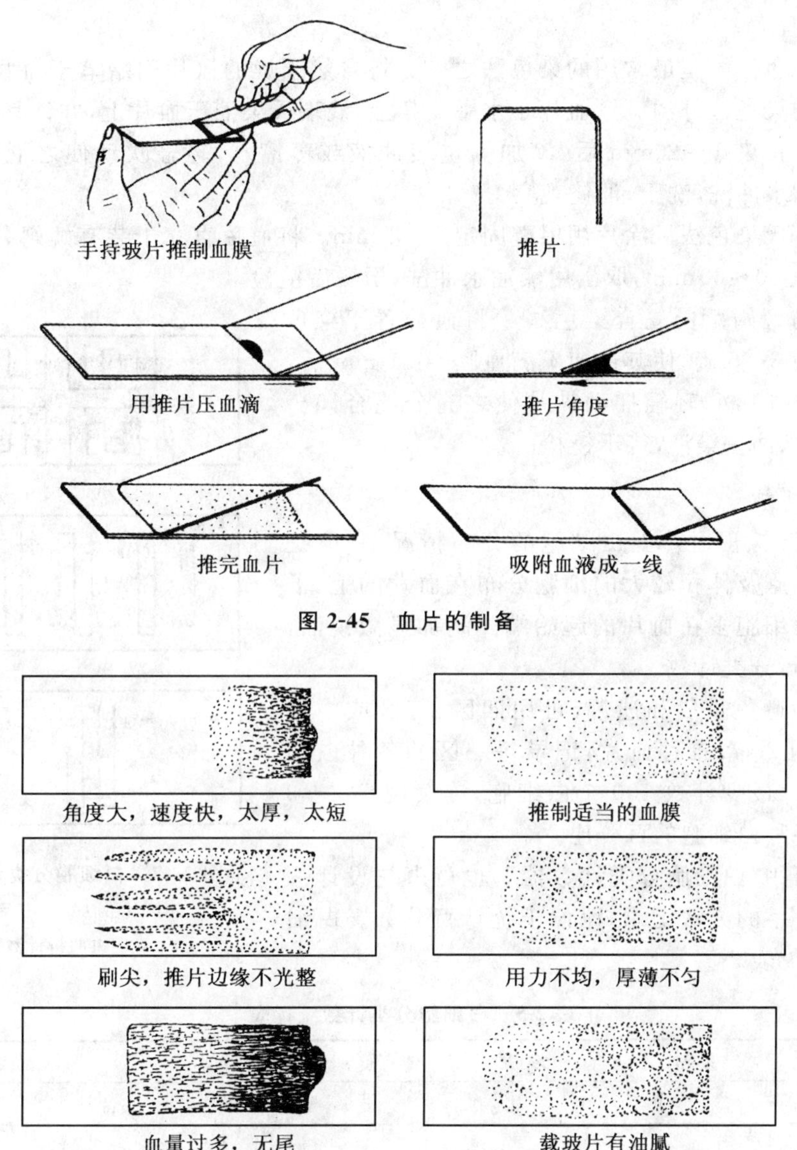

图 2-45　血片的制备

图 2-46　各种血膜的比较

(2)姬(Giemsa)氏染液　吉氏染液 0.5 g，纯甘油 33.0 mL，纯甲醇 33.0 mL。先将染粉置于研钵中，加入少量甘油，充分研磨，然后加入其余量的甘油，水浴加温(60℃)1～2 h，经常用玻璃棒搅拌，使染色粉溶解，最后加入甲醇混合，装棕色瓶中保存 1 周后过滤即成原液。临用时取此原液 1 mL，加 pH 6.8 的缓冲液或新鲜蒸馏水 10 mL，即成应用液。

(3)瑞-姬氏复合染液　瑞氏染粉 1.0 g，吉氏染粉 0.3 g，中性甘油 10 mL，甲醇 500 mL。先将瑞氏染粉与吉氏染粉置于研钵中，加入少量甘油和甲醇，充分研磨，吸出上层染液置棕色瓶中，在加甲醇继续研磨，再吸出上液，如此连续数次，直至 500 mL 甲醇用完。配好后每天早、晚各振摇 3 min，共 5 d，存放 1 周后可使用。

(4)缓冲液(pH 6.4～6.8)　磷酸氢二钠(Na_2HPO_4)0.2 g，磷酸二氢钾(KH_2PO_4)0.3 g。

2. 染色过程

(1)瑞氏染色法　是最常用的染色法之一。将自然干燥的血片用蜡笔于血膜之两端各划一道横线,以防染色液外溢。置血片于水平支架上,滴瑞氏染液于血片上,并计其滴数,直至将血膜浸盖为止,待染 1～2 min 后,滴加等量缓冲液或蒸馏水,轻轻吹动使之混匀,再染 4～10 min,用蒸馏水冲洗,洗干,油镜观察。

(2)姬姆萨氏染色法　涂片用甲醇固定 1～2 min。将血片直立于装有姬姆萨氏应用液的染色缸中,染色 30～60 min,取出用蒸馏水冲洗,干燥后镜检。

(3)瑞氏与姬姆萨氏复合染色法　将血片置于染色架上,滴加染液 3～5 滴,使其迅速不满血膜,约 1 min 后,滴加缓冲液 5～10 滴,轻轻摇动玻片使之充分混合,5～10 min后用流水冲去染液,待干镜检。

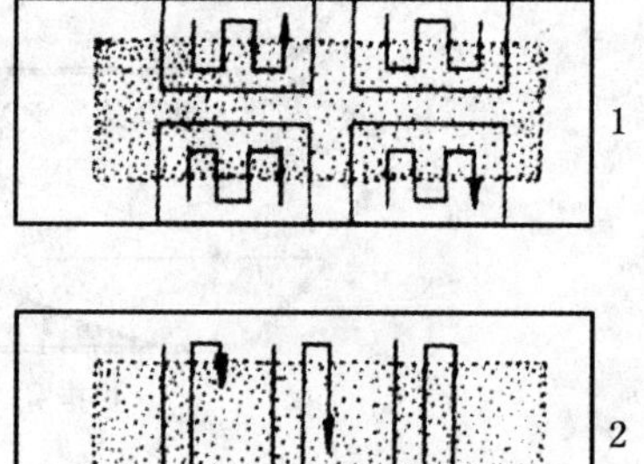

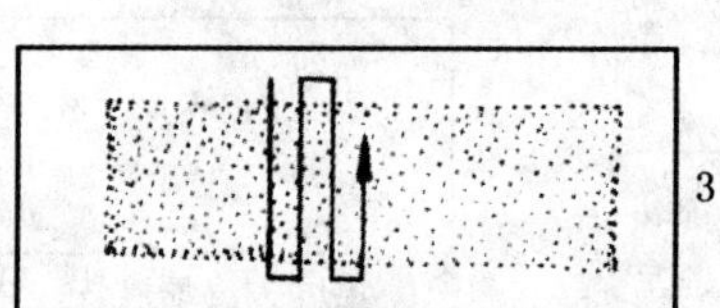

图 2-47　白细胞分类计数顺序

1. 四区计数法　2. 三区计数法
3. 中央曲折计数法

(三)分类镜检

先用低倍镜检视血片上白细胞的分布情况,一般是粒细胞、单核细胞及体积较大的细胞分布在血片的上、下缘及尾端,淋巴细胞多在血片的起始端。滴加显微镜油,转过油镜头进行分类计数。

计数时,为避免重复和遗漏,可用四区、三区或中央曲折计数法(图 2-47)推移血片,记录每一区的各种白细胞数。每张血片最少计数 100 个白细胞,连续观察 2～3 张血片,求出各种白细胞的百分比。

记录时,可用"白细胞分类计数器",也可事先设计一表格,用画"正"字的方法记录,以便于统计百分数。白细胞分类计数表见表 2-5。

表 2-5　白细胞分类计数统计表

动物种类		门诊号		诊断		日期	
计数区		Ⅰ	Ⅱ	Ⅲ	Ⅳ	合计/个	百分比/%
嗜碱性		1			1	2	1
嗜酸性		2	3	2	1	8	4
嗜中性	杆状核	3	2	1	2	8	4
	分叶核	27	31	22	30	110	55
	淋巴细胞	15	17	19	15	66	33
	单核细胞	2	1	2	1	6	3
合　计		50	54	46	50	200	100

(四)各种白细胞的形态特征

各种白细胞的形态特征主要表现在细胞核及细胞浆的特有形状上,并应注意细胞的大小。各种白细胞的形态特征详见表 2-6。

表 2-6　各种白细胞的形态特征(瑞氏染色法)

白细胞分类	细胞核						细胞浆		
	位置	形状	颜色	核染色质	细胞核膜	多少	颜色	透明带	颗粒
嗜中性幼年型	偏心性	椭圆	红紫色	细致	不清楚	中等	蓝、粉红色	无	红或蓝、细致或粗糙
嗜中性杆状核	中心或偏心性	马蹄形、腊肠形	浅紫蓝色	细致	存在	多	粉红色	无	嗜中、嗜酸或嗜碱
嗜中性分叶核	中心或偏心性	3～5叶者居多	深紫蓝色	粗糙	存在	多	浅粉红色	无	粉红色或紫红色
嗜酸性白细胞	中心或偏心性	2～3叶者居多	较淡紫蓝色	粗糙	存在	多	蓝、粉红色	无	深红、分布均匀,马的最大,其他动物次之
嗜碱性白细胞	中心性	叶状核不太清楚	较淡紫蓝色	粗糙	存在	多	浅粉红色	无	蓝黑色,分布不均匀,大多在细胞的边缘
淋巴细胞	偏心性	圆形或微凹入	深紫蓝色	大块中等块致密	浓密	少	天蓝深蓝或淡红色	胞浆深染时存在	无或幼少数嗜天青蓝色颗粒
大单核细胞	偏心或中心性	豆形、山字形、椭圆形	淡紫蓝色	细致网状边缘不齐	存在	很多	灰蓝或云蓝色	无	很多,非常细小,淡紫色

(五)白细胞数参考值

见附录一附表 1-3。

四、作业与思考题

1. 如何制作一张合格的血涂片?
2. 白细胞可以分为哪几类? 其诊断意义是什么?

实验十六 其他血液检验
（血小板、嗜酸性白细胞和网织红细胞的计数方法）

一、实验目的与要求

1. 掌握血小板、嗜酸性白细胞的计数方法。

2. 了解网织红细胞计数的操作步骤。

二、实验器材

器械　显微镜、血细胞计数板、试管、吸管和毛细吸管等。

材料　尿素、枸橼酸钠、伊红、甲醛、煌焦油蓝、甘油、乙醇、碳酸钾和蒸馏水等。

三、实验内容与方法

（一）血小板计数

血小板计数(PC)常用直接计数法。

1. 原理　尿素能溶解红细胞及白细胞而保留血小板，在血细胞计数室内计数，求出每微升血液中血小板数，经换算求得每升血液中的血小板数。

2. 操作方法

(1)吸取稀释液 0.38 mL 置于小试管中。

(2)用沙利氏吸血管吸取抗凝血至 20 μL 处，擦去管外粘附的血液，吹入试管中，反复吸、吹数次，混匀。

(3)用毛细吸管吸取上述稀释好的血液，充入计数池。将计数板置于放有湿棉球的培养皿中，静置 10～20 min，置显微镜下计数。

(4)在高倍镜下精确计数红细胞计数区内 4 个角及中心部位中方格内的血小板数。

3. 计算

血小板数/L＝5 个中格内的血小板数(N)$\times 5\times 10\times 20\times 10^6 = N\times 10^9$

或　血小板数/L＝1 个大格内所数血小板数$\times 10\times 20\times 10^6$

即　血小板数/L＝1 个大格内所数血小板数$\times 0.2\times 10^9$

4. 注意事项

(1)血小板为圆形、椭圆形或不规则的折光小体，切勿将尘埃等异物计入。计数时，应不断调节显微镜的微调螺旋，以便识别血小板或异物。

(2)充入计数池前，应将稀释的试管充分振摇，但不能过猛，以防血小板破裂。

5. 正常参考值　健康动物血小板数值($\times 10^9$/L)为：马 150～300，牛、羊 200～500，猪

150～450。

6.临床意义

(1)血小板增多　血小板增多可分为原发性和继发性两种。

原发性血小板增多见于原发性血小板增多症，这是一种原因不明的出血性疾病。

继发性血小板增多多为暂时性的，见于急性、慢性出血，骨折，创伤，手术后；也可见于其他骨髓增生性疾病，如真性红细胞增多症。

(2)血小板减少　血小板生成减少见于穗状葡萄球菌中毒病、某些真菌毒素中毒、某些蕨类植物中毒、马传染性贫血和白血病等。

血小板破坏过多见于免疫性血小板减少性紫斑(同族免疫性、自体免疫性)、感染以及伴有弥散性血管内凝血过程的各种疾病。

(二)嗜酸性白细胞计数

嗜酸性白细胞计数(EC)是用直接计数法求出每升血液中嗜酸性白细胞的绝对值。

1.原理　用嗜酸性白细胞稀释液将血液稀释一定倍数，破坏红细胞和部分其他白细胞，将嗜酸性白细胞染色，在计数室内计数一定体积内嗜酸性白细胞数，经换算成每升血液中的嗜酸性白细胞数。

2.操作方法　嗜酸性白细胞计数所用器材与白细胞计数同。稀释液可用下列任何一种：曼(Manners)氏稀释液：尿素 50.0 g，枸橼酸钠 0.5 g，伊红 0.1 g，蒸馏水加至 100.0 mL。混合、溶解，保存备用。此液由于尿素浓度较高，不易挥发，故可保存很长时间。甘油乙醇稀释液：95%乙醇 30.0 mL，甘油 10.0 mL，碳酸钾 1.0 g，枸橼酸钠 0.5 g，2%伊红水溶液 10.0 mL，蒸馏水加至 100.0 mL。混合、溶解，保存备用。此试剂稳定，在室温下可保存 6 个月。

(1)任选一种稀释液，吸取 0.38 mL，置于小试管中。

(2)用沙利氏吸血管吸取抗凝血至 20 μL 处，擦去管外沾附的血液，吹入试管中，反复吸、吹数次，以洗出管中的血液。

(3)轻轻振荡约 10 s，静置 10 min 后，再摇匀，充入计数池。

(4)用低倍镜计数 10 个大方格(两侧计数池的中央和四角的大方格)中所有被染成淡红色的嗜酸性白细胞总数，代入下式计算：

$$\text{嗜酸性白细胞数/L} = 10\text{ 个大方格内嗜酸性白细胞数} \times 20 \times 10^6$$

3.注意事项

(1)按红细胞计数的注意事项进行操作。

(2)嗜酸性白细胞易破碎，故不宜用力振摇；稀释后，应在 30 min 内计数，放置时间过长，也会使细胞破裂。

4.正常参考值

各种动物嗜酸性白细胞正常值为$(0.2\times10^9)\sim(0.7\times10^9)$/L。

5.临床意义

(1)嗜酸性白细胞增多　见于肝片吸虫、球虫、旋毛虫、丝虫、钩虫、蛔虫、疥癣等寄生虫病，还见于荨麻疹、饲草过敏、血清过敏、药物过敏及湿疹等疾病。

(2)嗜酸性白细胞减少　见于尿毒症、毒血症、严重创伤、中毒、过劳等。

三、网织红细胞计数

网织红细胞计数有直接计数法和间接计数法两种,此处仅介绍间接计数法。

1.原理　网织红细胞是晚幼红细胞与成熟红细胞之间的过渡型细胞,其胞浆中残存的核糖核蛋白等嗜碱性物质,经煌焦油蓝染色后,显示蓝绿色网状结构。

2.操作方法　网织红细胞计数所用器械与白细胞分类计数同。所用试剂主要有1%煌焦油蓝盐水溶液:煌焦油蓝1.0 g,枸橼酸钠0.6 g,氯化钠0.68 g,蒸馏水加至100.0 mL。混合溶解后,过滤备用。1%煌焦油蓝乙醇溶液:煌焦油蓝1.0 g,95%的乙醇100.0 mL。混合溶解后,贮于密闭瓶中备用。

(1)试管法　在试管或凹玻片中,加入1%煌焦油蓝盐水溶液1滴,再加新采取的血液1滴,混匀,加盖,置37℃温箱或室温中放置10～15 min,取此混合液推成薄片,干燥后镜检。

(2)玻片法　于载玻片上置1%煌焦油蓝乙醇溶液数滴,使其均匀涂抹于玻片上,干燥后备用。取一小滴血液滴于上述已制备好的载玻片一端,按常法推制血片。将血片放在有湿棉球的平皿中,经10～15 min后,取出,干后镜检。

为便于计数,在目镜内放一中央挖空(每边各为4 mm)的有色塑料片,以缩小视野。通常计数1 000个红细胞(包括网织红细胞)内,网织红细胞所占的百分比。

网织红细胞是在红细胞内有丝状、点状或网状的蓝色颗粒,细胞的体积比成熟红细胞略大。

3.注意事项　网织红细胞在涂片的尾端及两边较多,因此在观察时要兼顾到这些区域。

4.正常参考值　马、牛、羊的外周血液中看不到网织红细胞(牛仅在出生后24～48 h可有少量网织红细胞)。猪、犬、猫的正常值(%):猪0.4(0～1),犬0.8(0～1.5),猫0.6(0.2～1)。

5.临床意义　网织红细胞计数增高　提示骨髓造血功能旺盛,见于各种增生性疾病(如失血性贫血、溶血性贫血),增高5%～10%,急性溶血时可多至60%以上。

网织红细胞计数减少　提示骨髓造血功能低下,如再生障碍性贫血、肾病、内分泌疾病。

四、作业与思考题

1.临床上哪些疾病会造成血小板数量的减少?

2.什么情况下会导致血液中网织红细胞数量的增多?

实验十七　血液流变学检验

血液流变学(hemorheology)是研究血液的流动性与黏滞性及血液中红细胞和血小板等有形成分的聚集性与变形性的科学。血液流变学与兽医临床中的许多问题,如心血管疾病、血液疾病、脑部疾病及其他系统的疾病都有着密切的关系,如当血液的流动性和黏滞性发生异常,使血流缓慢、停滞或阻断,则会导致动物机体的全身性或局部性循环障碍,组织或器官便可因缺血、缺氧引起其生理功能降低或引起一系列的病理变化,甚至导致动物死亡。因此,血液流变学检查对动物疾病的诊断、防治和病因学的研究都具有重要意义。由于血液流变学参数较多,本实验仅选择血液黏滞度和血浆纤维蛋白原两种指标供参考。

一、实验目的与要求

1. 掌握血液比黏度和血浆纤维蛋白原的测定方法。
2. 了解血液比黏度和血浆纤维蛋白原测定的原理和临床意义。

二、实验器材

器械　分光光度计、离心机、恒温水浴锅、奥斯瓦德氏黏度计、离心管和秒表等。

材料　亚硫酸钠、双缩脲试剂、蛋白标准液、生理盐水和蒸馏水等。

三、实验内容与方法

(一)血液黏滞度的测定

血液黏滞度是指在一定温度与压力下,血液通过毛细血管时所遭到的内部抵抗或其摩擦情况。在测定时是以血液的比黏度来表示的。

1. 原理　血液比黏度测定是在一定温度下,使一定量的血液自然地通过一定长度和内径的毛细玻璃管时所需要的时间,以此与相同体积的生理盐水(或蒸馏水)流过同一毛细玻璃管(或相同的毛细玻璃管)所需时间相比,其比值即为该血液的比黏度。如同时测定红细胞压积,还可计算出全血还原比黏度。

$$\text{血液比黏度}(\eta b) = \frac{t_b}{t_w}$$

式中:t_b 为血液通过毛细血管所需要的时间,t_w 为生理盐水流过毛细玻璃管所需的时间。

$$\text{血液还原比黏度} = \frac{t_b - t_w}{PCY \cdot t_w}$$

2. 操作方法　常用的方法有奥斯瓦德(Oswald)和黑斯(Hess)氏法,这里介绍奥斯瓦德氏法。

将黏度计夹于支架上并呈直立状;把右侧玻璃管用胶管连接于左侧玻璃管上,注入被检血 2 mL 于右侧玻璃管中;将右侧玻璃管中的血液吸至左侧玻璃管的刻度"Y"处;然后使之自然流下,观察并记录血液由"Y"流至"X"处所需要时间。另以同样器械,用同样方法,在相同的温度(室温为 20℃)下,再测定生理盐水(或蒸馏水)由"Y"流至"X"处所需要的时间,最后以水流时间除血流时间,即得出被检血液的比黏度。

3.正常参考值　健康动物的血液比黏度正常参考值见表 2-7。

表 2-7　健康动物比黏度正常参考值

畜种	平均值与变动范围	畜种	平均值与变动范围	畜种	平均值与变动范围
马	4.6(3.4~7.2)	绵羊	5.2(4.4~6.0)	猫	4.5(4.0~5.0)
牛	4.8(4.6~5.2)	猪	4.5(4.0~5.0)	兔	4.0(3.5~4.5)
山羊	5.5(5.0~6.0)	犬	4.6(3.8~5.5)	鸡	5.0(4.5~5.5)

4.临床意义　比黏度值与黏滞度成正比,液体的黏滞度愈大则通过毛细管所需要的时间愈长,其比黏度也愈高,所以比黏度可以反映黏滞度的大小。血液的黏滞度取决于血液中有形成分的数量,并与血红蛋白、二氧化碳以及血浆中的蛋白质、盐类的含量有关,当上述这些成分的量增加时,则黏滞度增高。所以血液黏滞度测定对了解血液的流动性及其在生理和病理条件下的变化,研究微循环障碍的原因、诊断和防治血栓性疾病有着重要的意义。

(1)血液黏滞度增高　见于心脏、血管疾病,如高血压病、慢性心力衰竭等;血液病,如各种原因所致的白细胞增多、真性红细胞增多症、弥散性血管内凝血等;脑部疾病,如脑出血等;内分泌疾病及营养代谢性疾病,如糖尿病、高血脂症;其他疾病,如胸膜炎、肺炎、腹膜炎、肝硬化和脱水性疾病。

(2)血液黏滞度减低　见于各类贫血性疾病,如仔猪贫血、牛巴贝西焦虫病等。

(二)血浆纤维蛋白原的测定

血浆纤维蛋白原测定的方法很多,常用亚硫酸钠沉淀法。

1.原理　用 12.5%亚硫酸钠溶液将血浆中的纤维蛋白原沉淀分离,然后以双缩脲试剂显色,与蛋白标准液比色以求得纤维蛋白原的含量。

2.操作方法　亚硫酸钠沉淀法测定血浆纤维蛋白原所用试剂:12.5%亚硫酸钠溶液;双缩脲试剂,酒石酸钾钠 10 g,氢氧化钠 35 g,硫酸铜 2.5 g,蒸馏水加至 1 000 mL;蛋白标准液(1 mL=0.006 g)。取健康马血清(无溶血现象者),用凯氏定氮法测出蛋白质含量,然后用 15%氯化钠-麝香草酚液稀释成每毫升含蛋白质 0.006 g,置冰箱中可保存 1 年。

取离心管 1 支,加入被测血浆 0.5 mL 及 12.5%亚硫酸钠溶液 9.5 mL,边加边摇匀,然后置于 37℃水浴中 10 min,倾去上清液(小心勿使管底纤维蛋白沉淀散失),再以 12.5%亚硫酸钠溶液 10 mL 洗涤一次。洗涤时用玻棒将沉淀搅起,然后再离心 10 min,倾去上清液(小心勿使沉淀散失)。将离心管倒立于滤纸上,使管内液体流尽,此即测定管。再取 2 支试管,连同上述测定管,按表 2-8 步骤操作。

表 2-8　血浆纤维蛋白原测定步骤　mL

步骤	测定管	标准管	空白管
蛋白标准液	—	0.25	—
12.5%亚硫酸钠溶液	1.0	0.75	1.0
双缩脲试剂	4.0	4.0	4.0

充分混匀，置 37℃水浴中 20 min，以空白管调“0”点，用波长 520 nm 滤光板比色，读取各管光密度。

$$每百毫升血浆中纤维蛋白原含量=\frac{测定管光密度}{标准管光密度}\times 0.000\,6\times 0.25\times\frac{100}{0.5}$$

上式简化后为：

$$每百毫升血浆中纤维蛋白原含量=\frac{测定管光密度}{标准管光密度}\times 0.3$$

3. 正常值　各种健康动物血浆纤维蛋白原的正常值(g/100 mL)为：马 0.2～0.4，牛 0.2～0.6，绵羊 0.1～0.5，山羊 0.2～0.3，猪 0.2～0.4，犬 0.1～0.3。

4. 临床意义　纤维蛋白原是一种和血液凝固有关的血浆球蛋白，它在肝脏中合成。在血液凝固过程中，纤维蛋白原在凝血酶的作用下转化为纤维蛋白，形成互相交织的纤维网将血液内的有形成分包罗在内而形成血块，因此在出血性疾病，特别是在严重大出血疾病的诊断中，常需要测定纤维蛋白原的含量。

(1)纤维蛋白原增多　提示机体内存在炎症或组织损伤，增多的程度常与炎症的范围与程度相一致。见于各种急性感染、化脓性炎症、大手术后、大叶性肺炎等。牛的创伤性网胃-腹膜炎时，每 100 mL 血浆中纤维蛋白原可增加至 1.5 g。

(2)纤维蛋白原减少　提示机体存在出血性素质潜在的可能。见于先天性纤维蛋白原缺乏，砷、磷、氯仿中毒及其他原因所致的肝脏严重损伤；也可见于伴有弥散性血管内凝血过程的疾病；严重营养不良、维生素 K 缺乏、恶性贫血、大出血等，纤维蛋白原均可减少。

四、作业与思考题

1. 血液比黏度值与血栓形成之间的相互关系表现在哪些方面？

2. 血液流变学在兽医临床诊断中意义是什么？

实验十八　尿液检验

一、实验目的与要求

1. 掌握尿液化学检验方法及尿沉渣的检查方法。

2. 学会认识某些尿沉渣及管型。

二、实验器材

器械　显微镜、载玻片、盖玻片、小试管、滴管、酒精灯和试管夹等。

材料　联苯胺、冰醋酸、过氧化氢溶液、乙醚、95%乙醇、亚硝基铁氰化钠、氢氧化钠、醋酸、酮体检查试纸、普通滤纸、尿糖试纸、标准色板、班(Benedict)氏试剂、奥氏试剂、盐酸、三氯化铁和氯仿等。

三、实验内容与方法

(一)尿液酸碱度测定

1. pH 试纸法　先用 pH 广泛试纸条，然后再用精密试纸条浸湿被检的新鲜尿液，立即与标准色板比较，判断尿液的 pH 范围，作出半定量。

2. pH 计测定法　用 pH 计电极精确测出尿液 pH 值。

(二)尿液蛋白质检验

1. 干化学试纸法　按蛋白质试纸产品说明书要求，取有效试纸条，浸入被测尿液中一定时间，取出后在容器边缘除去多余尿液，30 s 内对照标准色板比色，根据说明判断结果。

2. 硝酸法　取中试管 1 支，滴加 35%硝酸 1～2 mL(20～40 滴)，再沿试管壁缓缓滴加尿液，使两液重叠，静置 5 min，观察结果。两液重叠而产生白色环者为阳性反应。白色环愈宽，表示蛋白质含量愈高，可用 1～3 个“+”号表示之。

3. 加热醋酸法　取约 10 mL 新鲜清晰尿液于一耐热大试管内，将试管斜置在火焰上，煮沸上部尿液。滴加稀醋酸(冰醋酸 5 mL 加水至 100 mL 配制而成)3～4 滴，再煮沸后，在黑色背景下对光观察结果。如有浑浊或沉淀，提示尿内含有蛋白质。浑浊程度越高，表示蛋白质含量越高，可用 1～4 个“+”号表示之。

4. 磺基水杨酸法　取试管 1 只，加入澄清尿液 2～3 mL，滴加磺基水杨酸试剂(由磺基水杨酸 20 g，加入溶解至 100 mL 配制而成)，立即轻轻混匀，于 1 min 内观察结果，根据混浊程度判断为 1～4 个“+”。

应注意马的尿中含有大量碳酸钙，因此应事先加入适量 10%醋酸液使尿呈酸性，尿液即透明，便于观察结果。

(三)尿中潜血的检验

健康动物的尿液不含有红细胞或血红蛋白。尿液中不能用肉眼直接观察出来的红细胞或血红蛋白叫做潜血(或叫隐血)，可用化学方法加以检查。

1. 原理　尿液中的血红蛋白或红细胞被酸破坏所产生的血红蛋白，在过氧化氢酶的作用下，(但并非为酶，因为被煮沸后仍有触媒作用)，它可以分解过氧化氢而产生新生态的氧，使联苯胺氧化呈蓝色的联苯胺蓝。

2. 操作方法

(1)联苯胺法　取联苯胺少许(约一刀尖)，溶解在 2 mL 冰醋酸中，加双氧水 2～3 mL，混合。混合后，加入等量被检尿，如液体变绿色或蓝色，表示尿中有血红蛋白存在。本法简便且比较灵敏，但当尿中含有大量磷酸盐时，可发生乳白色沉淀，使反应无法测出。遇此情况，可选用下述改良联苯胺法。

(2)改良联苯胺法　取尿液 10 mL 置于试管中，加热煮沸以破坏可能存在的过氧化氢酶。待冷却后，加入冰醋酸 10～15 滴，使尿呈酸性。再加乙醚约 3 mL，加塞充分振摇。然后静置片刻，使乙醚层分离(如乙醚层成胶状不易分离时，可加入 95% 乙醇数滴以促其分离)。血红蛋白在酸性环境下，可溶于乙醚内。取滤纸一小片，滴加联苯冰醋酸饱和液数滴，再在此处滴加上述乙醚浸出液数滴，待乙醚蒸发后，再滴加新鲜过氧化氢液 1～2 滴。如尿内含有血液，滤纸上可显蓝色或绿色，其颜色深度与含量成正比。

根据颜色的深浅，用 1～4 个“＋”号报告结果(绿色＋，蓝绿色＋＋，蓝色＋＋＋，深蓝色＋＋＋＋)。

尿液应先加热煮沸，以破坏可能存在的过氧化氢酶，防止产生假阳性。所用试管、滴管等器材，必须清洁。

(四)尿液葡萄糖的检验

健康动物的尿中可有微量葡萄糖，定性试验为阴性。糖定性试验呈阳性的尿液称为糖尿，表示单位时间内流经肾小球中葡萄糖过多(高血糖)或肾小管上皮细胞回收葡萄糖能力下降。

1. 葡萄糖氧化酶试纸定性(半定量)试验

(1)原理　葡萄糖在葡萄糖氧化酶的催化下，失去两个氢离子后形成葡萄糖酸内酯，再经水化后，氢离子与空气中氧结合，分解成葡萄糖酸和过氧化氢，后者在过氧化物酶存在下，还原生成水，使供氢体色素原(无色邻甲苯胺或甲基联苯胺)氧化而呈色，根据颜色深浅，判断葡萄糖含量。

(2)操作方法　可按说明书进行。尿糖试纸含葡萄糖氧化酶过氧化物酶、邻联甲苯胺试剂。标准色板为黄色至蓝色不同浓度的色板。一般是将尿糖试纸浸入尿水中，2～4 s 后取出，1 min 整在自然光下与标准色板比较判断结果。不变色为阴性(－)，淡灰色为弱阳性(＋)，灰色为阳性(＋＋)，灰蓝色为强阳性(＋＋＋)，紫蓝色为极强阳性(＋＋＋＋)。

2. 糖还原试验(Bebeduct)法　本法使用较广，其敏感度为 5.5 mmol/L，许多单糖和一些非糖还原物质都能和它反应，因此本法是测定尿中总还原物。

(1)原理　葡萄糖含有醛基，在热碱性溶液中，能将硫酸铜还原成黄色的氧化铜或黄红色的氧化亚铜。

(2)操作方法　班(Benedict)氏试剂：结晶硫酸铜 17.3 g，无水碳酸钠 100.0 g，枸橼酸钠

173.0 g,蒸馏水加至 1 000 mL。先将枸橼酸钠及无水碳酸钠溶解于 700 mL 蒸馏水中,可加热促其溶解。另将硫酸铜溶解于 100 mL 蒸馏水中,然后将硫酸铜液慢慢倾入已冷却的上液内,并加蒸馏水至 1 000 mL,过滤保存于褐色瓶内备用。

取班氏试剂 5 mL 置于试管中,加尿液 0.5 mL (约 10 滴)充分混合,加热煮沸 1～2 min,静置 5 min 后观察结果。

结果判断:管底出现黄色或黄红色沉淀者为阳性反应。黄色或黄红色的沉淀愈多,表示尿中葡萄糖含量愈高。亦可按表 2-9 估计葡萄糖的大约含量。

表 2-9　尿中葡萄糖大约含量表

符　号	反　应	葡萄糖的含量
—	试剂仍呈清晰蓝色	无糖
+	仅在冷后才有微量黄绿色沉淀	0.5 g/100 mL 以下
++	静置后,管底有多量黄绿色沉淀	0.5～1 g/100 mL
+++	静置后,管底有多量黄色沉淀	1～2 g/100 mL
++++	静置后,管底有多量黄红色沉淀	2 g/100 mL 以上

注意事项:

(1)尿液中如含有蛋白质,应把尿液加热煮沸,然后过滤,再行检验。

(2)尿液与试剂一定要按规定的比例加入,如尿液加得过多,由于尿液中某些微量的还原物质,也可产生还原作用而呈现假阳性反应。

(3)应用水杨酸类、水合氯醛、维生素 C 及链霉素治疗时,尿中可能有还原物质而呈假阳性反应。

3.临床意义

(1)暂时性糖尿　又称生理性的糖尿,见于恐惧、兴奋等引起的机体肾上腺素分泌增多及肾小管对葡萄糖的重吸收暂时性降低,也见于饲喂大量含糖饲料等。

(2)病理性糖尿　可见于糖尿病、甲状腺功能亢进、肾上腺皮质功能亢进、肾脏疾病、化学药品中毒、肝脏疾病等。

(五)尿中酮体的检验

1.Lange 法

(1)原理　酮体中的丙酮和乙酰乙酸在碱性溶液中与亚硝基铁氰化钠作用可产生紫红色的亚铁五氰化铁,这种产物在醋酸溶液内不但不褪色,反而颜色会加深。

(2)试剂

①5%亚硝基铁氰化钠溶液。此液不能长期保存,应配制新鲜溶液并贮于棕色瓶中,可保存 1 周。

②10%氢氧化钠溶液。

③20%醋酸液。

(3)操作方法　取中试管一支,先加尿液 5 mL,随即加入 5%亚硝基铁氰化钠溶液和 10%氢氧化钠溶液各 0.5 mL(约 10 滴),颠倒混合,再加 20%醋酸约 1 mL (20 滴),再颠倒混合,观察结果。

结果判断:尿液呈现红色者为阳性,加入 20%醋酸后红色又消失者为阴性。根据颜色深浅的不同，可估计酮体的大约含量，见表 2-10。

表 2-10　尿中酮体大约含量表

符　号	反　应	酮体的大约含量/(mg/100 mL)
＋	浅红色	3～5
＋＋	红色	10～15
＋＋＋	深红色	20～30
＋＋＋＋	黑红色	40～60

2. Rothera 改良法　称取亚硝基铁氰化钠粉末 10 mg 和硫酸铵 20 g，无水碳酸钠 20 g 研磨混合，密封保存。取试剂约 1 g 放在白色瓷凹板上，加 2～3 滴尿液，混合。在数分钟内出现不褪色的紫红色为阳性。

3. 试纸法　购商品酮体检查试纸(单联或多联)，浸入尿中取出，除去试纸上多余尿液，按规定时间与标准色板比较判定结果。

4. 碘仿结晶法　取尿液 10 mL，加复方碘溶液数滴，再加 10％氢氧化钾数滴，如果尿液中含有酮体，则呈现浑浊沉淀并有碘仿气味，取一小滴于显微镜下，可看到雪花状的碘仿结晶。

5. 临床意义

(1)糖尿病性酮尿　糖尿病病畜一旦出现酮尿，首先应考虑酮症酸中毒，并为发生酮中毒昏迷的前兆。糖尿病出现酸中毒或昏迷迹象时，尿酮体检查呈阳性，并可用来与低血糖、酸中毒或高渗性昏迷相区别，因为后三者尿酮体一般不高。

(2)非糖尿病性酮尿　感染性疾病如结核病、肺炎、败血症等的发热期、严重腹泻、长期饥饿、全身麻醉后等，均可出现酮尿。

(3)服用双胍类降糖药　服用降糖药后，由于药物有抑制细胞呼吸的作用，使脂肪代谢氧化不完全，可出现血糖正常而尿酮体阳性的现象。

(4)中毒　如氯仿、乙醚麻醉后，磷中毒等。

尿中出现酮体，主要见于奶牛的酮病、奶羊的妊娠毒血症、仔猪的低血糖等，也可发生于犬和猫的糖尿病。

(六)尿中尿蓝母的检验

由蛋白质分解的色氨酸经肠内细菌的作用而产生靛基质，或称吲哚(Indol)，它在肝脏内氧化为羟吲哚(Indoxyl)，再与硫酸盐结合成为羟吲哚硫酸钾，称为尿蓝母(Indican)。尿蓝母本为动物尿中的正常成分，但因含量不多，用化学试剂检验多呈阴性，马属动物的尿中，常可检出少量的尿蓝母(＋)。当尿中出现大量的尿蓝母时，称为尿蓝母尿。检查方法常采用奥氏法(Obermayer)。

1. 原理　尿蓝母经盐酸作用，分解为硫酸钾和氧化吲哚，后者再被三氯化铁氧化而生成靛蓝，靛蓝易溶于氯仿中，因之氯仿被染成蓝色，如氧化过剧，则可使羟吲哚成为吲哚醌(红靛)而显红色。

2. 操作方法　奥氏试剂：浓盐酸 100.0 mL，三氯化铁 0.2 g，氯仿。取中试管 1 支，加尿液及奥氏试剂各 5 mL，试管口加一橡皮塞，充分颠倒混合 10～20 次，静置 5～10 min，使试剂与尿液充分作用，然后加氯仿 1 mL，再颠倒混合十余次，静置片刻，待氯仿下沉管底后，观察结果。

结果判断:氯仿被染成蓝色者为阳性反应,呈现微灰绿色或不染色者为阴性反应。阳性反应时,可根据蓝色的深浅程度,如浅蓝色、深蓝色、黑蓝色分别以+、++、+++、++++号表示之。

注意事项:尿液加奥氏试剂后,试管加塞颠倒混合,此时应注意用食指压紧橡皮塞,以防管内液体喷出。

3.临床意义　尿蓝母按其来源可分为肠型尿蓝母和组织性尿蓝母两种,肠型尿蓝母见于各种肠阻塞、肠套叠、小肠卡他及其他伴有肠内蛋白质分解旺盛的疾病;组织性尿蓝母见于组织的崩解,如肺坏疽、子宫炎及内脏器官的脓肿等。

(七)尿沉渣的检查

尿沉渣有两类:有机沉渣和无机沉渣。有机沉渣包括各种细胞和各种管型,无机沉渣包括碱性尿中的盐类结晶和酸性尿中的盐类结晶。

1.尿沉渣标本的制备与检查方法

(1)将尿液静置1 h或低速(1 000 r/min)离心5～10 min。

(2)取沉淀物1滴,置于载玻片上。用玻棒轻轻涂布使其分散开来。滴加1滴稀碘溶液(不加也可),加盖玻片,低倍镜观察。

(3)镜检时,宜将聚光器降低,缩小光圈,使视野稍暗,用低倍镜观察得到大体印象后转换高倍镜仔细观察。

2.尿中的有机沉渣

(1)上皮细胞(图2-48)

肾上皮细胞　呈圆形或多角形。细胞核大而明显,核呈圆形或椭圆形,位于细胞中央。细胞浆中有小颗粒,见图2-48。

肾盂及尿路上皮细胞　比肾上皮细胞大,肾盂上皮呈高脚杯状,细胞核较大,偏心。尿路上皮细胞多呈纺锤形,也有呈多角形及圆形,核大,位于中央或略偏心。

膀胱上皮细胞　为大而多角的扁平细胞,内有小而圆或椭圆形的核。

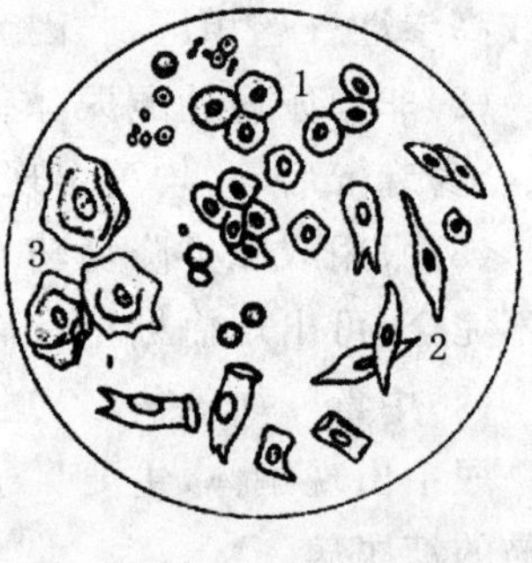

图2-48　尿中的上皮细胞

1.肾上皮细胞　2.肾盂及尿路上皮细胞　3.膀胱上皮细胞

(2)血细胞、脓细胞及黏液

红细胞　典型的红细胞形态呈双凹盘形,淡黄色;但在高渗尿中呈皱缩状;在低渗环境中,则呈影红细胞(shadow cell)。

白细胞　新鲜尿中,外形与外周血中的白细胞结构一样,只是没有染色的核不清楚,浆内颗粒清晰可见。炎症时,外形多不规则,结构模糊,浆内充满粗大颗粒,核不清楚,细胞常成团,界线不清(细胞肿胀,形态不规则,结构不清,常成团分布),此种细胞称为脓细胞。

黏液　为无结构的带状物,被稀碘液染成淡黄色,比透明管型宽,称为假管型。

3.管型(尿圆柱)

上皮管型　由脱落的肾上皮细胞与蛋白性物质黏合而成。能看到其中的细胞。

颗粒管型　为肾上皮细胞变性、崩解所形成的管型。细胞结构不明显,表面散在有大小不等的颗粒。

透明管型　结构细致、均匀、透明、边缘明显，长短不一，伸直而少弯曲。

红细胞管型　由红细胞与蛋白性物质黏合而成，或是红细胞聚集在透明管型之中而形成。

脂肪管型　为上皮管型和颗粒管型脂肪变性而形成，是一种较大的管型，表面有脂肪滴和脂肪结晶，有强的屈光性。

蜡样管型　质地均匀，轮廓明显，具有毛玻璃样的闪光，表面似蜡块，长而直，很有弯曲，较透明管型宽。尿中管型模式见图 2-49。

3.尿中的无机沉渣

(1)碱性尿中的无机沉渣见图 2-50。

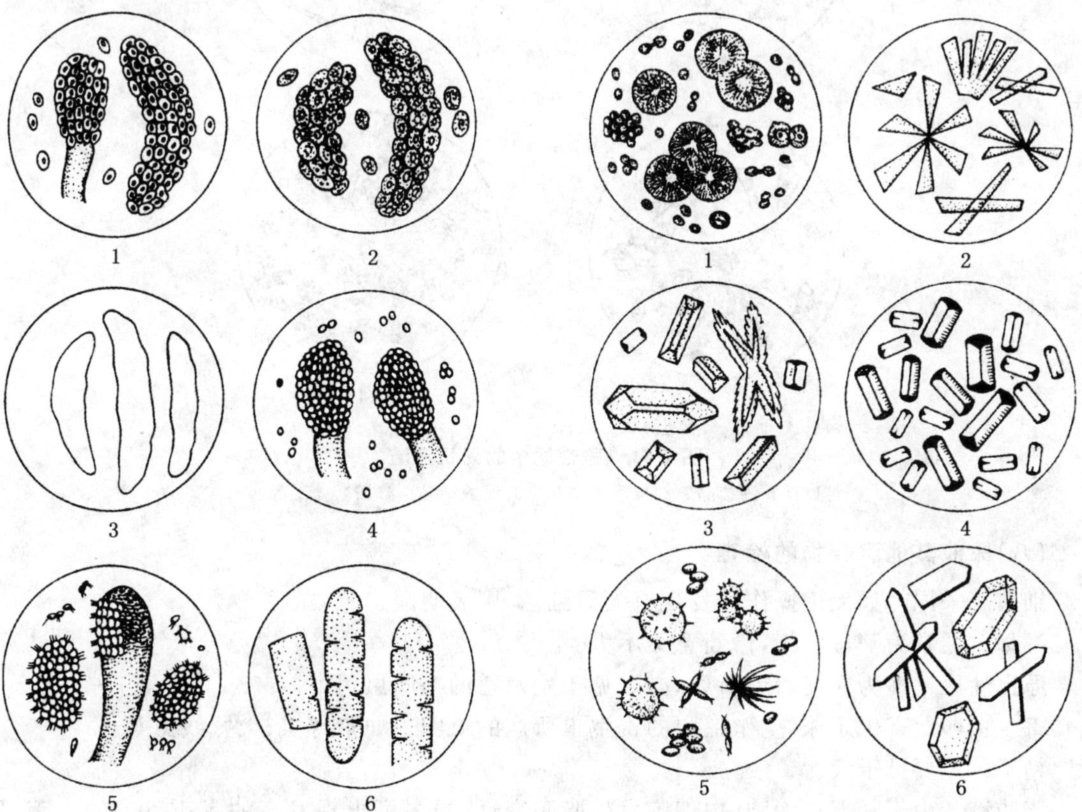

图 2-49　尿沉渣中的各种管型

1.上皮管型　2.颗粒管型　3.透明管型　4.红细胞管型　5.脂肪管型　6.蜡样管型

图 2-50　碱性尿中的无机沉渣

1.碳酸钙结晶　2.磷酸钙结晶　3、4.尿酸铵镁结晶　5.尿酸铵结晶　6.马尿酸结晶

碳酸钙结晶　圆形，具有放射状线纹。此外有哑铃状、磨刀石状、饼干状等。

磷酸铵镁结晶　为多角棱柱体及棺盖状结晶，也有雪花片状或羽毛状。

磷酸钙(镁)结晶　为无定形浅灰色颗粒。有时呈三棱形、聚集成束。

尿酸铵结晶　为黄色或褐色，圆形，表面有刺突，类似曼陀罗果穗状。

马尿酸结晶　为棱柱状或针状结晶，有时成束如交错的针状、扇形或小帚状。

(2)酸性尿中的无机沉渣见图 2-51。

草酸钙结晶　为四角八面体，如信封状，有十字形折光体。

硫酸钙结晶　为长棱柱状或针状,有时聚集成束状、扇状。

尿酸结晶　为棕黄色的磨刀石状、叶簇状、菱形片状、十字状或梳状等。

尿酸盐结晶　呈棕黄色小颗粒状,聚积成堆。

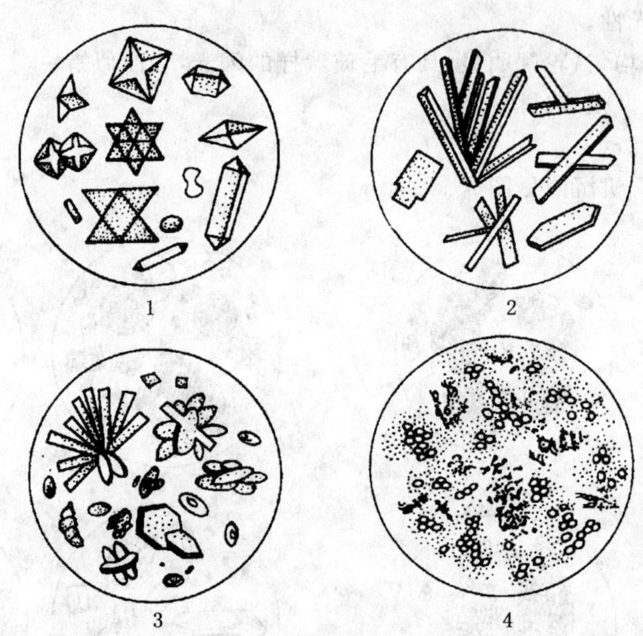

图 2-51　酸性尿中的无机沉渣

1.草酸钙结晶　2.硫酸钙结晶　3.尿酸结晶　4.尿酸盐结晶

(八)尿液其他沉淀物的检查

细菌　采尿时如无菌操作仍发现有大量细菌,则表明尿道感染。

酵母　通常为酵母污染,诊断意义不大。

原虫性尿　多为粪便污染所致,亦可见于生殖道的毛滴虫污染。

寄生虫卵　寄生于尿、生殖道内的寄生虫所产的虫卵。如猪肾虫、犬肾线虫等。

精子　主要见于犬。

脂肪滴　由于肾上皮细胞、白细胞发生脂肪变性,尿内可出现发亮的大小不等的小滴,呈圆形,是中性脂类,能被苏丹Ⅲ染色。

四、作业与思考题

1.如何测定尿潜血?其临床意义是什么?

2.尿酮体在奶牛酮病诊疗中的意义是什么?

3.如何区别尿液中的有机沉渣和无机沉渣?

实验十九　粪便检验

一、实验目的与要求

1.了解粪便检验的内容。

2.掌握酸碱度及粪便潜血检验的方法。

二、实验器材

器械　显微镜、酸度计、镊子、载玻片、酒精灯和小试管等。

材料　联苯胺、冰醋酸、过氧化氢、广范 pH 试纸等。

三、实验内容与方法

(一)粪便酸碱度测定

常用 pH 试纸法。取 pH 试纸 1 条,用蒸馏水浸湿(若粪便稀软则不必浸湿),贴于粪便表面数秒钟,取下纸条与 pH 标准色板进行比较,即可测得粪便的 pH。也可用手枪式酸度计,将电极直接与粪球接触,即可读出 pH。

(二)粪便潜血检验

1.原理　与尿液潜血检验同。

2.操作方法

(1)用竹镊子在粪便的不同部分,选取绿豆大小的粪块,置洁净的载玻片上涂成直径约 1 cm 的范围。如粪便干燥,可加少量蒸馏水调和涂布。

(2)将玻片在酒精灯上缓缓通过数次,以破坏粪中的过氧化氢酶。

(3)冷后,滴加联苯胺冰醋酸液(联苯胺约 0.1 g,加冰醋酸约 2 mL,振荡,溶解。临用时配制,不能久存)10～20 滴及新鲜 30%过氧化氢溶液 10～20 滴,用火柴棒搅动混合,将玻片置于白色背景上观察。

3.结果判定　根据颜色的出现时间,用“±”或 1～3 个“+”号表示结果。详见表 2-11。

表 2-11　粪便潜血检验结果判定表

符号	蓝色开始出现的时间/s	符号	蓝色开始出现的时间/s
±	60	++	15
+	30	+++	3

4.注意事项

(1)所用器材应清洁无血迹。

(2)一定要将粪便标本加热处理,否则可呈现假阳性。

(3)肉食动物应禁食 3 d 肉类食物。

(4)联苯胺、过氧化氢液贮存时间过久者,不易发生颜色反应。

(三)粪中病理混杂物的观察

粪中除饲料残渣外,在病理情况下,往往混有血细胞、脓细胞、上皮细胞等物。肉食动物若发生阻塞性黄疸,还可见到大量脂肪酸;胰腺疾病时,因胰液分泌紊乱,出现大量中性脂肪。

1.粪便涂片方法　由粪便不同部分采取少许粪块,置载玻片上,加少量生理盐水,用火柴棒混合并涂成薄片,以能透过书报字迹为宜,加盖玻片,用低倍镜观察整个涂片,然后用高倍镜仔细观察。

2.观察

(1)红细胞　为小而圆、无细胞核的发亮物,常散在或与白细胞同时出现。

(2)白细胞　为圆形、有核、结构清晰的细胞,常分散存在。

(3)脓球　结构模糊不清,核隐约可见,常常聚集在一起甚至成堆存在。

(4)上皮细胞　柱状上皮细胞来自肠黏膜,扁平上皮细胞来自肛门附近。

(5)中性脂肪　镜检淡黄色折光性强,呈滴状或无色有折光块状,苏丹Ⅲ染红色,在冷乙醇或氢氧化钠中不溶,但加热或用乙醚可溶化。

(6)游离脂肪酸　为无色细长针状结晶或块状,苏丹Ⅲ染色块状呈红色,针状结晶不着色,加热、冷乙醇、氢氧化钠和乙醚均可使其溶化。

(7)结合脂肪酸　为针束状或块状,苏丹Ⅲ染色不着色,除冷乙醇可使其溶化外,加热、氢氧化钠和乙醚都不会使其溶化。

(四)粪中寄生虫卵的观察

该实验部分参考预防兽医学分册第二部分实验三十一、三十二、三十三。

四、作业与思考题

1.如何测定粪潜血?其临床意义是什么?

2.如何制备粪便涂片?

实验二十　血浆(血清)碳酸氢根和阴离子隙的测定

一、实验目的与要求

1. 掌握血浆碳酸氢根和阴离子隙测定的内容和基本方法。

2. 了解血浆碳酸氢根和阴离子隙测定的临床意义。

二、实验器材

器械　分光光度计、水浴锅和试管等。

材料　动物血液、硫酸镁、草氨酸钠、HCO_3^- 标准液、盐酸、氢氧化钠、酚红、生理盐水和蒸馏水等。

三、实验内容与方法

(一)血浆(血清)碳酸氢根的测定

1. 酶法

(1)原理　血浆(血清)碳酸氢根在磷酸烯醇式丙酮酸羟化酶(PEPC)催化下和磷酸烯醇丙酮酸(PEP)反应,生成草酰乙酸和磷酸;草酰乙酸和苹果酸脱氢酶(MDH)反应,生成苹果酸,同时将NADH 氧化成 NAD;在 340 nm 波长处吸光度的降低与样品中 HCO_3^- 含量成正比。

(2)试剂配制

试剂成分	在反应中参考浓度
Tris-HCl 缓冲液	50 nmol/L
PEP	1.8 mmol/L
PEPC	≥300 IU/L
MDH	≥1 250 IU/L
NADH	>0.3 mmol/L
硫酸镁	10 mmol/L
草氨酸钠	2.5 mmol/L
反应液 pH	8.0±0.15

此试剂用煮沸去 CO_2 的蒸馏水复溶,复溶后的试剂加盖存放在 4℃冰箱中可用数小时。

HCO_3^- 标准液	30 mmol/L

(3)操作方法

样品收集　采取静脉血 2 mL,置含有石蜡油的肝素抗凝剂的试管中,混匀,迅速分离血浆,及时进行测定。

步骤　取试管 3 支,标明测定、标准和空白管,然后按表 2-12 操作。

表 2-12　酶法测定操作步骤　　mL

加入物	测定管	标准管	标本空白管
酶试剂	2.0	2.0	—
HCO_3^- 标准液	—	0.01	—
血浆(清)	0.01	—	0.01
蒸馏水	—	—	2.0

混匀,放 37 ℃孵育 5 min,以蒸馏水调零在 340 nm 波长,10 mm 光径比色杯,分别读各管的吸光度。

(4)计算

$$HCO_3^- \text{浓度(mmol/L)} = \frac{\text{试剂空白吸光度} - \text{样品吸光度}}{\text{试剂空白吸光度} - \text{标准吸光度}} \times 30\ \text{mmol/L}$$

(5)注意事项

①不要用口吸样品和试剂,以防呼出气体的 CO_2 混入或吸入样品和试剂。

②在准备试剂和收集标本时,应严格做好密封工作,以最大限度地减少干扰。

③严重脂血、溶血和黄疸的标本应做标本空白管。

④试剂混浊或试剂空白吸光度小于 1.0 时都不能使用。

⑤用肝素作为抗凝剂。草酸盐、柠檬酸盐和 EDTA 都不宜使用。

⑥内源性丙酮酸和 LD 的干扰可由草氨酸钠消除。

2. 滴定法

(1)原理　血浆(血清)中加入过量的标准盐酸溶液,使酸与 HCO_3^- 起中和反应,释放出 CO_2,然后以标准的氢氧化钠溶液滴定剩余的盐酸,以氢氧化钠的消耗量计算出血浆 HCO_3^- 含量,以血浆(血清)原来的 pH 值作为滴定的终点。

(2)试剂配制

①0.01 mol/L 盐酸　取精确标定的 1.00 mol/L 盐酸溶液 1.0 mL 移至 100 mL 容量瓶中,用生理盐水稀释至刻度。

②0.01 mol/L 氢氧化钠　取精确标定的 1.00 mol/L 氢氧化钠 1.0 mL,移至 100 mL 容量瓶中,用生理盐水稀释至刻度,此液应密闭保存,约可用 1 周。

③酚红指示剂　称取酚红 50 mg,加 0.01 mol/L 氢氧化钠 14.1 mL,研磨溶解后加生理盐水至 250 mL。

④生理盐水。

(3)操作方法　取小试管 2 支,标明测定管及对照管,各管加入新鲜血浆(或血清)0.1 mL,酚红指示剂 2 滴。对照管中加入生理盐水 2.5 mL。测定管中准确加入 0.01 mol/L 盐酸0.5 mL,振摇 1 min,使 CO_2 逸出,再加生理盐水 2 mL,混匀,然后用微量滴定管将 0.01 mol/L氢氧化钠逐滴加入,滴至与对照管同样颜色为终点。

(4)计算

$$\text{血浆(清)}HCO_3^- \text{浓度(mmol/L)} = [0.5 - \text{滴定用 0.01 mmol/L 氢氧化钠体积(mL)}] \times 0.01 \times \frac{1\,000}{0.1}$$

(5)注意事项

①血液标本应避免与空气接触并迅速分离血浆，及时操作。

②所用器皿必须中性，否则影响结果。

③0.01 mol/L 氢氧化钠不稳定，应密封保存，避免吸收 CO_2，0.01 mol 盐酸比较稳定，故每天应做校正滴定，用粉红作指示剂，以红色出现 10 s 而不褪色作为终点。

④本法测定结果也包括血浆中的 CO_3^{2-} 及氨基甲酸的 CO_2，但与 HCO_3^- 相比，前两者含量很少，故用 HCO_3^- 表示之。常规检验是在室温下进行，结果不完全等于血浆中实际 HCO_3^-。当实际 HCO_3^- 很高时，此法结果可能略偏低。

⑤生理盐水必须中性，偏酸或偏碱均会影响结果的准确性。

(二)阴离子隙的测定

1.原理　阴离子隙(anion gap, AG)是临床上用来平价酸碱紊乱的一个重要指标，它不仅能鉴别不同类型的代谢性酸中毒，对混合性酸碱失衡的诊断也有重要的参考价值。

根据 Donnan 平衡学说，血清(浆)中阳离子和阴离子的电荷数是相等的，Na^+ 占全部阳离子的 90%以上，称为可测阳离子；Cl^- 和 HCO_3^- 称为可测阴离子，其余阴、阳离子分别称为未测阴离子(unmeasured anion, UA)和未测阳离子(unmeasured cation, UC)。

根据血清中阳、阴离子电荷的数量必须相等才能维持电中性原则，可列出下列等式：

$$Na^+ + UC = Cl^- + HCO_3^- + UA$$

移项：

$$Na^+ - (Cl^- + HCO_3^-) = UA - UC$$

因此，阴离子隙(AG)的真正含义为(UA－UC)的值。它的正确概念应是血清中"残余的未测定的阴离子"(residual unde-termined anion)。它是代表 Cl^-，HCO_3^- 以外对 Na^+ 相平衡所需要的阴离子的总量。

2.操作方法　Na^+ 用火焰光度法或电极法测定。Cl^- 用硝酸汞滴定法或电极法测定。HCO_3^- 用酶法或电极法测定。各自测得的结果，用下列公式计算：

$$AG(mmol/L) = Na^+ - (Cl^- + HCO_3^-)$$

举例：测得血清 Na^+ 为 138 mmol/L，Cl^- 为 100 mmol/L，HCO_3^- 为 22 mmol/L。代入上述公式：
$AG = 138 - (100 + 22) = 16(mmol/L)$

3.注意事项

(1)AG 值不是直接测得的结果，而是分别测定 Na^+、Cl^- 和 HCO_3^- 后计算而得。上述 3 项结果必须测得很准确，否则存在实验误差。若用含 K^+、Na^+、Cl^-、CO_2 电极组合的电解质分析仪，可通过分析仪的微处理器算出阴离子隙的结果。标本收集后，应隔绝空气，迅速送检，否则也影响结果的准确性。

(2)阴离子隙的计算公式以前曾用过 $AG = (K^+ + Na^+) - (Cl^- + HCO_3^-)$，但考虑到 K^+ 在血浆中浓度较小，而且比较稳定，其增减对 AG 值影响较小，所以将 K^+ 浓度值去掉，改用现在的计算公式。

四、作业与思考题

1.如何进行血浆中碳酸氢根的测定？

2.血浆阴离子隙的测定在体内酸碱平衡稳定的作用是什么？

实验二十一 血液葡萄糖的测定

一、实验目的与要求

1.基本掌握血液葡萄糖的测定方法。

2.了解血液葡萄糖测定的临床意义。

二、实验器材

器械 分光光度计、冰箱、干燥箱、水浴锅、试管和容量瓶等。

材料 磷酸氢二钠、无水磷酸二氢钾、氢氧化钠、盐酸、葡萄糖氧化酶、过氧化物酶、4-氨基安替吡啉、叠氮钠、硫脲、邻甲苯胺、冰醋酸和氯化钠等。

三、实验内容与方法

(一)葡萄糖氧化酶(GOD)法

1.原理 葡萄糖在葡萄糖氧化酶作用下,生成葡萄糖酸及过氧化氢。后者被过氧化物催化释放氧,氧化4-氨基安替吡啉和酚生成红色醌类化合物。

2.试剂配制

(1)磷酸盐缓冲液(0.1 mol/L pH 7.0) 磷酸氢二钠($Na_2HPO_4 \cdot 12H_2O$) 21.42 g,无水磷酸二氢钾5.3 g溶于800 mL蒸馏水中,用少量1 mol/L氢氧化钠或盐酸调溶液pH至7.0±0.1。蒸馏水稀释至1 000 mL。

(2)酶试剂 取葡萄糖氧化酶1 200 IU,过氧化物酶1 200 IU,4-氨基安替吡啉10 mg,叠氮钠100 mg,溶于上述磷酸盐缓冲液约80 mL中,调pH至7.0,用磷酸盐缓冲液加至100 mL。此溶液置冰箱保存,至少可稳定3个月。

(3)1 g/L酚 称取酚(AR) 100 mg,溶于100 mL蒸馏水中。

(4)酶酚混合试剂 取酶试剂和酚试剂等量混合,置冰箱中可稳定1个月。

(5)葡萄糖标准贮存液(100 mmol/L) 取无水葡萄糖置80℃烤箱中干燥至恒重。冷却后,精确称取1.802 g,以2.5 g/L (12 mmol/L)苯甲酸溶液溶解并移入100 mL容量瓶中,2.5 g/L苯甲酸溶液稀释至刻度,混匀。

(6)葡萄糖标准应用液(5 mmol/L) 准确吸取葡萄糖标准贮存液5.0 mL,于100 mL容量瓶中,用2.5 g/L苯甲酸溶液稀释至刻度,混匀。

3.操作方法

(1)取15 mm×100 mm试管,分别标明测定(U)、标准(S)、空白(B),依次加入血清(血浆)、标准应用液及蒸馏水各20 μL。

(2)各管加入酶酚混合试剂3 mL,混匀,置37℃水浴15 min,冷却,用分光光度计505 nm

波长比色，以空白管调零，分别读取各管吸光度(A)。

4.计算

$$血糖浓度(mmol/L)=\frac{A_U}{A_S}\times 5.0$$

5.注意事项

(1)采血后应尽快分离血清并及时测定。离体后血液葡萄糖，因红细胞的酶解作用在37℃每小时约下降1 mmol/L，25℃每小时下降0.4 mmol/L，4℃每小时下降0.1 mmol/L，若不能及时测定，应加糖酵解抑制剂。

(2)动脉血较静脉血高0.56 mmol/L；毛细血管血较静脉高0.22 mmol/L。临床分析时应予注意。

(3)0.10 g/L的左旋多巴可使测定结果呈负误差。半胱氨酸浓度达150 mg/L时可使测定结果偏高0.72 mmol/L。维生素C浓度0.1 g/L时，可使血糖测定结果偏低1.3%～7.6%；1.0 g/L时，可使反应不显色。血红蛋白浓度15.0 g/L时，测定结果增加3.4%～9.0%。

(4)葡萄糖氧化酶的最适pH 5.1，过氧化物酶最适pH 6.8，试剂配方多采用pH 6.6～7.5。

(5)酶酚混合液与葡萄糖反应后，在2 h内呈色稳定。线性范围2.5～20 mmol/L。当测定结果超出线性范围时，应将标本用生理盐水稀释后，再进行测定。

(6)酚易被氧化变红，可先配制500 g/L的贮存液，置棕色瓶中贮存，用时作500倍稀释即可。

(二)邻甲苯胺法

1.原理　在加热的强酸溶液中，葡萄糖的醛基与邻甲苯胺缩合，生成的葡萄糖基胺脱水为蓝色席夫氏碱。其颜色深浅与葡萄糖含量成正比。

2.试剂配制

(1)邻甲苯胺试剂　于洁净1 L容量瓶中加入硫脲1.5 g，邻甲苯胺60 mL，冰醋酸约500 mL，混合，直至硫脲完全溶解后，加冰醋酸至刻度。置棕色瓶中，室温保存。

(2)葡萄糖标准液　同葡萄糖氧化酶法。

3.操作方法

(1)取16 mm×150 mm试管，分别标明测定管(U)、标准管(S)、空白管(B)，依次加入样本。标准应用液和蒸馏水各0.1 mL。

(2)各管分别加入邻甲苯胺试剂5 mL。

(3)混匀，置沸水浴中，煮沸12 min，取出置冷水中冷却3 min。分光光度计630 nm波长，以空白管调零，读取标准管与测定管吸光度。

4.计算

$$葡萄糖浓度(mmol/L)=\frac{A_U}{A_S}\times 5.0$$

5.注意事项

(1)邻甲苯胺若显红棕色，则应重蒸馏，否则将影响测试结果。

(2)反应条件影响显色强度。因此,测定管、标准管和空白管的加热时间及温度必须完全一致。

(3)最终反应液偶尔会产生混浊,最常见的原因是高脂血症。此时可向显色液中加入异丙醇充分混匀,脂质溶解后浊度即清除,结果乘以稀释倍数。

(4)标本采集、保存同葡萄糖氧化酶法。

(三)葡萄糖脱氢酶(GDH)法

1. 原理 葡萄糖脱氢酶催化葡萄糖脱氢,氧化生成葡萄糖酸(*D*-葡萄糖酸-δ-内酯)。

$$\beta\text{-}D\text{- 葡萄糖} + \text{NAD} \xrightarrow{\text{CDH}} \text{葡萄糖酸内酯} - \text{NADH}$$

向反应液中加入变旋酶可缩短反应到达平衡的时间。在反应过程中,NADH 的生成量与葡萄糖浓度或正比关系。

2. 试剂配制

(1)磷酸盐缓冲液(pH 7.6) 120 mmol/L 磷酸盐、150 mmol/L 氯化钠和 1.0 g/L 叠氮钠,用磷酸或氢氧化钠调节至 pH 7.6 (25℃),然后分装成 100 mL/瓶,冰箱保存。

(2)酶混合液 用上述磷酸盐缓冲液配制,酶混合液中含 GDH≥4 500 IU/L、变旋酶≥90 IU/L和 NAD 2.2 mmol/L,置冰箱保存,可稳定 12 周,若试剂吸光度大于 0.04 nm (340 nm,光径 1.0 cm,用蒸馏水调零)时,提示酶混合液需要重新配制。

(3)5 mmol/L 葡萄糖标准应用液 见 GOD 法。

3. 操作方法

取 16 mm×100 mm 试管,按表 2-13 编号操作。

表 2-13 葡萄糖脱氢酶酶法操作步骤 μL

试剂	测定管(U)	标准管(S)	空白管(B)
血清、血浆、尿液	10	10	—
蒸馏水	—	—	10
酶混合液	2	2	2

充分混匀,置 20℃室温 10 min 或 37℃水浴 7 min,分光光度计波长 340 nm,比色杯光径 1.0 cm,以空白管调零,读取测定管和标准管吸光度(A_U、A_S)。

4. 计算

$$\text{葡萄糖浓度(mmol/L)} = \frac{A_U}{A_S} \times 5.0$$

5. 注意事项

(1)葡萄糖脱氢酶(GDH)的系统命名为 β-*D*-葡萄糖:NAD 氧化还原酶对葡萄糖具有高度特异性,其测定结果与已糖激酶法具有良好的一致性。

(2)吸光度与葡萄糖浓度的线性关系达 33.3 mmol/L (600 mg/dL)。每批新配酶混合液,必须用 11 mmol/L (200 mg/dL)和 33.3 mmol/L (600 mg/dL)葡萄糖标准液进行线性范围校正。当葡萄糖浓度太高时,用 150 mmol/L NaCl 将标本稀释 2 倍后重新测定。

(3)脂血症的干扰在于 340 nm 波长处产生吸光度。此时,须做对照管(血清 10 μL,加

150 mmol/L NaCl 2 mL,用盐水调零,340 nm 读取吸光度)。测定管吸光度减去对照管吸光度后,按公式计算。

(4)一般浓度的抗凝剂或防腐剂如肝素、EDTA、柠檬酸盐、草酸盐、氟化物和碘乙酸等不干扰测定。胆红素 85.5 μmo1/L (5 mg/dL),血红蛋白 950 mg/L (95 mg/dL),抗坏血酸 2 g/L (200 mg/dL),谷胱甘肽 200 mg/L (20 mg/dL),尿酸 100 mg/L(10 mg/dL),尿素 20 g/L (2 000 mg/dL),肌配 250 mg/L (25 mg/dL)等不干扰测定。但当胆红素 200 mg/L (20 mg/dL)和血红蛋白 1 g/L (100 mg/dL)时,可使表观葡萄糖浓度分别增高 130 mg/L (13 mg/dL)和 40 mg/L (4 mg/dL)。

(5)其他单糖与 GDH 反应的相对速率如下:

2-脱氧葡萄糖	125%
葡萄糖	100%
D-葡萄糖胺	31%
D-木搪	15%
D-甘露糖	8%
果糖	—
半乳糖	—

哺乳动物体内,不含 *a*-脱氧葡萄糖,而其他几种单糖的含量亦可忽略不计。但当口服木糖吸收试验时,不能用 GDH 法测定血清葡萄糖浓度。

四、作业与思考题

1. 临床上血液葡萄糖测定的方法有几种?

2. 血液葡萄糖指标在疾病诊断中的作用是什么?

实验二十二　血清蛋白质的测定

一、实验目的与要求

1. 初步掌握血清蛋白质(总蛋白、白蛋白、球蛋白及醋酸纤维薄膜电泳)的测定方法。

2. 了解血清蛋白质测定的临床意义。

二、实验器材

器械 分光光度计、电泳仪、电泳槽、光密度计和加样器等。

材料 氢氧化钠、硫酸钠、酒石酸钾钠、碘化钾、琥珀酸、溴甲酚绿、聚氧化乙烯月桂醚、叠氮钠、乙酸钠、去离子水。

三、实验内容与方法

(一)总蛋白的测定

蛋白质是血清的主要成分,大部分由肝细胞合成,相对分子质量 5 000～100 000。它主要分为白蛋白和球蛋白两种,在机体中具有重要的生理功能。通过总蛋白(total protein,TP)的测定,可以间接了解机体的营养状况,协助某些疾病的诊断,目前多采用双缩脲法。

1. 原理　蛋白质多肽链中的肽键(CONH)在碱性条件下,与铜离子络合形成紫红色化合物。在波 540 nm 处有最大吸收,所产生的络合物颜色与蛋白质的浓度成正比。通过与同样处理的蛋白标准液相比较,可求出血清总蛋白的浓度。

2. 试剂配制

(1)6 mol/L 氢氧化钠溶液　溶解 240 g 氢氧化钠(AR)于新鲜制备的蒸馏水或刚煮沸冷却的去离子水中,稀释至 1 L。置聚乙烯瓶内密封保存。

(2)双缩脲试剂　称取未风化的硫酸钠($Na_2SO_4 \cdot 5H_2O$) 3 g。溶于 500 mL 新鲜制备的蒸馏水或刚煮沸冷却的去离子水中,加酒石酸钾钠 9 g,碘化钾 5 g,待完全溶解后,加入 6 mol/L氢氧化钠 100 mL,蒸馏水稀释至 1 L,置聚乙烯瓶内密封保存。

(3)双缩脲空白试剂　溶解酒石酸钾钠 9 g,碘化钾 5 g 于新鲜制备的蒸馏水或刚冷却的去离子水中,加 6 mol/L 氢氧化钠 100 mL,再加蒸馏水稀释至 1 L。

(4)蛋白标准液　收集混合血清,用凯氏定氮法测定蛋白含量,也可以用定值参考血清或标准液作标准。

3. 操作方法　按表 2-14 进行。

表 2-14　总蛋白测定步骤　mL

加入物	测定管(U)	标准管(S)	空白管(B)
待检血清	0.1	—	—
蛋白标准液	—	0.1	—
蒸馏水	—	—	0.1
双缩脲试剂	5.0	5.0	5.0

混匀，置 37℃，30 min，波长 540 nm，以空白调零，读取各管的吸光度。

4. 计算

$$\text{血清总蛋白含量(g/L)} = \frac{A_U}{A_S} \times \text{标准液浓度(g/L)}$$

5. 注意事项

(1)吸光度的数值与试剂成分、pH、反应温度等条件有关，所以上述条件在实验中必须保持一致。

(2)高脂、高胆红素和溶血的标本，应作标本空白来消除。

(3)双缩脲试剂配好后，必须密闭保存，阻止吸收空气中的 CO_2。

(4)酚酞、溴磺酞钠在碱性溶液中呈色，影响双缩脲的测定结果，右旋糖酐可使测定管混浊，理论上也可用相应的标本空白管来消除，但如果标本空白管吸光度太高，可影响测定的准确度。

(二)白蛋白的测定

白蛋白(albumin，Alb)系由肝实质细胞合成，相对分子质量为 66 458。在血浆中半衰期为 15～19 d，是血浆中含量最多的蛋白质，占血浆总蛋白质的 40%～60%，其合成率受食物中蛋白质含量影响，但主要受血浆白蛋白水平调节。在生理条件下为负离子，是血浆中主要载体，许多物质可与其结合而被运输，也可结合活性物质(如药物，激素等)而抑制其活性。同时对维持渗透压和酸碱平衡具有重要作用。

1. 溴甲酚绿法

(1)原理　溴甲酚绿在 pH 4.2 的环境中，在有非离子去垢剂 Brij-30(聚氧化乙烯月桂醚)存在时，可与白蛋白反应形成蓝绿色复合物，在波长 630 nm 具有吸收峰，吸光度与白蛋白浓度成正比，与同样处理的白蛋白标准液比较，可求得血清中白蛋白含量。

(2)试剂配制

①0.5 mol/L 琥珀酸缓冲贮存液(pH 4.0)　溶解氢氧化钠 10 g，琥珀酸 56 g，于 800 mL 蒸馏水中，用 1 mol/L 氢氧化钠调 pH 至 4.05～4.15，加水至 1 000 mL，此液置 4℃冰箱保存。

②溴甲酚绿贮存液(10 mmol/L)　溶解溴甲酚绿 1.75 g 于 15 mL 1 mol/L 氢氧化钠中，用蒸馏水稀释至 250 mL。

③叠氮钠贮存液　溶解叠氮钠 40 g 于 1 000 mL 蒸馏水中。

④聚氧化乙烯月桂醚贮存液　溶解 25 g 聚氧化乙烯月桂醚于约 80 mL 蒸馏水中，加温助溶，加蒸馏水至 100 mL。

⑤溴甲酚绿试剂　于 1 000 mL 容量瓶中加蒸馏水 40 mL，加琥珀酸缓冲贮存液 100 mL，

用吸管准确加入溴甲酚绿贮存液 8.0 mL,并用蒸馏水将吸管上残留的少量染料洗到液体内,加叠氮钠 2.5 mL,聚氧化乙烯月桂醚贮存液 2.5 mL,然后用蒸馏水稀释至刻度。配好的溴甲酚绿试剂的 pH 应为 4.10～4.20。

⑥白蛋白标准液　40 g/L,也可以用定值参考血清作白蛋白标准,均需置冰箱 4℃保存。

(3)操作方法　按表 2-15 进行。

表 2-15　白蛋白测定步骤　mL

加入物	测定管(U)	标准管(S)	空白管(B)
待检血清	0.02	—	—
白蛋白标准液	—	0.02	—
蒸馏水	—	—	0.02
溴甲酚绿试剂	4.0	4.0	4.0

混匀,室温放置 10 min,波长 630 nm,空白调零,读取各管的吸光度。

(4)计算

$$\text{血清白蛋白含量(g/L)} = \frac{A_U}{A_S} \times \text{标准液浓度(g/L)}$$

(5)注意事项

①样本可以为血清,血浆(EDTA 抗凝)。

②线性范围 10～60 g/L,正常血清的批内变异系数低于 3%,批间变异系数约为 6.3%。

③溴甲酚绿染料结合法测定过程中,溴甲酚绿不但与白蛋白迅速呈色反应,而且同时可与血清中多种蛋白成分呈色反应,其中 α 球蛋白、转铁蛋白,触珠蛋白更为显著,只是其反应速度较白蛋白慢,所以有人主张用定值血清作标准比较理想,读取 1 min 吸光度计算结果。

④60 g/L 白蛋白标准与溴甲酚绿结合后,溶液在波长 630 nm,1 cm 光径比色杯测定的吸光度应为 0.811±0.035,如达不到此值,表示灵敏度较差。

⑤试剂中的 Brij-35 可以用其他表面活性剂代替,如吐温-20,用量为 2 mL/L。

⑥水杨酸类、青霉素以及其他药物与溴甲酚绿竞争白蛋白上的结合点,所以上述物质存在时对测定结果有影响。

⑦标本脂血,溶血,高胆红素时,应作标本空白来消除干扰。

2.溴甲酚紫法

(1)原理　溴甲酚紫在 pH 5.2 的醋酸盐缓冲液中与白蛋白反应形成绿色复合物,在波长 603 nm 有吸收峰,且颜色深浅与白蛋白浓度成正比,与同样处理的标准液相比较,可求出血清白蛋白含量。

(2)试剂配制

①50 mol/L 溴甲酚紫溶液　称取澳甲酚紫 675 mg 溶于无水乙醇 10 mL,并加至 25 mL,置冰箱保存。

②聚氧化乙烯月桂醚溶液(250 g/L)　配制同上法。

③溴甲酚紫试剂　称取无水乙酸钠 6.30 g(或三结晶水的乙酸钠 10 g)溶于 950 mL 蒸馏水中,加 Brij-35 溶液 1.0 mL,和 50 mmol/L 溴甲酚紫溶液 1.0 mL,用 150 mmol/L 乙酸调

pH 至 5.2±0.03(约需 10 mL)，加蒸馏水至 1 000 mL。

④白蛋白标准液　必须使用动物的白蛋白或动物的定值血清。

(3)操作方法　按表 2-16 进行。

表 2-16　白蛋白测定步骤　mL

加入物	测定管(U)	标准管(S)	空白管(B)
待检血清	0.025	—	—
白蛋白标准液	—	0.025	—
生理盐水	—	—	0.025
溴甲酚紫试剂	5.0	5.0	5.0

混匀，室温放置 1 min，波长 603 nm，以空白调零，读取各管的吸光度。

(4)计算

$$血清白蛋白含量(g/L)=\frac{A_U}{A_S}\times 标准液浓度(g/L)$$

(5)注意事项

①严重的脂血、溶血和高胆红素血可用标本空白来消除。

②标准液必须用动物的白蛋白或血清。

③溴甲酚紫法反应最适 pH 为 5.2，接近 α-球蛋白和 β-球蛋白的等电点，从而抑制了这些蛋白与溴甲酚紫的非特异性反应，使结果更准确。

(三)球蛋白的测定

球蛋白(globulin，G)是一组成分复杂的蛋白质组合的总称。它包括多种酶类、激素、抗体等特殊蛋白质，具有极其重要的生理功能。测定球蛋白多采用计算法(TP-Alb)、硫酸铵比浊度和乙醛酸比色法，本节只介绍比浊法。

1. 原理　血清中球蛋白在硫酸铵的半饱和溶液中析出，使溶液变混浊，浊度的大小同球蛋白含量成正比。与同样处理的球蛋白标准液比较，可求出血清中球蛋白的含量。

2. 试剂配制

(1)饱和硫酸铵溶液　将硫酸铵溶于蒸馏水中，边加边搅拌，直到不能再溶解为止，静置取上清液即可使用。

(2)球蛋白标准液(30 g/L)。

3. 操作方法　按表 2-17 进行。

表 2-17　球蛋白测定步骤　mL

加入物	测定管(U)	标准管(S)	空白管(B)
待检血清	0.05	—	—
球蛋白标准液	—	0.05	—
9 g/L 氯化钠	2.95	2.95	3.0
饱和硫酸铵	3.0	3.0	3.0

混匀，静置 10 min，波长 540 nm，以空白调零，读取各管的吸光度。

4.计算

$$血清球蛋白含量(g/L)=\frac{A_U}{A_S}\times 标准液浓度(g/L)$$

5.注意事项

(1)硫酸铵饱和溶液的温度对测定结果有一定影响,故应保持温度在25℃左右为宜。

(2)标本加入硫酸铵饱和溶液后须于10 min左右比浊,过早球蛋白尚未完全析出,过迟球蛋白颗粒变大,都会影响测定结果。

(四)血清蛋白醋酸纤维素薄膜电泳法分类测定

1.原理　胶体颗粒在一定条件下可以带有电荷,带有电荷的胶体颗粒又可以借静电吸引力在电场中泳行,带正电荷者泳向负极,带负电荷者泳向正极,此种现象称为电泳。

血清中各种蛋白质都有它特有的等电点。各种蛋白质在各自的等电点时呈电中性状态,它的分子所带正电荷量与所带负电荷量相等。将蛋白质置于比其等电点较高的pH缓冲液中,它们将形成带负电荷质点,在电场中均向正极泳动。由于血清中各种蛋白质的等电点不同,带电荷量多少有差异,蛋白质的分子量大小也不同,所以在同一电场中泳动速度也不同。蛋白质分子小带电荷多,泳动速度较快;分子大而带电荷少,泳动较慢。血清蛋白在pH 8.6的巴比妥缓冲液中进行电泳,按其泳动速度可以分出以下的主要区带,从正极端起依次为白蛋白、α_1球蛋白、α_2球蛋白、β球蛋白及γ球蛋白等区带。

2.试剂配制

(1)巴比妥-巴比妥钠缓冲液(pH 8.6±0.1,离子强度0.06)　称取巴比妥2.21 g,巴比妥钠12.36 g于500 mL蒸馏水中,加热溶解,待冷至室温后,再用蒸馏水补足至1 L。

(2)染色液

丽春红S染色液　称取丽春红S 0.4 g及三氯醋酸6 g,用蒸馏水溶解,并稀释至100 mL。

氨基黑10B染色液　称取氨基黑10B 0.1 g,溶于无水乙醇20 mL中,加冰醋酸5 mL,甘油0.5 mL,使溶解。另取磺基水杨酸2.5 g,溶于74.5 mL蒸馏水中。再将二液混合摇匀。

(3)漂洗液

3% (V/V)醋酸溶液　适用于丽春红染色的漂洗。

甲醇45 mL、冰醋酸5 mL和蒸馏水50 mL,混匀,适用于氨基黑10B染色的漂洗。

(4)透明液

称取柠檬酸($C_6H_5Na_3O_7\cdot 2H_2O$) 21 g和N-甲基-2-吡咯烷酮150 g,以蒸馏水溶解,并稀释至500 mL。亦可选用十氢萘或液体石蜡透明。

(5)0.4 mol/L氢氧化钠溶液。

3.操作方法

(1)将缓冲液加入电泳槽内,调节两侧槽内的缓冲液,使其在同一水平面。

(2)醋纤膜的准备　取醋纤膜(2 cm×8 cm)一张,在毛面的一端(负极侧)1.5 cm处,用铅笔轻划一横线,作点样标记,编号后,将醋纤膜置于巴比妥-巴比妥钠缓冲液中浸泡,待充分浸透后取出(一般约20 min)。夹于洁净滤纸中间,吸去多余的缓冲液。

(3)将醋纤膜毛面向上贴于电泳槽的支架上拉直,用微量吸管吸取无溶血血清在横线处沿横线加3～5 μL。样品应与膜的边缘保持一定距离,以免电泳图谱中蛋白区带变形,待血清渗入膜后，反转醋纤膜，使光面朝上平直地贴于电泳槽的支架上，用双层滤纸或4层纱布将膜的两端与缓冲液连通，稍待片刻。

(4)接通电泳，注意醋纤膜的正、负极，切勿接错。电压90～150 V，电流0.4～0.6 mA/cm宽（不同的电泳仪所需电压、电流可能不同，应灵活掌握），夏季通电45 min，冬季通电60 min，待电泳区带展开约25～35 mm，即可关闭电源。

(5)染色　通电完毕，取下薄膜直接浸于丽春红S或氨基黑10B染色液中，染色5～10 min（以白蛋白带染透为止），然后在漂洗液中漂去剩余染料，直至背景无色为止。

(6)定量

①洗脱法　将漂洗净的薄膜吸干，剪下各染色的蛋白区带放入相应的试管内，在白蛋白管内加0.4 mol/L氢氧化钠6 mL（计算时吸光度乘2），其余各加3 mL，振摇数次，置37℃水箱20 min，使其染料浸出。氨基黑10B染色用分光光度计，在波长600～620 nm处读取各管吸光度，然后计算出各自的含量（在醋纤膜的无蛋白质区带部分，剪一条与白蛋白区带同宽度的膜条，作为空白对照）。

丽春红S染色，浸出液用0.1 mol/L氢氧化钠，加入量同上，10 min后，向白蛋白管内加40%（V/V）醋酸0.6 mL（计算时吸光度乘2），其余各加0.3 mL，以中和部分氢氧化钠，使色泽加深。必要时离心沉淀，取上清液，用分光光度计，在520 nm处，读取各管吸光度，然后计算出各自的含量（同上法做空白对照）。

②光密度计扫描法

透明：吸去薄膜上的漂洗液（为防止透明液被稀释影响透明效果），将薄膜浸入透明液中2～3 min（延长一些时间亦无碍）。然后取出，以滚动方式平贴于洁净无划痕的载物玻璃片上（勿产生气泡），将此玻璃片竖立片刻，除去一定量透明液后，置已恒温至90～100℃烘箱内烘烤10～15 min，取出冷至室温。用此法透明的各蛋白区带鲜明，薄膜平整，可供直接扫描和永久保存（用十氢萘或液体石蜡透明，应将漂洗过的薄膜烘干后进行透明，此法透明的薄膜不能久藏，且易发生皱折）。

扫描定量：将已透明的薄膜放入全自动光密度计暗箱内，进行扫描分析。

4.计算

$$\text{各组分蛋白百分数}=\frac{A_X}{A_T}\times 100\%$$

$$\text{各组分蛋白含量(g/L)}=\frac{\text{各组分蛋白百分数}\times\text{血清总蛋白含量}}{100}$$

式中：A_T为各组分蛋白吸光度总和；A_X为各个组分蛋白（Alb，α_1，α_2，β，γ）吸光度。

5.注意事项

(1)每次电泳时应交换电极，可使两侧电泳槽内缓冲液的正、负离子相互交换，使缓冲液的pH值维持在一定水平。然而，每次使用薄膜的数量可能不等，所以其缓冲液经10次使用后，应将缓冲液弃去。

(2)电泳槽缓冲液的液面要保持一定高度，过低可能会增加γ-球蛋白的电渗现象（向阴极移动）。同时电泳槽两侧的液面应保持同一水平面，否则，通过薄膜时有虹吸现象，将会影响蛋白分子的泳动速度。

(3)电泳失败的原因

①电泳图谱不整齐　点样不均匀、薄膜未完全浸透或温度过高致使膜面局部干燥或水分蒸发、缓冲液变质;电泳时薄膜放置不正确,使电流方向不平行。

②蛋白各组分分离不佳　点样过多、电流过低、薄膜结构过分细密、透水性差、导电差等。

③染色后白蛋白中间着色浅　由于染色时间不足或染色液陈旧所致;若因蛋白含量高引起,可减少血清用量或延长染色时间,一般以延长期 2 min 为宜。若时间过长,球蛋白百分比上升,A/G 比值会下降。

④薄膜透明不完全　温度未达到 90℃以上将标本放入烘箱,透明液陈旧和浸泡时间不足等。

⑤透明膜上有气泡　玻璃片上有油脂,使薄膜部分脱开或贴膜时滚动不佳。

四、作业与思考题

1. 如何进行血清总蛋白的测定？其有何临床意义？

2. 血清蛋白醋酸纤维素薄膜电泳法分类测定的结果判定标准与电泳失败的原因有哪些？

实验二十三　微量元素(铜、锌、硒)的测定

一、实验目的与要求

1.初步掌握全血中硒元素的测定方法,并了解其临床意义。

2.了解血清铜和锌的测定方法、步骤及其操作技术,并理解其临床意义。

二、实验器材

器械　荧光分光光度计、分光光度计、冰箱、干燥箱、试管、漏斗和棕色瓶等。

材料　硝酸、盐酸、硫酸、高氯酸、钼酸钠、EDTA 二钠盐、盐酸羟胺、甲酚红、氨水、环己烷、肝素、三氯醋酸、焦磷酸钠、枸橼酸钠、氢氧化铵、双环已酮草酰二腙、乙醇、硫酸铜、纯金属锌粒、十二烷基硫酸钠、维生素 C、氰化钠、N-N'-二甲基甲酰胺、水合氯醛和去离子水等。

三、实验内容与方法

(一)全血中痕量硒的测定——分子荧光光度法

1.原理　将样品用混合酸消化,使硒化合物氧化为无机 Se^{4+},在酸性条件下 Se^{4+} 与 2,3-二氨基奈(2,3-Diaminonaphthelene,DAN)反应生成 4,5-苯并苤硒脑(4,5-Benzopias elenol),然后用环已烷萃取。在激发光波长为 376 nm,发射光波长为 520 nm 条件下测定荧光强度,从而计算出样品中硒的含量。

2.试剂配制　试剂规格为分析纯或优级纯,均用去离子水(比电阻 30 万 Ω 以上)配制。

(1)标准硒溶液　精确称取元素硒 100 mg,溶于少量浓硝酸中,加入 2 mL 高氯酸(70%～72%),置沸水浴中加热 3～4 h,冷却后加入 8.4 mL 盐酸,再置沸水浴中煮 2 min。准确稀释至 1 000 mL,其盐酸浓度为 0.1 mol/L,此为储备液(100.0 g 硒/mL)。应用时用 0.1 mol/L 盐酸将储备液稀释至每毫升含 0.05 μg 硒,置于冰箱内备用。

(2)0.1%DAN 试剂　此试剂在暗室内配制。于带盖三角瓶中称取 DAN 200 mg,加入 0.1 mol/L盐酸 200 mL,振摇约 15 min 使其全部溶解。加入约 40 mL 环已烷,继续振摇 5 min,将此液倒入分液漏斗中,待分层后滤去环已烷层。收集 DAN 溶液层,反复用环已烷纯化直至环已烷中荧光降至最低时止。将纯化后的 DAN 溶液储于棕色瓶中,加入约 1 cm 厚的环已烷覆盖表层,置冰箱内保存。使用前再以环已烷纯化一次。

(3)混合酸液Ⅰ　称取钼酸钠($Na_2MoO_4 \cdot 2H_2O$)7.5 g 溶于 150 mL 水中,加入 200 mL 高氯酸(70%～72%)和 150 mL 去硒硫酸,混匀。去硒硫酸:以 1+1 硫酸溶液 400 mL,加入 48%氢溴酸 30 mL,混匀,置沙浴上加热至出现浓白烟,此时体积应为 200 mL。

(4)EDTA 混合液Ⅰ　将下述 A 液 100 mL,B 液 10 mL,C 液 5 mL 混合,加水稀释至

1 000 mL 后混匀。

A 液(0.2M EDTA 二钠盐)　称取 37 g EDTA 二钠盐加热至完全溶解于水中,冷却后稀释至 500 mL;

B 液(10%盐酸羟胺溶液)　称取 10 g 盐酸羟胺溶于水中,稀释至 100 mL;

C 液(0.002%甲酚红指示剂)　称取甲酚红 50 mg 溶于少量水中,加 1∶1 氨水 1 滴。等完全溶解后加水稀释至 250 mL。

(5)氨溶液(1+1)、浓盐酸(36%～38%)、环己烷　市售品需先测定有无荧光杂质,必要时重蒸后使用。用过的环己烷可重蒸后再用。

3.操作方法

(1)样品的采集和处理　取静脉血 1～2 mL 置已备好的试管中,加 1%肝素溶液或 10%草酸钾溶液 0.1 mL,10%草酸钠溶液 0.2 mL,置带色的试管中(勿用血、尿瓶塞及普通橡胶塞以免污染)于 60℃烤箱中烤干后,储于冰箱中。

(2)样品的消化　准确吸取含硒量为 0.01～0.5 μg 肝素抗凝全血或尿液 1 mL 于磨口三角瓶内,加 5 mL 混合酸液Ⅰ(毛发及织样品称量为 0.2 g),放置过夜。于沙浴上加热,当激烈反应发生后溶液变为清亮无色并伴有白烟出现,继续加热至溶液呈现黄色即达终点,立即取下,冷却后溶液变为无色。消化肝、肾等组织时,在消化过程中,若瓶壁上附有固体物,需将其摇下或用去离子水冲下。

(3)4,5-苯并苤硒脑的生成与测定　于上述消化完毕的溶液中加入 10 mL 混合酸液Ⅰ,混匀后溶液呈粉红色。用氨溶液(1∶1)及浓盐酸调至略成粉红橙色,pH 1.5～2.0(甲酚红指示剂 pH 1.5～2.0 为淡粉红橙色,pH 小于此范围时为深粉红色,pH 3 时为黄色,但在 pH 7.2～8.8 时又显红色),于冷水中冷却。以下操作需在暗室内进行,加入 0.1%DAN 试剂 3 mL,混匀后,置沸水浴中加热 5 min。取出冷却后,加环已烷 3.0 mL,振摇倾入带盖试管中,勿使环已烷中混有水滴,于荧光分光光度计上用激发光波长 376 nm,发射光波长 520 nm 测定苤硒脑的荧光强度。

(4)硒标准曲线　精确吸取标准硒溶液(0.05 μg/mL)0、1.0、2.0 及 4.0 mL(即 0、0.05、0.1 及 0.2μg 硒)均做双份,加去离子水至 5 mL 后,按样品步骤同时进行消化、测定。

已知硒含量在 0.5 μg 以下时荧光强度与硒含量呈线性关系,所以,在大量测定样品时,只需做空白和与样品硒浓度相近的标准管(双份)即可。

4.计算

$$\text{每克样品中的硒含量}(\mu g)=\frac{\text{标准硒含量}(\mu g)\times(\text{标准硒荧光读数}-\text{空白荧光读数})}{(\text{样品荧光读数}-\text{空白荧光读数})\times\text{样品重量}(g)}$$

(二)环己酮草酰二腙显色法测定血清铜的含量

1.原理　用稀盐酸使与白蛋白结合的铜释放,用三氯醋酸沉淀蛋白,滤液中的铜离子与双环己酮草酰二腙反应,生成稳定的蓝色化合物。

2.试剂配制

(1)2 mol/L 盐酸溶液。

(2)200 g/L 三氯醋酸溶液。

(3)缓冲液　饱和焦磷酸钠溶液 35.7 mL,饱和枸橼酸钠溶液 35.7 mL,浓氢氧化铵溶液

80.3 mL,加去离子水至 1 000 mL。

(4)铜标准贮存液(100 μg/mL 或 1.57 mmol/L)　精确称取硫酸铜($CuSO_4 \cdot 5H_2O$,AR)392.8 mg,加去离子水溶解并稀释至 1 000 mL。

(5)铜标准应用液(2 μg/mL 或 31.4 μmol/L)　取上述贮存标准液 2 mL,加去离子水稀释至 100 mL。

(6)铜试剂　称取双环己酮草酰二腙 0.5 g,加 50%(*V*/*V*)乙醇至 100 mL。

3.操作方法　取 3 支试管标明测定、标准和空白管,然后按表 2-18 操作。

表 2-18　血清铜测定操作步骤　mL

加入物	测定管	标准管	空白管
血清	1.0	—	—
铜标准应用液	—	1.0	—
去离子水	—	—	1.0
2 mol/L HCl	0.7	0.7	0.7
充分混匀,在室温中静置 10 min			
200 g/L 三氯醋酸	1.0	1.0	1.0
用玻棒混匀,在室温中放置 10 min,离心沉淀 10 min,各取上清液			
上清液	2.0	2.0	2.0
缓冲液	2.8	2.8	2.8
铜试剂	0.2	0.2	0.2

混匀,在室温中静置 20 min,用分光光度计 620 nm 波长,以空白管调零,读取各管吸光度,操作步骤见表 2-18。

4.计算

$$\text{血清铜浓度}(\mu\text{mol/L})=\frac{\text{测定管吸度度}}{\text{标准管吸光度}}\times 31.4$$

$$\text{血清铜质量浓度}(\mu\text{g/dL})=\frac{\text{血清铜}(\mu\text{mol/L})}{0.157}$$

5.注意事项　本法十分灵敏,所有试剂要求高纯度。试验中所用仪器、试管、抽血注射器应避免铜的污染。

(三)吡啶偶氮酚显色法测定血清微量元素锌的含量

1.原理　高价铁、铜被维生素 C 还原成低价,和其他金属离子一起被氰化物络合而掩蔽。水合氯醛使锌暴露而能与 2[(5-溴-2-2 吡啶)偶氮]-5-二乙基氨基苯酚(Br-PADAP)反应产生颜色,其吸收峰在 555 nm。锌含量与颜色呈正比,控制 pH 以消除钙、镁等金属离子的干扰。

2.试剂配制

(1)锌标准贮存液(1 g/L)　准确称取纯金属锌粒 200 mg,溶于 10 倍稀释的硝酸 20 mL 内,加去离子水至 200 mL。

(2)50 mg/L 锌标准贮存液　取 1 g/L 的锌标准贮存液 5 mL 于 100 mL 容量瓶中,用去离子水稀释至刻度。

(3)15.3 μmol/L 锌标准应用液　准确吸取 50 mg/L 锌标准贮存液 2 mL 于 100 mL 容量瓶中,用去离子水稀释至刻度。

(4)100 g/L 三氯醋酸溶液。

(5)SDS-Tris 缓冲液　取 150 g/L 十二烷基硫酸钠(SDS)溶液 40 mL,加 Tris 2.4 g 使其溶解后,再加维生素 C 250 mg 和氰化钠 75 mg,溶解后调 pH 值至 8.0,加去离子水至 50 mL。

(6)显色剂　称取 Br-PADAP 80 mg,加 N-N′-二甲基甲酰胺(或二甲亚砜)1 mL 使溶解,加 150 g/L SDS 溶液至 25 mL。

(7)水合氯醛溶液　称取水合氯醛 8 g,加去离子水 10 mL 溶解。

(8)150 g/L SDS 溶液　称取十二烷基硫酸钠(SDS)15 g,用 100 mL 去离子水溶解。

3.操作方法

取试管 3 支,分别标明测定、标准和空白管,然后按表 2-19 进行操作。

表 2-19　吡啶偶氮酚显色法操作步骤　　mL

试剂与步骤	测定管	标准管	空白管
血清	0.5	—	—
锌标准应用液	—	0.5	—
去离子水	—	—	0.5
100 g/L 三氯醋酸	0.5	0.5	0.5
混匀,10 min 后离心沉淀			
上清液	0.5	0.5	0.5
SDS-Tris 缓冲液	1.25	1.25	1.25
显色剂	1.25	1.25	1.25
水合氯醛溶液	1.0	1.0	1.0

4.计算

$$\text{血清锌浓度}(\mu\text{mol/L}) = \frac{A_U}{A_S} \times 15.3$$

式中:A_u 为测定管吸光度;A_s 为标准管吸光度。

5.注意事项

(1)本法所用器皿必须经 10%(V/V)硝酸浸泡过夜,然后用去离子水冲洗干净后备用。

(2)本法所用之水应为去离子水。

四、作业与思考题

1.怀疑动物硒中毒,除检测全血硒含量之外,还可以检测哪些组织样品中硒的含量?

2.铜主要分布在哪些内脏器官?怀疑猪因食入铜过量而发生中毒时,除检测血清铜含量之外,还可以检测哪些脏器中铜的含量?

3.测定血清锌的临床意义是什么?

实验二十四　血清钾、钠及氯化物的测定

一、实验目的与要求

1. 初步掌握血清中钠、钾离子和氯化物的测定方法。

2. 了解血清中钠、钾离子和氯化物的检测原理及其临床意义。

二、实验器材

器械　火焰分光光度计、冰箱、容量瓶和棕色瓶等。

材料　氯化钾、氯化钠、硫酸锂、硝酸锂、碳酸锂、氯化锂、醋酸钠、磷酸二氢钠、磷酸氢二钠、硝酸汞、硝酸、二苯胺脲、冰醋酸、明胶、麝香草酚蓝、麝香草酚和去离子水等。

三、实验内容与方法

(一)血清钾、钠的测定

1. 火焰光度法

(1)原理　钾、钠在火焰激发下发出一定波长的光，利用此原理可进行火焰光度分析。钾的波长为 767 nm，钠的波长为 589 nm，用相应波长的滤色片将谱线分离，然后通过光电管或光电池转换成电信号，经放大器放大后进行测量。样品溶液中钾、钠的浓度越大，所发射的光也愈强。用已知含量的标准液与待测标本液对比，即可计算出血清、尿液等标本中钾、钠的浓度。

(2)标准溶液　钾、钠混合标准液的浓度一般为 K^+ 5 mmol/L，Na^+ 140 mmol/L，有商品供应。

(3)操作方法　将血清和标准液用蒸馏水稀释 100 倍。用蒸馏水调零，测定标准液和血清的光强度。

(4)计算

$$Na^+\text{浓度(mmol/L)}=\frac{I_U}{I_S}\times 140$$

$$K^+\text{浓度(mmol/L)}=\frac{I_U}{I_S}\times 5$$

式中：I_U 和 I_S 分别表示测定和标准的光强度。

(5)注意事项

①溶血或延迟分离血清均可使血清钾浓度增高，应及时分离血清，置于具有塞子的试管内于冰箱中保存。若遇标本溶血，应在报告单上注明，以避免临床医生误解。

②放置测定管和标准管的位置及液面要一致,否则可影响结果。

③测定用的玻璃器皿必须用去离子水冲洗干净,不得有离子污染。测定时宜用小型烧杯,吸液前后液面差距尽量小,不宜用小口径试管。

④在测定过程中应保证空气压力和可燃气体压力的恒定。

⑤尿液标本钾、钠浓度波动范围大,故稀释倍数要作适当调整,使尿钾的测定浓度在10 mmol/L以内,尿钠的测定读数位于高、中、低3个标准管中两个标准读数之间,以便作比较法计算尿钠浓度。尿钠稀释方法见表2-20。

表2-20　尿液稀释方法

尿液/mL	去离子水/mL	稀释倍数
0.5	9.5	20
0.1	9.9	100
1∶100稀释尿2.0	8.0	500
1∶100稀释尿1.0	9.0	1 000

⑥火焰光度计的各种管道应保证通畅,不得有堵塞,燃料气压及助燃气压应保持恒定,其两者的比例要合适。

⑦每次测定应用定值质控血清作质量控制,若失控,应及时寻找产生错误的原因。

⑧国产火焰光度计所用燃料(汽油、液化石油气等)为易燃物,有一定的危险性,应注意安全。

2.离子选择电极(ISE)法

(1)原理　离子选择电极分析法是以测量电池的电动势为基础的定量分析方法。将离子选择电极和一个参比电极连接起来,置于待测的电解质溶液中,就构成一个测量电池,此电池的电动势(E)与被测离子活度的对数符合能斯特(Nernst)方程。

$$E=E_0+\frac{2.303RT}{nF}\lg a_x \cdot f_x$$

式中:E_0为离子选择电极在测量溶液中的电位;E为离子选择电极的标准电极电位;n为被测离子的电荷数;R为气体常数(8.314 J/(K·mol));T为绝对温度(273+t℃);F为法拉第常数(96 487C/mol);a_x为被测离子的活度;f_x为被测离子活度系数。

离子选择电极由钾、钠离子不同活度的作用而产生不同的电位。这种电位的变化由离子活度所决定,与钾、钠离子的浓度成比例。

用离子选择性电极测定钾钠的方法有两种,一种是直接电位法,一种是间接电位法。

直接电位法　样品(血清、血浆、全血)或标准液不经稀释直接进入ISE管道作电位分析,因为ISE只对水相中离解离子选择性地产生电位,与样品中脂肪、蛋白质所占据的体积无关。一些没有电解质失调而有严重的高血脂和高蛋白血症的血清样品,由于每单位体积血清中水量明显减少,定量吸取样品作稀释后,再用间接电位法或火焰光度法测定,会得到假性低钠、钾血症,但用直接电位法就能真实反应符合生理意义的血清水中离子的活度(脂质和蛋白质占据体积无关)。文献报道,直接电位法比间接电位法或火焰光度法高2%～4%。有的厂家生产的直接钠钾离子分析仪,为了能与火焰光度法测得结果一致,设有血清水中钠钾数值与火焰光度法数值相互校正的计算程序。如果选用这个程序,当样品血清蛋白质和脂肪含量在正常范围内，直接电位法与火焰光度法数值相同，如为高血脂、高蛋白或低蛋白样品，则二者结果将有差异。

间接电位法　样品（血清、血浆、脑脊液）与标准液要用指定离子强度与 pH 的稀释液作高比例稀释，再送入电极管道，测量其电位，这时样品和标准液的 pH 和离子强度趋向一致，所测溶液的离子活度等于离子浓度，所以间接电位所测得结果与火焰光度法相同，以 mmol/L 浓度报告。

(2)试剂配制　各厂家生产的仪器所需试剂都是配套供应的。间接 ISE 分析时低、高浓度斜率液及血清用指定 pH、离子强度的稀释液作高度稀释，离子活度即为离子浓度，斜率液可在指定 pH 的缓冲液中添加指定浓度的 NaCl 与 KCl 即可，容易配制成功。直接 ISE 是测定离子活度的，离子活度与溶液的 pH 及离子强度有关。低、高浓度斜率液除用 NaCl 与 KCl 外，还要添加特定量的醋酸钠或磷酸二氢钠/磷酸氢二钠，调节特定 pH 来模拟血清水的离子活度，不同厂家的电极敏感性不一，自配斜率液比较困难。最好使用原厂家供应的配套试剂。

(3)操作方法　生产钠钾离子选择电极分析仪的厂家很多，所用的电极基本相同，钠多采用硅酸锂铝玻璃电极膜制成，寿命较长。钾电极多采用缬氨霉素膜制成，这种电极膜有规定的使用寿命，需定期更换。

各种型号 ISE 分析仪的试剂配方、试剂用量、操作方法有所不同，一般步骤如下：

①开启仪器，清洗管道。

②用适合本仪器的低、高值斜率液进行两点定标。

③间接电位法的样品由仪器自动稀释后再行测定。直接电位法的样品可直接吸入电极管道进行测定。

④测定结果由仪器内微处理器计算后打印数值。

⑤每天用完后清洗电极和管道后再关机。

(4)注意事项

①ISE 法优点是选择性高，钠电极选择比 Na∶K＝300∶1。缬氨霉素钾电极选择比 K∶Na ＝ 5 000∶1。

②标本用量少，直接电极法可以用全血标本。

③不需要燃料，安全。

④自动化程度高。

⑤可与自动生化分析仪组合。

火焰光度法和离子选择电极法是医学检验规程推荐的测定血清钾、钠的方法，火焰光度法测定结果准确而方便快速，但仪器较贵且消耗费用较高，离子选择电极法操作较麻烦，兽医诊疗部门还难以推广。目前许多兽医诊所已拥有生化分析仪，因此，可以用其进行测定血清钾、钠。

3. 全自动或半自动生化分析仪测定血清钾、钠　购买钾、钠试剂盒，按照试剂盒说明书的步骤用全自动或半自动生化分析仪测定血清钾、钠的含量。

(二)氯化物的测定

1. 硝酸汞滴定法

(1)原理　用标准硝酸汞溶液滴定血清(浆)、尿液或脑脊液中的氯离子，生成可溶性的而难解离的氯化汞(不与二苯胺脲指示剂起反应)。当滴定到达终点时，过量硝酸汞中的汞离子与二苯胺脲作用,呈淡紫红色。根据硝酸汞的消耗量,计算出氯化物的浓度。

(2)试剂配制

①硝酸汞溶液(2.5 mmol/L)　称取硝酸汞 $Hg(NO_3)_2 \cdot H_2O$ 0.875 g,溶于含有 3 mL 浓硝酸的去离子水 1 L 中,此溶液配制后,放置 2 d,经滴定标化后使用。

②指示剂　称取二苯胺脲(二苯偶氮碳酰肼或称二苯基卡巴腙)0.1 g,溶于 100 mL 95%乙醇中,置棕色瓶内,放冰箱保存,可使用 1 个月。

③氯化物标准液(100 mmol/L)　将氯化钠(AR)置 110～120℃烘箱中干燥 4 h,取出置干燥器中至恒重,准确称取 5.845 g,置 1 L 容量瓶中,以去离子水溶解并稀释至刻度。

④0.1 mol/L 硝酸。

(3)操作方法

①用血清直接测定　在试管中加入血清(浆)、尿液或脑脊液 0.1 mL,加去离子水 1 mL,指示剂两滴,混合,此时出现淡红色。用硝酸汞溶液以微量滴定管进行滴定,边滴边混匀,淡红色渐消退至出现不消褪的淡紫色为终点,记录硝酸汞溶液用量(mL)。在另一试管中加入氯化物标准液 0.1 mL,如标本一样滴定,记录硝酸汞溶液用量(mL)。

②用血滤液测定　如果标本溶血、黄疸、重度混浊,用血清直接测定时终点难以判定。可取血清 0.2 mL 于小试管中,加入钨酸蛋白沉淀剂 1.8 mL,边加边摇,放置数分钟后离心。取血滤液 1 mL 于试管中,加入指示剂 2 滴,如上法一样滴定至出现不消褪的淡紫色,记录硝酸汞溶液的用量(mL)。

(4)计算

$$\text{氯化物浓度(mmol/L)}=\frac{\text{滴定标本用去硝酸汞溶液量(mL)}}{\text{滴定标准液用去硝酸汞液量(mL)}}\times 100$$

$$\text{24 h 尿液氯化物含量(mmol/L)}=\text{尿氯化物浓度(mmol/L)}\times\text{24 h 尿量(L)}$$

(5)注意事项

①试验所用器皿必须洗净,滴定管固定专用,以保证结果准确一致。

②采血后迅速将血浆或血清分离,以免因血浆中 HCO_3^- 与红细胞内氯离子发生转移而使血浆氯化物测定结果偏高。

③不去除蛋白标本的滴定结果要比除蛋白者约高 1～2 mmol/L,这可能是部分汞离子与蛋白质相结合的缘故。

④脑脊液、尿液标本如混浊或含有血液,应先离心后取上清液进行滴定。

⑤指示剂的选择　用于氯化物测定的二苯氨脲指示剂有两种:一种为二苯卡巴腙(diphenyl carbazone),化学名称为苯基碳偶氮苯或二苯偶氮碳酰肼,这种指示剂终点明显、稳定。另一种为二苯卡巴肼(diphenylcarbazide),化学名称为二苯基碳酰二肼,这种指示剂终点不太明显,变色迟缓。就灵敏度而言,前者比后者约高 3 倍,故购买时应选择前者。配好的指示剂不太稳定,曝光后更易变质,故必须置棕色瓶中避光保存。

⑥pH 对显色的影响　此法滴定的标本应为弱酸性(pH 6.0 左右)。滴定终点明显,若标本偏碱(如碱性尿),加指示剂后出现红色,应加稀盐酸数滴,使红色消失,再行滴定,但过酸(pH 4.0 以下)终点也不明显。

⑦每天在滴定标本的同时应与定值质控血清一起进行,以利于保证质量。

2.电量分析法 临床化学常用的氯化物测定仪是一种用电量滴定法测定氯化物的专用仪器,国内有数家仪器厂生产。此法操作简便,也适合于常规检验用。

(1)原理 体液中氯化物电量滴定法是用仪器在恒定的电流和在不断搅拌的条件下,以银丝为阳极,不断生成的银离子与氯离子结合,生成不溶性的氯化银沉淀。当标本中氯离子与银离子完全作用时,溶液中出现游离的银离子,此时溶液电导明显增加,使仪器的传感装置和计时器立即切断电流并自动记录滴定所需时间。溶液中氯化物浓度用法拉第常数进行计算(96487 C/mol 氯化物)。库仑与滴定时间和电流的乘积成正比。但在实际应用中不测电流,只需精确测定滴定标本所需时间与滴定标准液所需时间进行比较,最后由微处理器自动换算成浓度,数字显示测定结果,以 mmol/L 报告。

(2)试剂配制

①酸性稀释液 取冰醋酸 100 mL、浓硝酸 6.4 mL 置于约盛 800 mL 蒸馏水的 1 L 容量瓶中,用蒸馏水稀释至刻度,此溶液较稳定。

②明胶溶液 溶解明胶 6 g、水溶性麝香草酚蓝 0.1 g 及麝香草酚 0.1 g 于 1 000 mL 热蒸馏水中,冷却并分装于试管中,每管约 10 mL,塞紧并置于冰箱保存,明胶溶液在室温中不稳定,室温过夜后即不能使用。

③氯化物标准液(100 mmol/L) 配制方法与上法相同。

(3)操作方法

①血清(浆)或脑脊液 于滴定杯内加入去离子水 0.1 mL,酸性稀释液 4 mL,明胶溶液 4 滴,调节仪器使读数为零。每天测定前应先用氯化钠标准液校准仪器。较标时,加氯化钠标准液 0.1 mL,酸性稀释液 4 mL,明胶液 4 滴,调节标准读数,使显示为 100 mmol/L。同法滴定标本,以 0.1 mL 样品代替标准液,读出测定结果。

②尿液 尿中氯化物含量的波动范围比血液大,为使标本量适应仪器的测定范围,需要取不同的标本量。标本用量不得少于血清的 1/3,亦不宜超过血清量的 1 倍,即 0.03～0.2 mL。

(4)注意事项

①每次滴定后,银电极用蒸馏水清洗数次后擦干。

②本法线性范围可达 150 mmol/L。

③不同厂家仪器的操作方法和维护保养略有差别,严格按照说明书使用。

3.全自动或半自动生化分析仪测定法 购买氯化物测定试剂盒,按照试剂盒说明书的要求及步骤用全自动或半自动生化分析仪测定氯化物的含量。

四、作业与思考题

1.低钾血症的病因是什么?

2.严重腹泻时血钠浓度可能有何变化?

3.血清中氯化物的检测有何临床意义?

实验二十五　血清钙、磷、镁的测定

一、实验目的与要求

1. 初步掌握血清钙、磷、镁的测定方法。

2. 了解血清钙、磷、镁测定的临床意义。

二、实验器材

器械　分光光度计、冰箱、容量瓶和吸管等。

材料　草酸铵、硫酸、高锰酸钾、碳酸钙、盐酸、乙二胺四乙酸二钠、钙红、甲醇、氢氧化钠、三氯醋酸、钼硫酸、氯化亚锡、聚乙烯醇和钛黄等。

三、实验内容与方法

(一)血清钙测定

1. 原理　在碱性条件下血清 Ca^{2+} 与钙红指示剂结合成淡红色的可溶性络合物。乙二胺四乙酸二钠(EDTA · Na_2)对 Ca^{2+} 的亲和力大,能与该络合物中的钙离子结合,使指示剂重新游离变蓝色。故以 EDTA · Na_2 滴定到溶液由红色变蓝色时,即表示反应到达终点。消耗 EDTA · Na_2 的量与 Ca^{2+} 成正比。以同样方法滴定已知钙含量的标准液,从而计算出血清钙的含量。其反应式可简写为:

$$\text{EDTA}-2\text{Na}\rightarrow\text{EDTA}-\text{Ca}$$

2. 试剂配制

(1)钙标准液(1 mL＝0.1 mg 钙)　取碳酸钙少量置蒸发皿中,于 110～120℃干燥 2～4 h,移入硫酸干燥器中冷却。精确称取干燥碳酸钙 250 mg 于烧杯中,加蒸馏水 40 mL 及当量盐酸 5 mL 溶解,移入 1 000 mL 容量瓶,以蒸馏水清洗烧杯数次,洗液一并倾入容量瓶,加蒸馏水稀释至 1 000 mL。

(2)EDTA 溶液　乙二胺四乙酸二钠 150.0 mg,1 mol/L 氢氧化钠溶液 2.0 mL,蒸馏水加至 1 000 mL。

(3)钙红指示剂　称取钙红(2-萘酚-4-磺胺-1-偶氮-2-羟基-3-萘甲酸)0.1 g,溶于甲醇 20 mL中。

(4)0.2 mol/L 氢氧化钠溶液。

3. 操作步骤　具体操作见表 2-21。

表 2-21　操作步骤　mL

步　骤	标准管	测定管	空白管
血清	—	0.2	—
钙标准液	0.2	—	—
蒸馏水			0.2
0.2 mol/L 氢氧化钠液	1.0	1.0	1.0
分别加钙红指示剂 1 滴，立即用 EDTA 溶液滴定，至溶液呈蓝色为止，记录各管所消耗的 EDTA 的用量			

4. 计算

$$\text{每百毫升血清中钙含量(mg)}=\frac{\text{测定管用量}-\text{空白管用量}}{\text{标准管用量}-\text{空白管用量}}\times 0.02\times\frac{100}{0.2}$$

5. 正常值　健康动物血清中钙含量数值见表 2-22。

表 2-22　健康动物血清钙数值　mg/100 —mL

畜种	平均值	变动范围	测定方法
马	10.63	9.33～11.93	EDTA 法
骡	10.85	9.45～12.25	EDTA 法
牛(公)	11.61	11.42～11.85	EDTA 法
犊牛	11.45	11.14～11.71	EDTA 法
乳牛		9.71～12.14	EDTA 法
牦牛(泌乳)	11.57	7.30～11.30	EDTA 法
牦牛(母,育成)	8.91	7.70～10.50	EDTA 法
牦牛(犊)	9.03	8.10～11.80	EDTA 法
绵羊	—	12.16±0.28	—
山羊	—	10.30±0.70	—
猪(母,妊娠)	—	10.11±1.08	—
小猪(断奶)	10.47	8.33～12.61	EDTA 法
仔猪(哺乳)	10.84	8.36～13.32	EDTA 法
犬	—	10.16±2.04	—
猫	—	8.22±0.97	—

单位换算：血清钙含量(mg/dL)＝血清钙浓度(mmol/L)×4

6. 临床意义

(1)钙的生理和调节　细胞外液中离子钙浓度维持在一个很窄的范围内。甲状旁腺激素(PTH)、维生素 D 及降钙素共同作用，构成钙平衡调节系统。钙在肠道吸收，贮存于骨骼，经肾排泄。

甲状旁腺激素　使血浆 Ca^{2+} 升高；动员骨骼中钙；增加肾小管对 Ca^{2+} 的重吸收；增加尿中磷的排泄；提高肠道对钙的吸收；增加肾脏中 1-羟化酶活性，促进活性维生素 D 的形成，即将 25-羟钙化醇转变为 1,25-二羟钙化醇。

维生素 D 的作用　主要是增加小肠对钙、磷的吸收。

降钙素的作用　使血浆钙降低。

通常检验的是血浆或血清中的总钙;血浆总钙的40%为离子钙,10%为复合性钙,另50%为蛋白结合钙;离子钙是血浆总钙中具有生物学活性的部分。但离子钙无常规实用的方法检测。离子性钙对维持神经肌肉的正常兴奋性具有重要作用,钙浓度发生严重变化时(高钙或低钙血症),常出现神经肌肉障碍的临床症状。

(2)低钙血症　低钙血症的原因:低蛋白血症、肾衰竭、产后搐搦、甲状旁腺功能减退、小肠吸收不良和维生素D缺乏。其症状表现为:肌肉震颤、痉挛;全身性癫痫、步态改变、共济失调或轻瘫;动物不安、喘息,异常兴奋、嚎叫;心动过速;体温升高;多饮或多尿。

(3)高钙血症　高钙血症的原因:假甲状旁腺功能亢进症、骨溶性病变、原发性甲状旁腺功能亢进症、维生素D过多症、肾衰竭。其症状表现为:多饮多尿,脱水,肾前性氮血症,肾源性衰竭;食欲减退,呕吐,便秘;全身肌无力,骨骼疼痛而跛行;精神沉郁或昏迷,癫痫或肌肉颤搐;心律不齐,严重时出现室性纤颤等。

目前许多兽医诊所和院校拥有全自动或半自动生化分析仪,可购买钙试剂盒,按照说明书的要求及步骤进行钙含量的测定。

(二)血清无机磷测定

无机磷测定主要有磷钼蓝法和紫外分光光度法,前者又可根据是否去蛋白和还原剂的种类分多种方法。其中以三氯乙酸沉淀蛋白、硫酸亚铁作还原剂的钼蓝法应用最多,但因其操作繁琐已逐步被不除蛋白法所替代。

1.磷钼酸比色法测定血清无机磷

(1)原理　以三氯醋酸沉淀血清中蛋白质,血清无机磷仍保留在酸性滤液中。于滤液中加钼酸试剂,则与滤液中的磷结合成磷钼酸;再以氯化亚锡把它还原成蓝色的化合物钼蓝;与同样处理的标准液比色,求得无机磷的含量。

$$(NH_4)_2MoO_4 + H_2SO_4 \rightarrow H_2MoO_4 + (NH_4)_2SO_4$$

$$12H_2MoO_4 + H_3PO_4 \rightarrow H_3PO_4 \cdot 12\ MoO_3 + 12H_2$$

$$H_3PO_4 \cdot 12\ MoO_3 \xrightarrow{SnCl_2} \text{钼蓝}$$

(2)试剂配制　10%三氯醋酸溶液;磷酸盐贮存标准液(1 mL=0.1 mg 磷);磷酸盐应用标准液(1 mL=0.01 mg 磷);钼硫酸试剂;氯化亚锡贮存液;氯化亚锡应用液。

(3)操作方法　采血后尽快分离血清,取血清1 mL,加10%三氯醋酸4 mL,混匀。静置1~2 min后,过滤。每2 mL滤液中含血清0.4 mL,按表2-23进行操作。

表2-23　操作步骤　mL

步　骤	测定管	标准管	空白管
无蛋白血滤液	2.0	—	—
磷酸盐应用标准液	—	2.0	—
蒸馏水	5.0	5.0	7.0
钼硫酸试剂	2.0	2.0	2.0
混匀后立即加入氯化亚锡应用液	1.0	1.0	1.0
立即混匀,静置1 min,用640~700 mm滤光片,以空白管调零,分别测定各管的光密度			

(4)计算

$$每百毫升血清中磷含量(mg)=\frac{测定管光密度}{标准管光密度}\times 0.02\times \frac{100}{0.4}=\frac{测定管光密度}{标准管光密度}\times 5$$

(5)正常值　健康动物血清中无机磷含量的数值见表 2-24。

表 2-24　健康动物血清无机磷的数值　mg/100 mL

畜种	平均值	变动范围
马	4.62	2.55～6.69
马	4.45	2.85～6.05
骡	3.19	2.73～4.65
驴	5.55±1.98	—
黄牛	6.96±3.37	—
乳牛(公)	6.50	4.23～9.0
乳牛(母)	5.96	3.33～10.5
水牛	5.38±1.27	—
牦牛	6.36	4.8～8.0
绵羊	3.78±0.78	—
猪	6.30±1.43	—
仔猪(哺乳)	7.91	5.21～10.64
犬	3.1	2.2～4.0
猫	—	6.40±1.17

单位换算:血清无机磷(mg/dL)=血清无机磷(mmol/L)×3.1

(6)临床意义

①血浆无机磷降低的原因　甲状旁腺机能亢进,抑制肾小管重吸收磷,尿磷排泄增多。佝偻病、骨软症、维生素 D 不足。

②血浆无机磷升高的原因　甲状旁腺机能减退,肾小管重吸收磷失去控制,磷重吸收增多。肾功能不全或衰竭,尿毒症及慢性肾炎晚期,磷酸盐排泄障碍。维生素 D 过多症,促进肠道钙、磷吸收。

注:

(1)过去使用的还原剂除硫酸亚铁外,还有氯化亚锡、维生素 C 等,不同还原剂效果不同。

(2)样本不应溶血,因红细胞中有机磷含量高,酶类水解可使血清无机磷升高。

(3)所用器皿需清洁、无磷污染,注意有些洗涤剂中含磷。

(4)去蛋白后吸取上清液时注意勿搅起沉淀。

2.菲尼酮还原比色法　菲尼酮还原比色法是近年来建立的不除蛋白磷钼蓝比色测定法。具有还原剂稳定、不需除蛋白和用血少等特点。

(1)原理　待检样品中无机磷与钼酸铵结合成磷钼酸,然后被菲尼酮还原为磷钼蓝,与同样处理的标准液比色,即可求得样品中无机磷的含量。

(2)试剂配制

试剂 A　2.4 g 钼酸铵溶解于 900 mL 水中后再慢慢加入浓硫酸 52 mL,Triton X-100 3.2 mL,加水至 1 000 mL。

试剂B 1.6 g菲尼酮和20 g Na_2SO_4 溶于1000 mL水中,必要时加热助溶,置棕色瓶中避光保存。

1.29 mmol/L磷标准液 一般有商品标准液供应。

(3)操作步骤 测定管(U)、标准管(S)和空白管(B)依次加血清(或20倍稀释尿液)、标准液和水100 μL,各加试剂A 2 mL,试剂B 2 mL,混匀后于37℃放置15 min,用1 cm杯,以空白管调零比色,波长650 nm。

(4)计算

$$P=\frac{A_U}{A_S}\times 1.29$$

(5)注意事项

①菲尼酮是还原剂中最稳定的一种,但也需避光保存。

②加入试剂的顺序应先A液、后B液,否则可能引起浑浊,血浆不适于做此实验。

③试剂A中硫酸浓度要准确,酸度过低可导致浑浊。

④每次测定均应同时测定标准管。测定、标准同时在室温显色也不影响结果。

⑤样本测定要及时,否则有机磷化合物可分解成磷酸根,而使结果明显偏高。

可购买无机磷试剂盒,用全自动或半自动生化分析仪进行血清无机磷的测定。

(三)血清镁测定

1.原理 血清中的镁在氢氧化钠介质中形成氢氧化镁胶体粒子,它与钛黄的结合物呈现橘红色,显色强度与血清中镁的浓度成正比。加入聚乙烯醇使颜色处于稳定状态。

2.试剂配制 镁贮存标准液(20 mmol/L);镁应用标准液(0.2 mmol/L);0.1%聚乙烯醇溶液;0.5%钛黄溶液;0.02%钛黄溶液;7.5%氢氧化钠溶液。

3.操作步骤 具体操作步骤见表2-25。

表2-25 操作步骤 mL

步骤	低标准管	高标准管	测定管	空白管
镁应用标准液	1.0	2.0	—	—
血清	—	—	0.2	—
重蒸馏水	2.0	1.0	2.8	3.0
充分混匀				
0.1%聚乙烯醇	0.5	0.5	0.5	0.5
充分混匀				
0.02%钛黄溶液	0.5	0.5	0.5	0.5
充分混匀				
7.5%氢氧化钠溶液	1.0	1.0	1.0	1.0
充分混匀,以空白管调零,5~30 min内用540 nm滤光板比色,读取各管光密度				

4.计算

低标准管: $$镁浓度(mmol/L)=\frac{测定管光密度}{标准管光密度}\times 0.2\times\frac{1.0}{0.2}$$

换算：　　　　　每百毫升血清中镁含量(mg)＝镁 mmol/L×2.4

5.正常值　健康动物血清中镁的含量数值见表 2-26。

表 2-26　健康动物血清镁的数值　　mg/100 mL

畜种	平均值	变动范围
马	2.62	1.69～3.55
骡	2.62	1.73～3.51
牛	2.31	1.8～3.2
绵羊	2.62	1.9～3.9
山羊	—	1.69±0.51
猪	1.90	1.55～2.16
犬	2.28	1.68～2.88
猫	2.64	—

6.临床意义

(1)血清镁增高

①乳牛产后瘫痪　多数病例血清镁中等程度增高，可达 4～5 mg/100 mL。

②急性或慢性肾功能衰竭。因肾小球滤过率降低，导致血清镁的滞留。

③治疗低镁血症时，一旦镁剂用量过大或静脉注射速度过快，会使血镁急剧上升，甚至危害生命。

(2)血清镁降低

①牛、羊青草搐搦。当血清镁降至 1～2 mg/100 mL 时，病畜常不显临床症状；而血清镁降至 1 mg/100 mL 以下后，病畜多呈搐搦症状。

②犊牛低血镁搐搦。病犊血清镁常低于 0.8 mg/100 mL，血清钙常同时降低。

③长期使用肾上腺皮质激素类药物。使尿镁排泄增多，血清镁下降。

可购买镁测定试剂盒，用全自动或半自动生化分析仪测定血清镁的含量。

四、作业与思考题

1.畜禽哪些营养代谢病会出现低钙血症？

2.维生素 D 在钙磷代谢中有何生理作用？

3.静脉注射治疗低血镁时，应注意哪些事项？

实验二十六　食盐中毒的检验

目前尚无理想的快速检验食盐中毒的方法，这主要是因为食盐是动物体的正常成分，所以一般用胃肠内容物等检材进行定性无诊断意义。一般诊断食盐中毒的方法有：

1. 临床症状诊断。

2. 观察脑组织的病理变化。

3. 检查眼结膜囊内液有无氯离子的存在。

4. 测定剩余饲料中氯化物的含量。

5. 测定肝中氯化物的含量。

6. 测定血清中钠离子的含量。

一般外检病例不需要全部采用上述 6 种方法检测。如动物未死可检查剩余饲料和眼结膜囊内液氯化物，测定血清钠离子的含量来确诊。如动物已死，取动物的脑进行病理组织检查或取肝脏测定氯化物的含量。

一、实验目的与要求

1. 掌握眼结膜囊内氯化物和肝中氯化物含量的测定方法。

2. 了解饲料中氯化物含量(硫氰酸盐反滴定法)检测方法的操作过程及其原理。

二、实验器材

器械　粉碎机、研钵、分样筛(孔径 0.45 mm)、分析天平或电子天平(分度值 0.1 mg)、手术剪、试管、吸管、移液管、小玻璃瓶、容量瓶、酸式滴定管和小烧杯等。

材料　硝酸、硫酸铁、硫氰酸铵、氯化钠、硝酸银、铬酸钾、蒸馏水和定性滤纸等。

三、实验内容与方法

(一)眼结膜囊内氯化物的检查

1. 原理　氯化物的氯离子在酸性条件下与硝酸银中的银离子结合，生成不溶性的氯化银白色沉淀。

2. 试剂配制　酸性硝酸银溶液：取硝酸银 1.75 g 和硝酸 25 mL 溶于 75 mL 蒸馏水即可。

3. 操作方法　用小吸管吸取眼结膜囊内液少许，放入盛有 2～3 mL 水的洁净试管中，加入酸性硝酸银溶液 1～2 滴，如有氯化物存在就呈白色混浊，混浊程度随着氯化物含量的增加而加大。

(二)肝中氯化物含量的测定

1. 原理　氯化物与硝酸银作用生成氯化银，当硝酸银过量时即可与指示剂铬酸钾作用，生成砖红色的铬酸银沉淀，以硝酸银的消耗量换算出氯化物的含量。

2.试剂配制

(1)0.1 mol/L 硝酸银溶液(称取硝酸银 17 g，加水稀释至 1 000 mL，然后用 0.1 mol/L 氯化钠标化)。

(2)0.01 mol/L 硝酸银溶液(用已标化的 0.1 mol/L 硝酸银溶液稀释至 0.01 mol/L 的浓度)。

(3)5%铬酸钾溶液。

3.操作方法　将约 10 g 肝组织放入 50 mL 管(或小玻璃瓶)中，用干净小剪刀剪碎后称取 3.0 g 放入 15 mL 瓶中，加蒸馏水约 80～90 mL，30℃下(夏季室温，冬季可水浴)浸泡 15 min 并不时用玻璃棒搅拌或用手摇动，过滤并将滤液过滤入 100 mL 容量瓶中定容。

用 10 mL 移液管取上述制备的滤液 10 mL 放入小烧杯中，加入 5%铬酸钾指示剂 0.5 mL，用 0.01 mol/L 硝酸银缓慢滴定，当溶液刚出现砖红色时停止，再加水 50 mL 左右稀释，如果经放置片刻砖红色不消失并有红色沉淀出现时，表明已达终点；如果溶液又变黄说明未达终点，需继续用硝酸银滴定，直至砖红色不消失为止，记下硝酸银的消耗量，再多加一滴作为参比溶液。

分别取 3 份样品各 10 mL 滤液作为正式样品，取 0.55%铬酸钾指示剂，分别用 0.01 mol/L 硝酸银滴定至出现明显砖红色混浊并不消失为止(与参比溶液对照观察)。记录每份样品消耗 0.01 mol/L 硝酸银的毫升数，取其平均值进行计算。

4.计算

$$\alpha(\%)=\frac{0.000\ 585\times b\times c\times 100}{d\times e}$$

式中：b 为滴定时消耗 0.01 mol/L 硝酸银溶液的毫升数；c 为滤过物的毫升数；d 为用来滴定滤过物的量(即滴定时取样量的毫升数)；e 为用来分析标本的量(即做分析时取检材的克数)。

例如：取肝 3.0 g，滤过物总体积为 100 mL，取样量为 10 mL，滴定时消耗的 0.01 mol/L 硝酸银溶液量为 2.5 mL，则氯化物含量(以氯化钠计算)为：

$$\text{NaCl}(\%)=\frac{0.000\ 585\times 2.50\times 100\times 100}{10\times 3.0}=0.487\ 5\%$$

猪正常时，肝中氯化物含量(以氯化钠计算)为 0.17%～0.20%，当中毒时可升高至 0.4%～0.6%。

正常鸡肝中氯化钠为 0.45%，中毒时肝中氯化钠含量可高达 0.58%～1.88%。

5.注意事项

(1)本法是摩尔最早创始的，所以统称为摩尔法，适用于微量氯化物含量的测定。在用硝酸银滴定时，所有氯化物皆形成氯化银沉淀后，过量的银即与指示剂溶液形成红色的铬酸银沉淀。

(2)检材为肝脏如果没有腐败且滤液接近中性时可直接滴定。摩尔滴定法滴定要求的酸碱度为 6.5～10.5。如果检材滤液 pH 低于 6.5 时，可加硼砂或碳酸氢钠调整滤液的 pH 值，高于 7.0 以上时再进行滴定。

(3)如果取样量较多可用 0.05%硝酸银滴定。如果取样品 3 g 制成 100 mL 混合液，取

20 mL进行滴定时,可用0.02%硝酸银滴定或用0.01%硝酸银滴定。

(4)经煮沸后的滤液应冷至室温后再进行滴定,不能在热的情况下进行,随着温度升高,硝酸银的浓度亦增加,因而对银离子的灵敏度降低,所以欲得到良好的结果,需在室温下进行。

四、作业与思考题

1. 试述眼结膜囊内氯化物和肝中氯化物含量的测定原理和方法。

2. 怀疑猪因食入饭馆泔水发生食盐中毒后应该采集哪些样品进行氯化钠含量测定?

实验二十七　未孕母牛生殖器官的直肠检查

一、实验目的与要求

1. 掌握未孕母牛生殖器官的直肠检查方法。

2. 熟悉未孕母牛生殖器官各部分的正常位置、形态、大小、质地等特点，为妊娠诊断及生殖器官疾病诊断奠定基础。

二、实验器材

器械　六柱栏保定架、直径 2～3 cm 的绳子、指甲剪、脸盆。

材料　青年母牛及不同胎次未孕母牛各若干头；青年母牛及未孕经产母牛生殖器官标本及图片；石蜡油、一次性长臂手套、胶靴、胶皮裙、肥皂和毛巾等。

三、实验内容与方法

(一)子宫颈的检查

1. 子宫颈的位置　正常未孕状态下，母牛的子宫颈呈纵向卧于骨盆腔底部，但由于子宫颈游离性比较大，因此，其在盆腔内的位置会随着子宫的状态及是否努责而发生改变。当母牛怀孕或发生子宫内积液、积脓而使子宫体积及重量增加时，常将子宫颈拉向骨盆腔的前缘；而当母牛努责时，往往可以将子宫颈挤向骨盆腔的侧壁或肛门入口处，走向也可能由纵向变为横向；由于子宫颈位于膀胱之上，当膀胱充满尿液时，子宫颈的位置也可能偏移。

2. 子宫颈的大小和质地　子宫颈大小随母牛的年龄、胎次、繁殖状态及是否有疾病而异，一般长 7～10 cm，如人的手掌宽度；直径 2～3 cm，如人的食指或拇指精细，其后端稍粗，直径 3～4 cm，若为青年母牛，子宫颈细如人的小指。子宫颈质地如橡胶棒。如果子宫颈粗细不均、质地变硬，说明其中某些区段可能以前或现在发生了炎症或损伤，并形成了瘢痕组织。

3. 子宫颈触诊方法　当手臂进入母牛肛门后，将五指并拢并稍稍弯曲，用小指及手掌的外缘轻压直肠壁，从骨盆腔一侧向另一侧缓缓移动，探查子宫颈。当触到一个质地坚实的棒状物，并可随手掌的挤压而移动，则是子宫颈。此时可试着用拇指、食指、中指及无名指轻轻将其捏起，握于掌中，感觉其大小、质地及游离性。

(二)子宫的检查

1. 子宫的位置　未孕状态下，青年母牛的子宫位于骨盆腔内；经产牛的子宫，尤其是经产多胎的母牛，由于子宫恢复不是很完全，子宫角往往坠入腹腔。

2. 子宫的大小、形态和质地　牛的子宫为双分子宫，子宫角长 30～40 cm，基部直径 1.5～3 cm，左右子宫角后部因有结缔组织相连，表面又被腹膜包裹，仅在背侧以浅沟(角间沟)为界，所以称该部分为子宫体。青年牛的子宫角呈绵羊角状，两子宫角长短粗细相同；而经产牛子宫角则较为伸展,有时会出现一侧子宫角较大。正常未孕母牛的子宫质地较子宫颈柔软而有弹性,触诊会引起子宫角的收缩,使其质地变得坚实。但经产多胎的母牛子宫角收缩反应有时不太明显。

3.子宫触诊方法　摸到子宫颈后,手继续向前移动,即可触到子宫体,它的质地较子宫颈软,且富有弹性。触诊到子宫体后,将中指沿子宫体背部向前滑动,可触到一条明显的纵沟,此即角间沟,为两子宫角分岔的起始处。此时食指和无名指稍分开,中指沿角间沟继续向前滑行,即可触到两侧子宫角的分岔。试着将两侧子宫角拢于掌内,仔细感觉到其大小、质地及收缩反应。这些指标具有临床诊断意义。

(三)输卵管及卵巢的检查

1.卵巢的位置　未孕状态下,母牛的卵巢位于耻骨前缘附近,子宫角尖端的外侧下方(有时在其正下方或内下方)。对于经产多胎的母牛,卵巢有时会随着子宫角的伸展而坠入腹腔。

2.卵巢大小、形态和质地　卵巢的大小、形态因其所处生理状态不同而有明显差别。初情期之前的母牛卵巢大小约为花生米或蚕豆大小的扁平状,表面光滑而有弹性;成年母牛的卵巢因其表面有卵泡发育、排卵或闭锁及黄体的发育和退化等现象,大小、形态及质地常发生变化,且左右两侧卵巢大小也常不一致,但总的来说,成年母牛卵巢大小一般介于蚕豆到板栗大小。

如果有卵泡发育,其主要特点是凸起且表面光滑的圆形。在发育的中期直径约 1 cm。发育达到最大时,直径 2.0～2.5 cm,触诊时壁紧张有波动感。排卵前卵泡变得柔软。

排卵后 12～14 h 可在原卵泡处摸到排卵凹,其特点是卵巢上有一环状的柔软区,直径一般不超过 1 cm,有时略凸起。

排卵后的卵泡会形成黄体。黄体发育到最大时直径可达 2.5～3.5 cm。根据黄体发育不同阶段及其在卵巢中位置的不同,卵巢的形状也会发生改变,当黄体完全包在卵巢内时,随黄体发育,卵巢的体积显著增加,形状变圆;如黄体不完全包于卵巢内,则会在卵巢表面摸到大小不一的凸起,质地明显较卵巢本身硬(表 2-27)。

表 2-27　牛在发情周期不同阶段中黄体的变化

直检特点	记录符号	周期阶段/d
排卵凹	OVD	1～2
发育黄体较软,直径不超 1 cm	CH1	2～3
发育黄体较软,直径 1～2 cm	CH2	3～5
发育黄体较软,直径 2 cm 以上	CH3	5～7
发育完全的黄体	CL3	8～17
黄体较硬,直径 1～2 cm	CL2	18～20
黄体较硬,直径 1 cm 以下	CL1	发情期到下发情周期的中期

3.卵巢的触诊方法　检查完子宫后,手沿着子宫角前移,用手指在子宫角尖端的外侧下方(有时在其正下方或内下方)一掌宽的范围内仔细探查,即可找到卵巢。用食指与中指夹住卵巢系膜,以拇指肚触诊它的形状、大小与质地。对于熟练的操作人员,可以直接去触诊卵巢;但由于卵巢的位置相对不固定,对于初学者寻找起来可能比较困难,建议应沿着子宫颈—子宫体—子宫角—卵巢的路线依次进行。

在直肠检查时,尤其是重复检查时,为了准确记录卵巢上的结构及其变化,可用下列符号详细记录卵巢各个表面的结构:AP,前缘;PP,后缘;MS,中间面;LS,外侧面;AB,附着缘;FB,游离缘。

(四)输卵管及卵巢囊的检查

1. 输卵管的结构、形态及质地 牛的输卵管呈长 20～30 cm、质地较硬的弯曲管状,由卵巢系膜固定。输卵管的漏斗大,可将整个卵巢包裹。卵巢囊深 4～6 cm。

2. 输卵管及卵巢囊的触诊 先找到卵巢附着缘侧面或正中的卵巢系膜,然后将所有手指弯曲,下滑进入卵巢囊,缓慢伸开手指,扩张卵巢囊,检查其大小及是否正常。检查完卵巢囊后,可以比较容易地感觉到输卵管,可先从输卵管伞开始检查,逐渐检查到子宫端。

四、作业与思考题

1. 怎样进行未孕母牛生殖器官的直肠检查?
2. 详细记录你所触诊的牛的子宫颈、子宫角、卵巢及输卵管的形态、大小、质地及位置。

实验二十八　妊娠诊断

一、实验目的与要求

1.学习母牛妊娠诊断的直肠检查法和外部检查法，了解母牛妊娠后各月份生殖器官的变化情况，掌握直肠检查法判断母牛妊娠与否。

2.学习犬、猫妊娠诊断的外部检查法。

3.学习利用B-型超声波仪诊断猪、羊、犬妊娠的方法。

二、实验器材

器械　便携式B型超声波诊断仪、电动理发剪。

材料　妊娠不同时期的母牛、母犬及母猫各若干头/只；妊娠母猪（妊娠30～40 d）和未孕母猪、妊娠母羊（妊娠30～40 d）及未孕母羊各若干头/只；妊娠前、中、后期的母牛子宫、卵巢标本和妊娠各月份的生殖器官图片；猪、羊、犬怀孕不同时期的B型超声图片；耦合剂；其余见本书第二部分　实验十二。

三、实验内容与方法

(一)母牛妊娠诊断的直肠检查法

妊娠母牛各月份的妊娠现象如表2-28所示。

1.妊娠前期（1～2个月）　主要触诊卵巢及卵巢上黄体，子宫角大小、质地、对称性、收缩反应及有无液体滑动感等。

2.妊娠中期（3～6个月）　随着胎儿的生长发育，子宫体积已明显增大，卵巢因位置前移不易摸到。此时主要触摸子宫的大小，感觉子宫内液体波动感、子宫壁上子叶的大小、子宫动脉的粗细和是否出现妊娠时特殊的震颤搏动以及子宫内有无胎儿等。

3.妊娠后期（6～9个月）　胎儿和子宫都已明显增大，位置后移到骨盆腔前，此时主要触摸胎儿和胎动，子宫和子宫动脉。

(二)母牛妊娠诊断的外部检查法

1.视诊　使牛自然站在平坦处，检查者立于牛的正后方，观察两侧腹壁和乳房。牛到妊娠后期，右侧腹壁比左侧下垂突出，乳房增大，有时还可见到胎动。

2.触诊　检查者立于牛的右侧，左手按在牛的髋关节处或将右手扶于牛背腰上，右手五指并拢，手掌紧贴于右腹壁最突出的部位并轻微用力向腹腔作连续推动，也可并拢三或四指，用指尖触诊，如能触及硬物，即为胎儿。

表 2-28　母牛妊娠各月份的妊娠现象(直肠检查)

妊娠月份	卵　巢	子　宫	子宫动脉
1	孕角卵巢体积增大,黄体明显	角间沟仍明显;孕角稍增粗,变软,触之感到内有液体,收缩反应减弱或消失	
2	孕角卵巢位置前移到骨盆入口前缘	位于耻骨前缘下方,角间沟不明显;孕角比空角增粗约1倍,壁软而有波动感	
3	孕角卵巢沉入腹腔,不易触及	子宫颈前移到耻骨前缘;子宫孕角呈软的圆袋状,垂入腹腔,波动感明显,有时可触及悬浮在其内的胎儿;在子体处可触及子叶	
4	两卵巢均随子宫坠入腹腔,不易触及	子宫颈移到耻骨前缘前方;子宫增大,沉到腹腔底不易摸到全貌;子宫壁薄,波动明显,子叶清楚,有卵巢大	孕侧出现妊娠脉搏
5		子宫体积和壁上的子叶都进一步增大;在骨盆入口前下方可摸到胎儿	妊娠脉搏非常清楚
6		子宫更大,在耻骨前缘可摸到胎儿;子叶有鸽蛋大	空角也出现妊娠脉搏
9		胎儿更大,容易摸到;子叶有鸡蛋大	两侧妊娠脉搏都清楚

(三)犬、猫妊娠诊断的外部检查法

1.犬妊娠诊断的外部检查法

(1)视诊　母犬交配后1周左右,阴部开始收缩软瘪,可以看到少量黑褐色液体排出,食欲不振。怀孕2～3周时乳房开始逐渐增大,食欲大增,被毛光亮,性情温顺,行动迟缓,安稳,小心翼翼。少数母犬怀孕25 d左右会出现一段时间的妊娠反应,有时呕吐,食欲不振;有的会出现偏食。1个月左右,可见腹部膨大、乳房下垂、乳头富有弹性,乳腺逐渐膨大,甚至可以挤出乳汁,体重迅速增加,排尿次数增多。50 d后在腹侧有时可见“胎动”。

(2)触诊　将犬站立保定,用拇指配合其余四指在母犬最后两对乳头上方的腹壁外前后滑动进行触诊。当母犬怀孕20 d左右,子宫开始变的粗大,在腹壁触摸可以明显感知子宫直径变粗,但这需要有相当经验的人才能作出较正确的诊断;妊娠25 d后,可以触摸到胎儿(如摸到有鸡蛋大小、富有弹性的肉球);妊娠31 d后,腹壁触诊时,子宫内各胎儿间的界限不大明显了;而妊娠50 d后,可直接在腹壁触摸到胎儿。

对于小型犬,触诊时可以将一个手的食指伸入到母犬直肠内作为辅助,用另外一只手在母犬腹壁触诊。而对于大型犬,或由于乳房发育较大的犬,一只手触诊有困难时,可采用两只手分别在母犬腹壁两侧相对进行触诊。触摸时应注意与无弹性的粪块相区别。切忌动作粗暴,过分用力,以免造成流产。

仔细触摸妊娠30 d左右的母犬腹部和未孕母犬腹部,比较其中的差别。

2.猫妊娠诊断的外部检查法

(1)视诊　猫在妊娠的前4周一般看不出明显变化。妊娠第五周以后,母猫的食欲增加,体重开始出现明显增加,腹部开始隆起;到妊娠第七周时,乳房出现明显增大,奶头也变成粉红色。一些猫在妊娠时也会像人一样出现妊娠反应,在早晨出现恶心、呕吐等症状。

(2)触诊　猫的腹部触诊方法与犬相似,也是将母猫站立保定,以拇指与其余四指分别在猫的腹壁两侧相互配合进行触诊。有经验的兽医可在妊娠15 d左右通过腹部触诊的方法诊断母猫妊娠与否。但一般在妊娠30 d左右,可通过腹部触诊,触摸到胎儿。仔细体会触诊妊娠母猫及未妊母猫腹部触诊的感觉,比较其中的差别。

(四)犬、猪、羊妊娠的B型超声诊断法

1.原理 参见本书第二部分 实验十二 超声波检查。

2.方法

(1)犬的妊娠诊断

保定 犬B-超探查体位最好采取仰卧位,不习惯仰卧位的犬只,建议不要强制进行以避免伤害母犬及胎儿。主人可以选择将犬仰卧抱在怀里,或是让犬自然站立,由犬主人站立或蹲在犬的旁边安抚犬只。

探查部位的准备 犬的探查部位是从耻骨前缘到最后肋骨后缘或下腹部。检查前可用电动理发剪将待检区域的毛剃干净,否则影响检查结果。探头上涂适量耦合剂,再将检查部位均匀涂布适量耦合剂。准确把握被查部位的解剖位置,扫查时作矢状面、横切面、冠状面等多切面扫查。

判定 犬于交配后7 d子宫增大,但这不一定是怀孕。在非妊娠状况下,处于发情期犬的性激素也会使子宫增大。所以,此时子宫增大不具有怀孕的特异性。确定妊娠的第一征象是孕囊的探测。孕囊是一个回声的结构,在子宫角暗区内出现椭圆形反射不强的光团,暗区中的细线状弱回声光环为胎膜的反射,环绕妊娠袋的子宫组织变薄,与其连接的子宫组织呈强回声。一般在母犬妊娠20 d左右时即可探测到孕囊的存在。初期的孕囊非常小,直径仅为数毫米,诊断时可因肠内气体叠压等情况影响,而导致妊娠判定失误。但到妊娠30 d时妊娠诊断的准确率可达95%以上。

(2)猪的妊娠诊断

保定 侧卧或站立保定。

探测方法 在母猪两侧后肋腹下部涂上耦合剂,斜向对侧前上方,对准对侧肋弓放置探头,这样可避开积尿的膀胱,减少误诊。

判定 未妊母猪的子宫一般在膀胱的前方,为多个不规则圆形,是子宫的断面,呈弱反射,一般探查不到,大都被因有气体而产生强反射的肠管所挡。

妊娠母猪的子宫在膀胱前下方,由于胎水无反射,呈暗区,故妊娠子宫的断面呈不规则的圆形暗区。妊娠15~20 d时,暗区面积不大,可同时探查到1~2个或2~3个暗区,21 d起在不同方向可探查到多个子宫断面(暗区),并在子宫暗区内可见反射不强的胎体和有规律闪烁的胎心搏动。26~30 d胎体逐渐显出胎儿固有的轮廓。40 d左右,胎儿骨骼反射开始增强,出现胎动,随后反射强的骨骼逐步出现声影。

(3)羊的妊娠诊断

保定 一般妊娠40 d前采取仰卧保定,妊娠40 d后采取站立保定。

探测方法 应用B型超声波对山羊进行妊娠诊断有两种探测方法,一种是经体表探测,另一种是经直肠探测。

经体表探测时,山羊一般采取仰卧保定,探测部位为山羊乳房前的少毛区,将被毛向两侧分开,在皮肤和探头上涂上耦合剂后,将探头朝向对侧后方(即骨盆入口处)紧贴皮肤进行探查。也有的在母羊乳房两旁和后肢之间的无毛区域,将探头与皮肤垂直压紧,以均匀的速度或适当改变角度紧贴皮肤移动进行探测。

经直肠探测时,将母羊站立保定,用手指排除直肠内的宿粪,探头涂耦合剂后伸入直肠内,至盆腔入口处，向下和向两侧以 45°进行扫描。

判定　在配种后 33～36 d，妊娠母羊胎体非常明显，并且可看到胎心搏动。由于胎体与子宫在声像图中呈反射光团，所以胎心搏动是妊娠和胎儿存活的重要依据。

四、作业与思考题

1. 描述母牛妊娠早期、中期和后期直肠检查的结果。

2. 描述犬、猪、羊 B 型超声波妊娠诊断的探测部位，并记录诊断结果。

实验二十九　分娩预兆的观察和正常分娩的接产

一、实验目的与要求

1. 了解正常的分娩预兆，观察动物正常分娩过程。
2. 掌握正常分娩的接产方法及注意事项。

二、实验器材

器械　常规接产用具。

材料　临近预产期和已经开始分娩的动物（牛、羊、猪、犬等）；各种母畜（牛、羊、猪、犬等）的分娩预兆及接产的录像；消毒药液、肥皂、手巾、胶靴、胶围裙等。

三、实验内容与方法

（一）分娩预兆的观察

主要观察母畜行为、乳房、外阴部、荐坐韧带等变化。各种母畜的分娩预兆见《兽医产科学》相关章节内容。

（二）正常分娩过程的观察和接产

各种母畜的分娩过程和接产方法见《兽医产科学》相关章节内容。实习可按以下步骤进行：

1. 观看各种母畜（牛、羊、猪、犬等）的分娩预兆及接产的录像。
2. 做好接产前的准备工作。
3. 对已开始分娩的母畜进行全身检查和产道检查，并记录检查结果。如母畜和胎儿都正常，就不要频繁干预。
4. 观察分娩过程，并作记录。
5. 当胎儿前置部分露出时，应观察是否正常。如有异常，应及时处理。对分娩进展缓慢的要给予帮助。
6. 胎儿娩出后，对胎儿进行护理，如处理脐带、擦干口鼻和身上的羊水等。
7. 对产后母畜进行护理。

四、作业与思考题

1. 记录观察到的母畜分娩预兆，预测分娩时间，并与实际分娩时间进行比较。
2. 记录母畜分娩的过程和接产的步骤和方法，并写出接产要点和注意事项。

第三部分

综合性实验

实验一　肝功能检查

一、实验目的与要求

1. 初步掌握血清总胆红素、结合胆红素及与肝功能损害有关的血清酶的测定方法。

2. 了解尿液胆红素、尿胆原，血清黄疸指数、血清麝香草酚、血清脑磷脂胆固醇的测定步骤及其临床意义。

二、实验器材

器械　分光光度计、冰箱、吸管和容量瓶等。

材料　醋酸钠、苯甲酸钠、乙二胺四乙酸二钠、咖啡因、氢氧化钠、酒石酸钠、亚硝酸钠、氨基苯磺酸、盐酸、叠氮钠、胆红素、氯仿、碳酸钠、胆酸钠、枸橼酸钠、氯化钡、三氯化铁、三氯乙酸、二甲氨基苯甲醛、盐酸、磺溴酞钠、重铬酸钾、氯化钠、巴比妥钠、巴比妥、麝香草酚、硫酸钡、脑磷脂、胆固醇、乙醚、磷酸氢二钠、磷酸二氢钾、*DL*-丙氨酸、*α*-酮戊二酸、2，4-二硝基苯肼、丙酮酸钠、碳酸氢钠、4-氨基安替比林、磷酸苯二钠、铁氰化钾、二乙醇胺、乳酸鲤、氧化型辅酶Ⅰ、生理盐水和蒸馏水等。

三、实验内容与方法

(一)血清总蛋白、白蛋白的测定

见第二部分 实验二十二。

(二)血清总胆红素和结合胆红素的测定

1. 改良 J-G 法

(1)器材与材料

器材　分光光度计，电子天平，500 mL 量筒，容量瓶(100 mL、1 L)，滤纸，漏斗，玻棒，棕色瓶(200 mL 、100 mL)，200 mL 塑料瓶，冰箱，滤菌器，吸耳球，移液管，黑纸。

材料　无水醋酸钠，苯甲酸钠，乙二胺四乙酸二钠，蒸馏水，咖啡因，氢氧化钠，酒石酸钠，亚硝酸钠，对氨基苯磺酸，浓盐酸，叠氮钠，牛血清白蛋白或血清，生理盐水，胆红素，二甲亚砜，碳酸钠。

(2)原理　血清中结合胆红素可直接与重氮试剂反应，产生偶氮胆红素；在同样条件下，游离胆红素须有加速剂使胆红素氢键破坏后与重氮试剂反应。血清或血浆与醋酸钠-咖啡因-苯甲酸钠试剂混合后，加入偶氮苯磺酸，生成紫色的偶氮胆红素，醋酸钠缓冲液维持偶氮反应的 pH 同时兼有加速作用；咖啡因、苯甲酸钠为偶氮反应的加速剂；抗坏血酸(或叠氮钠)破坏剩余的偶氮试剂以中止结合胆红素测定管的偶氮反应，防止游离胆红素的缓慢反应，最后加入强碱性酒石酸钠溶液使溶液由紫色转变为蓝色,提高反应的灵敏度。在 600 nm 波长下,比色测定蓝色偶氮胆红素的生成量,可计算出胆红素含量。

(3)试剂

①咖啡因-苯甲酸钠试剂 称取无水醋酸钠 82.0 g(或 $CH_3COONa \cdot 3H_2O$ 63.0 g),苯甲酸钠 75.0 g,乙二胺四乙酸二钠($EDTANa_2$)1 g,溶于约 500 mL 蒸馏水中,再加入咖啡因 50.0 g,搅拌溶解(加入咖啡因后不能加热溶解)后用蒸馏水补足至 1 L,混匀。用滤纸过滤后,置棕色瓶中室温保存 6 个月。

②碱性酒石酸钠溶液 称取氢氧化钠 75.0 g,酒石酸钠($Na_2C_4H_4O_6 \cdot 2H_2O$)263.0 g,用蒸馏水溶解并补足至 1 L,混匀。置塑料瓶中,室温可稳定保存 6 个月。

③5.0 g/L 亚硝酸钠溶液 称取亚硝酸钠($NaNO_2$)5.0 g,用蒸馏水溶解并稀释至 100 mL,混匀贮棕色瓶中,冰箱中可稳定保存至少 3 个月。作 10 倍稀释成 5.0 g/L,于冰箱中可至少稳定保存 2 周。若发现溶液呈淡黄色,应丢弃重配。

④5.0 g/L 对氨基苯磺酸溶液 称取对氨基苯磺酸($NH_2C_6H_4SO_3H \cdot H_2O$)5.0 g,溶于 800 mL 蒸馏水中,加入浓盐酸 15 mL,用蒸馏水补足至 1 L。

⑤重氮试剂 临用前取 5.0 g/L 亚硝酸钠溶液 0.5 mL 和 5.0 g/L 对氨基苯磺酸溶液 20 mL混合。

⑥5.0 g/L 叠氮钠溶液 称取叠氮钠 0.5 g,以蒸馏水溶解并稀释至 100 mL。

⑦342 μmol/L(即 20 mg/dL)胆红素标准液 称取符合标准的纯胆红素(MW584.68) 20.0 mg,加二甲亚砜 4 mL 溶解。在 50 mL 容量瓶中,加入混合血清约 40 mL,缓慢加入上述胆红素二甲亚砜溶液 2 mL,边加边混匀,尽量避免泡沫产生,然后加混合血清至刻度。该标准液避光置冰箱中保存可达数天,但以用于当天绘制标准曲线为宜。

混合血清:收集不溶血无黄疸、清晰的血清,混合待用。此混合血清应符合下列要求:取混合血清 1.0 mL,加生理盐水 24 mL,混匀,生理盐水调零,比色杯光径 10 mm,波长 414 nm 处的吸光度应小于 0.100,在 460 nm 处的吸光度应小于 0.040。

(4)操作方法 按表 3-1 操作。

表 3-1 改良 J-G 操作步骤 mL

加入物	总胆红素管	结合胆红素管	对照管
血清	0.2	0.2	0.2
咖啡因-苯甲酸钠试剂	1.6	—	1.6
对氨基苯磺酸溶液	—	—	0.4
重氮试剂	0.4	0.4	—
每加一种试剂后混合,然后总胆红素管置室温 10 min,结合胆红素管置 37℃ 1 min			
叠氮钠溶液	—	0.05	—
咖啡因-苯甲酸钠试剂	—	1.6	—
碱性酒石酸溶液	1.2	1.2	1.2

充分混匀后,波长 600 nm,对照管调零,读取各管吸光度;或用水调零,读取测定管及对照管吸光度,用测定管吸光度与对照管吸光度之差值在标准曲线上查出相应的胆红素浓度。

(5)制作标准曲线 胆红素标准曲线的绘制按表 3-2 进行。

表 3-2　胆红素标准曲线的绘制

管号	对照	1	2	3	4	5	6
相应胆红素浓度/μmol/L		17.1	34.2	85.5	171	256.5	342
342 μmol/L 胆红素标准液/mL	0	0.2	0.4	1.0	2.0	3.0	4.0
混合血清/mL	4.0	3.8	3.6	3.0	2.0	1.0	0
混匀,各吸取 0.2 mL 于另一排试管中							
每管分别加咖啡因-苯甲酸钠试剂 1.6 mL,重氮试剂 0.4 mL,混匀,放置 10 min,分别加碱性酒石酸钠溶 1.2 mL,混匀,对照管调零,600 nm 波长,比色,以各管吸光度与相应胆红素浓度作图,绘制标准曲线							

单位换算:胆红素含量(mg/dL)=胆红素(μmol/L)×0.058 5

(6)参考值　动物血清的胆红素参见表 3-3。

表 3-3　动物血清胆红素参考值

畜种	结合胆红素(μmol/L)	总胆红素(μmol/L)
牛	0.7～7.5	0.2～17.1
马	0～6.8	3.4～85.5
猪	0～5.1	0～10.3
绵羊	0～4.6	1.7～7.2
山羊	0～1.7	0～1.7
犬	1.0～2.1	1.7～10.3
猫	2.6～3.4	2.6～5.1

(7)注意事项

①本法测定血清总胆红素,在 10～37℃条件下不受温度变化的影响。呈色在 2 h 内非常稳定。由于胆红素和重氮试剂作用是一个动态过程,作用时间应把握准确。

②本法灵敏度高,且可避免其他有色物质的干扰。

③轻度溶血对本法无影响,但严重溶血时可使测定结果偏低。其原因是血红蛋白与重氮试剂反应形成的产物可破坏偶氮胆红素,还可被亚硝酸氧化为高铁血红蛋白而干扰吸光度测定。

④叠氮钠能破坏重氮试剂,终止偶氮反应,凡用叠氮钠作防腐剂的质控血清,可引起偶氮反应不完全,甚至不呈色。

⑤脂血及脂溶色素对测定有干扰,应尽量取空腹血。

⑥胆红素对光敏感,标准及标本管应尽量避光。

⑦标本与对照管的吸光度一般很接近,若遇标本量很少时可不做标本对照管,参照其他标本对照管的吸光度。

⑧胆红素大于 100 mg/L 的标本可减少标本用量,或用生理盐水稀释血清后重作。

⑨重氮试剂应新鲜配制,且浓度要准确,特别是盐酸的浓度。

⑩绘制标准曲线时,每一浓度平行做 3 管,取平均值。

2. 胆红素氧化酶法

血清总胆红素的测定

(1)原理　胆红素在胆绿素氧化酶(BOD)的催化下生成胆绿素和水,胆绿素氧化生成一种淡紫色化合物。胆红素的最大吸收峰在 450 nm 附近,随着胆红素被氧化,A450 nm 下降,下降程度与胆红素浓度成正比。在 pH 8.0 条件下,未结合胆红素及结合胆红素均被氧化。加入 SDS 及胆酸钠等阴离子表面活性剂可促进其氧化。

(2)试剂配制

0.1 mol/LTris-HCl 缓冲液　pH 8.2 称取 Tris 1.211 g,胆酸钠 172.3 mg。SDS 432.6 mg,溶于 90 mL 蒸馏水中,在室温(25～30℃)用 1 mol/L 盐酸调节 pH 至 8.2(约用 6 mL),再加蒸馏水至 100 mL,置冰箱保存,此液含 4 mmol/L 胆酸钠、15 mmol/L SDS。

胆绿素氧化酶(BOD)溶液　如系冻干品,按说明书要求复溶,但复溶后冰箱保存不宜过长(约可保存 1 周),如系液体(可能含有甘油),置冰箱中可保存较长时间,BOD 贮存液的酶活性一般在数千至 2 万 IU/L,BOD 工作液的酶活性可按反应液中 BOD 终浓度达 0.3～1.0 IU/mL 计算。

胆红素标准液　432 μmol/L,按胆红素测定 J-G 法中方法配制,或市售符合要求的标准液。

(3)操作方法　操作步骤见表 3-4。

表 3-4　总胆红素测定酶法操作步骤　　mL

加入物	测定管(U)	测定空白管(UB)	标准管(S)	标准空白管(SB)
血清	0.05	0.05	—	—
胆红素标准液	—	—	0.05	0.05
Tris 缓冲液(pH 8.2,37℃)	1.0	1.0	1.0	1.0
蒸馏水	—	0.05	—	0.05
BOD 工作液	0.05	—	0.05	—

(4)计算

$$\text{血清总胆红素浓度}(\mu\text{mol/L})=\frac{A_{UB}-A_U}{A_{SB}-A_S}\times 342$$

$$\text{血清总胆红素含量}(\text{mg/ dL})=\frac{A_{UB}-A_U}{A_{SB}-A_S}\times 20$$

血清结合胆红素的测定

(1)原理　在 pH 3.7～4.5 缓冲液中,BOD 催化单葡萄糖醛酸胆红素(mBc)、双葡萄糖醛酸胆红素(dBc)及大部分 δ-胆红素(Bδ)氧化,非结合胆红素(Bu)在此 pH 条件下不被氧化。氧化后产物同总胆红素测定。用配制于血清中的二牛磺酸胆红素(ditaurobilirubin,DTB)作校准品。

(2)试剂配制

缓冲液　Doumas 用 pH 4.5±0.05、0.2 mol/L 磷酸盐缓冲液。Kosaka 用 pH 3.7、0.1 mol/L乳酸-枸橼酸钠缓冲液。Otsuji 用 pH 3.7 乳酸-枸橼酸钠缓冲液:枸橼酸钠($Na_3C_6H_5O_7\cdot 3H_2O$)17.65 g/L,乳酸 30 g/L ,含 Triton X-100 lg/L, EDTA · Na_2 · $2H_2O$ 18.6 mg/L。郭健等用 pH 5.0、0.1 mol/L 枸橼酸钠缓冲液,含适量添加剂。

BOD 溶液　同总胆红素测定。

结合胆红素校准液　将DTB配于胆红素浓度可忽略不计的血清中，或用冻干品按说明书要求重配。可先配成高浓度的贮存液，再稀释成低、中不同浓度；也可直接配成30～50 mg/L的浓度；配制后分装于聚丙烯管，−70℃保存，可稳定6个月。冻干品未重配前置低温中，至少稳定1年。贮存液中DTB的浓度以Bu表示，用改良J-G法测定总胆红素；如果DTB制品中不含Bu，测得的总胆红素即为结合胆红素（相当于游离胆红素的结合胆红素含量，或称Bu的等价物）；如果含Bu（以高效液相色谱法测知），须从测得值中减去。

（3）操作方法　按表3-5操作。

表3-5　结合胆红素测定酶法操作步骤　mL

加入物	标本		标准	
	空白(SB)	测定(S)	空白(SB)	测定(S)
缓冲液	1.0	1.0	1.0	1.0
血清	0.05	0.05	—	—
DTB校准液	—	—	0.05	0.05
去离子水	0.05	—	0.05	—
BOD液	—	0.05	—	0.05

立即混匀，置37℃（郭健等用30℃）水浴15 min，以水调零，在460nm处读各管吸光度。

（4）计算

$$\text{结合胆红素浓度}(\mu\text{mol/L}) = \frac{A_{UB} - A_{U}}{A_{SB} - A_{S}} \times \text{DTB校准液浓度}(\mu\text{mol/L})$$

3. 临床意义　胆红素测定对区别黄疸的类型有重要意义。

（1）溶血性黄疸　血清中游离胆红素增加，因而血清总胆红素增高，但结合胆红素不增高。

（2）阻塞性黄疸　总胆红素和结合胆红素均增高，而且常出现结合胆红素与总胆红素的比值大于50%。

（3）肝实质性黄疸　总胆红素和结合胆红素均增高。

4. 用全自动或半自动生化分析仪测定上述指标　具体用法参照试剂盒说明书。

（三）尿液胆红素检验

尿胆红素的检验即检查尿中的直接胆红素，由于尿中干扰因素多，一般只做定性或半定量检验。正常动物血浆中游离胆红素主要与白蛋白结合成为间接胆红素（非结合胆红素），其分子量大不能从肾小球滤过，故尿中不含间接胆红素。间接胆红素随血液到达肝，大部分与葡萄糖醛酸结合，形成胆红素葡萄糖醛酸酯，称为直接胆红素（结合胆红素），直接胆红素不能通过肝细胞侧膜进入血窦，只能从胆道系统排出体外，在肠道内也不能被肠黏膜吸收，故血中不应存在直接胆红素或含量极微。但肝细胞分泌障碍，肝内、外胆道阻塞使胆红素排泄受阻而逆流入血，血浆中直接胆红素（结合胆红素）浓度即升高，超过肾阈时，尿中即出现直接胆红素。

1. Harrison法

（1）原理　胆红素与氧化钡反应，形成胆红素钡盐沉淀而浓缩，滴加酸性三氯化铁试剂使胆红素氧化成胆绿素呈绿色。

(2)试剂配制

①0.5 mol/L 氯化钡溶液。

②Fouchet 试剂　称取三氯化铁 0.9 g,三氯乙酸 25 g,加蒸馏水溶解并稀释至 100 mL。

(3)操作方法　取 5～10 mL 尿液,加 1/2 体积的氯化钡液,混匀,离心沉淀 3～5 min 后弃去上清液。向沉淀物加 Fouchet 试剂 2～3 滴,呈绿色反应时为阳性,无绿色反应为阴性。

(4)注意事项

①尿中硫酸根或磷酸根不足时,少量胆红素钡盐不易下沉,此时可加硫酸或磷酸溶液 2 滴,以便于产生沉淀。

②胆红素在阳光照射下易分解,因此应用新鲜尿液。

③本法敏感度较高,为 0.9 μmol/L 或 0.05 mg/dL。

2. 试带法

(1)原理　在强酸性介质中,胆红素与试带上的二氯苯胺重氮盐起偶联作用,生成红色偶氮化合物。

(2)操作方法　用市售胆红素试纸及标准色板等。将试带浸入被检尿中 3～5 s(按产品说明书要求),取出后与标准色板比色。

(3)结果判断　根据试带颜色的深浅,对照标准色板判断结果。

(4)注意事项

①试带应避光保存于干燥处,注意失效期。

②试带在使用和保存过程中,不能接触酸碱物质和气体,勿用手触摸。

③尿液标本应新鲜。

3. 尿液胆红素检验的临床意义　尿胆红素增高表示血清结合胆红素增高,可帮助快速诊断临床上可疑的黄疸。黄疸病畜如尿胆红素阴性,则提示有血液内非结合胆红素增高的疾病,如溶血性黄疸,多见于肝细胞性黄疸和阻塞性黄疸。肝细胞性黄疸时,尿胆红素阳性出现早,持续时间并不很长;而阻塞性黄疸时持续时间长,与黄疸程度一致,直到阻塞解除后方可转为阴性。一般来讲,血清结合胆红素愈高,尿内胆红素愈多,但也会受到血清白蛋白含量、肾脏排出胆红素阈值的变化和尿 pH 等因素的影响。

4. 用全自动或半自动生化分析仪测定尿液胆红素　具体用法参照试剂盒说明书。

(四)尿胆原检验

1. Ehrlich 醛反应定性法

(1)原理　尿胆原在酸性溶液中与对二甲氨基苯甲醛反应,生成红色化合物。

(2)试剂配制　先将对二甲氨基苯甲醛 2.0 g 溶于 80 mL 蒸馏水中,再加入浓盐酸 20 mL,边加边摇,即为 Ehrlich 试剂,置棕色瓶中保存。

(3)操作方法

①如尿内含胆红素,应先取尿液和 0.5 mol/L 氯化钡各一份混匀,2 000 r/min 离心 5 min,除去胆红素,取上清液试验。

②直接取尿或除去胆红素上清 1.0 mL,加 Ehrlich 试剂 0.1 mL 混匀。

③静置 10 min,在白色背景下从管口向管底观察结果。

(4)结果判断　阴性:不显樱红色;弱阳性:呈淡樱红色;阳性:呈樱红色;强阳性:呈深樱红色。

(5)注意事项

①尿液必须新鲜且避光保存。

②尿中有酮体、磺胺类药等可出现假阳性。

③反应结果受试管中液体高度影响,应统一用 10 mm×75 mm 试管。

④也可用尿胆原试纸检测,详见有关产品说明书,但敏感性较差。

2. 尿胆原定量法

(1)原理 尿液中的尿胆原与醛试剂作用,生成尿胆原醛红色化合物。生成的红色与人工标准酚磺肽的颜色比较,得出尿胆原含量。

(2)试剂配制

①醛试剂 称取对二甲氨基苯甲醛 0.7 g,溶于浓盐酸(AR)150 mL,再加入蒸馏水 100 mL,混匀,贮存棕色瓶内可保存 3～6 个月。

②饱和乙酸钠溶液。

③抗坏血酸粉(AR)。

④酚磺肽(酚红)标准液 准确称取酚磺肽 20.0 mg,溶于 10 mmol/L NaOH 液中至 100 mL作贮存液。临用时,用 10 mmol/L NaOH 液稀释 100 倍,其红色程度相当于结合尿胆原 5.86 μmol/L。

(3)操作方法

①取尿作胆红素定性试验,如阳性,应以尿液 10 mL 与 0.5 mol/L 氯化钙 2.5 mL 充分混合后过滤,收集尿液备用。报告结果时应将测定结果乘以 1.25,以校正稀释倍数。

②将 100 mg 抗坏血酸溶于 10 mL 尿液内,混匀后取两支试管,分别标明测定管和空白管,每管中各加入上述尿液 1.5 mL;向空白管加饱和乙酸钠液 3.0 mL,混匀后再加醛试剂 1.5 mL;测定管加醛试剂 1.5 mL,混匀后再加饱和乙酸钠液 3.0 mL。

③于 10 min 内用 562 nm 波长比色,蒸馏水调零,分别读取空白管、测定管及标准管的吸光度(562 nm 波长,光径 1 cm 比色皿,此标准液吸光度为 0.384)。

(4)计算

$$\text{尿胆原浓度}(\mu\text{mol/L})=\frac{\text{测定管吸光度}-\text{空白管吸光度}}{\text{标准管吸光度}}\times 5.86\times\frac{6.0}{1.5}$$

$$=\frac{\text{测定管吸光度}-\text{空白管吸光度}}{\text{标准管吸光度}}\times 23.4$$

(5)注意事项

①尿液标本收集后须立即测定,避免光的照射。

②尿中其他物质也可能与醛试剂显色,但通常反应时间较长,故在加入醛试剂混匀后,应立即加入饱和乙酸钠终止颜色反应。

③尿中如有胆红素则呈绿色反应,必须预先除去。

④磺胺类、普鲁卡因、卟胆原、5-羟吲哚乙酸等与醛试剂作用呈假阳性。

3. 临床意义

(1)增多

①胆红素产生过多,如溶血性或旁路性高胆红素血症。

②肝细胞功能受损,处理自肠道重吸收的尿胆原的能力下降,血与尿中尿胆原的浓度增

加。尿中尿胆原在反映肝细胞损伤方面比尿内胆红素更灵敏,是早期发现肝炎的简易有用的方法。黄疸高峰期,由于胆汁淤积而尿胆原暂时减少,恢复期又升高,直至黄疸消退后恢复正常,故尿内尿胆原暂时缺乏后再出现是肝内胆汁淤积减轻的早期证据。

③肠道感染使尿胆原在小肠内形成和吸收增加。

④肠道排空延迟,尿胆原在肠道停留时间延长,以致吸收增多或因细菌作用而使其形成增加。

⑤胆道感染时,细菌使胆汁中的胆红素转变为尿胆原,从胆管吸收入血,再从尿液排出。

(2)减少

①进入肠道内的胆红素减少,如肝内、外胆道阻塞和黄疸性肝炎及其胆汁淤积时,尿中尿胆原明显减少,完全阻塞时消失。如果持续阴性超过 1 周的阻塞性黄疸,应首先考虑恶性胆道阻塞;间歇性阴性多为胆石性阻塞。

②严重再生障碍性贫血,胆红素产生减少。

③小肠内菌群减少,如服用广谱抗生素或磺胺等抑制肠道菌群,尿胆原生成减少,使尿中尿胆原减少。

④小肠排空增快。

⑤新生幼畜肠道内 β 葡萄糖醛酸酶活性较高,易使结合胆红素转变为非结合胆红素,且因肠内无细菌,故非结合胆红素不能迅速转变成尿胆原,使尿中尿胆原减少。

⑥肾功能不全时,尿胆原排泄减少。

(五)磺溴酞钠(BSP)清除试验

1. 原理　肝脏对某些染料或指示剂具有吸收和排泄的功能,通过肝脏对磺溴酞钠吸收情况的测定,借以判断肝脏细胞有无损伤,对早期肝炎及其他肝、胆疾病的辅助诊断有一定价值。磺溴酞钠在碱性溶液中呈现紫色,可用比色法测定它在血中的潴留量。

2. 试剂配制

(1)10%氢氧化钠溶液。

(2)5%盐酸

(3)5%磺溴酞钠注射液。

(4)标准色液　将 2 mL 5%磺溴酞钠注射液用蒸馏水稀释至 100 mL(1 mL 内含磺溴钠 1 mg)。取此溶液 10 mL 置于 100 mL 容量瓶内,加 10%氢氧化钠溶液 0.25 mL 使溶液成为碱性,然后用蒸馏水加至刻度处,即为 100%标准色液。

(5)碱性蒸馏水　每 100 mL 蒸馏水中加 10%氢氧化钠溶液 0.25 mL。

(6)标准比色管,按表 3-6 配制。

表 3-6　比色液的配制

标准管/%	100	80	70	60	50	40	30	20	15	10	5
100%标准色液/mL	5.00	4.00	3.50	3.00	2.50	2.00	1.50	1.00	0.75	0.50	0.25
碱性蒸馏水/mL	0	1.00	1.50	2.00	2.50	3.00	3.50	4.00	4.25	4.50	4.75

以上每组溶液分别置于口径相同的试管内,密封管口

3. 操作方法

(1)按照每千克体重静脉注射 5 mg 的剂量,静脉注射磺溴酞钠于注射后 30 min 及 45 min

在对侧颈静脉各采血一份分离血清。

(2)将血清分装两管，每管 1 mL，一管加 5%盐酸 2～3 滴，另一管加 10%氢氧化钠 2～3 滴，显色后与标准管比色。

4. 正常值　(磺溴酞钠色素潴留值) 马 30 min 0～5%；45 min 0～2%。

5. 临床意义　轻度肝脏损伤，45 min 潴留值为 5%～15%。重度肝脏损伤，45 min 潴留值为 15%以上。

(六)血清黄疸指数的测定

1. 原理　将血清稀释，与一系列重铬酸钾标准管比较，以测定血清黄疸指数的单位。1∶10 000 重铬酸钾溶液的色度相当于未稀释血清黄疸指数 1 个单位。

2. 试剂配制

(1)0.2%重铬酸钾溶液：精确称取重铬酸钾 0.2 g，置于 100 mL 容量瓶中，加蒸馏水约 90 mL及浓硫酸 0.1 mL，再加蒸馏水至刻度处，充分混合。

(2)0.85%氯化钠溶液。

(3)标准管：取 20 mL 的试管 20 支，按表 3-7 配制。

表 3-7　溶液的配制

0.2%重铬酸钾/mL	1	2	3	4	5	6	7	8	9	10	11	12	13	14	15	16	17	18	19	20
蒸馏水/mL	19	18	17	16	15	14	13	12	11	10	9	8	7	6	5	4	3	2	1	0
相当于黄疸指数单位	1	2	3	4	5	6	7	8	9	10	11	12	13	14	15	16	17	18	19	20
各管混合后，吸取一部分分别置于 20 支内径相同的小试管中，密封管口，标明单位，备用																				

3. 操作方法　取血清 0.2 mL，放入与标准管口径相同的小试管内，加 0.85%氯化钠溶液 0.3 mL，混合后与标准管肉眼比色，与稀释血清色泽相同的标准管单位数乘以 5 即得血清黄疸指数。如血清呈现高度黄疸时，可将血清以 0.85%氯化钠溶液稀释 5 倍以上再与标准管比色，结果乘以稀释倍数即可。

如用光电比色法，可用 1∶10 000 重铬酸钾溶液作为标准液，计算其单位。

$$黄疸指数单位=\frac{测定光密度}{标准光密度}\times 血清稀释倍数$$

4. 正常值　正常值参见表 3-8。

表 3-8　血清黄疸指数的正常值

畜种	测定头数(头、只)	数值范围
马(公)	51	1.72～6.44
马(母)	33	2.62～8.58
骡(公)	30	0.82～10.02
骡(母)	30	1.15～8.51
未孕驴	30	1.2±1.2
怀孕驴	43	1.58±2.6
水牛	216	<5
哺乳仔猪	850	1.18±0.64
后备小猪	30	1.55±1.06

5. 临床意义

(1)黄疸指数增高　见于急性或慢性肝炎，中毒性肝炎，急性黄色肝萎缩，溶血性疾病，妊娠毒血症，阻塞性黄疸等。

(2)黄疸指数减少　见于再生障碍性贫血，继发性贫血等。

黄疸指数测定临床意义与血清胆红素的测定相似，所以，在分析黄疸时，两者可结合起来相互参考，更有诊断意义。

(七)血清麝香草酚的测定

1. 血清麝香草酚浊度的测定

(1)原理　肝脏实质性病变时，血清蛋白质的量与质都有改变，当它与麝香草酚巴比妥缓冲液试剂作用时，其中麝香草酚可减低血清类脂质的分散力，血清经巴比妥缓冲液稀释后球蛋白部分溶解度降低而发生沉淀，由蛋白质、类脂质与麝香草酚形成了一种复合体，使溶液变浊，与硫酸钡人工标准管比浊，可得出单位数值。

(2)试剂配制

①麝香草酚巴比妥缓冲液　称取巴比妥钠 1.03 g，巴比妥 1.38 g 及麝香草酚 3 g，置于 1 000 mL锥形烧瓶内，加蒸馏水 500 mL，徐徐加温至沸，摇匀后冷却至室温，此时溶液变浑浊，再加麝香草酚结晶少许，摇匀后塞住管口，放置室温过夜，次晨过滤即得清亮的试剂，于冰箱内保存备用，其 pH 应为 7.8 左右。

②硫酸钡人工标准管的制备　称取氯化钡结晶($BaCl_2 \cdot 2H_2O$)1.175 g 或无水氯化钡 1 g，溶于蒸馏水使成 100 mL，此为 0.048 1 mol/L 的氯化钡溶液。

于 100 mL 容量瓶中，加入 0.1 mol/L 硫酸溶液约 70 mL，滴加 0.048 1 mol/L 的氯化钡溶液 3 mL，再以 0.1 mol/L 硫酸稀释至刻度处，此液为乳白色硫酸钡悬浮液。按表 3-9 配制成各种浓度的标准浊度液。

表 3-9　标准浊度液的配制

麦氏单位	1	2	3	4	5	6	7	8	9	10	11	12	13	14	15	16	17	18	19	20
硫酸钡标准液	0.2	0.4	0.6	0.8	1.0	1.2	1.4	1.6	1.8	2.0	2.2	2.4	2.6	2.8	3.0	3.2	3.4	3.6	3.8	4.0
0.1 mol/L 硫酸	3.8	3.6	3.4	3.2	3.0	2.8	2.6	2.4	2.2	2.0	1.8	1.6	1.4	1.2	1.0	0.8	0.6	0.4	0.2	0
将以上各管加塞，浸蜡密封备用。如日久变质应重新配制																				

(3)操作方法

①取一支与标准管口径大小一致的试管，加血清 0.1 mL。

②加麝香草酚巴比妥缓冲液 6 mL，充分振摇均匀。

③室温放置 30 min，与标准管比浊，求得麦氏单位。

④如用光电比色计比浊，将测定液置于比色杯内，用 620 nm 或红色滤光板光电比浊，以蒸馏水校正光密度“0”点，读取测定管光密度后，以标准曲线查得麦氏浊度单位。

⑤标准曲线绘制。按上表配制不同浓度的标准液，用 620 nm 或红色滤光板光电比浊，以蒸馏水校正光密度 “0”点，读取各管读数，与其相应的单位数制图，绘成标准曲线。

(4)正常值　见表 3-10。

表 3-10　健康家畜血清麝香草酚浊度试验数值　麦氏单位

畜种	测定头数	测定方法	范围
马	21	目测比浊	平均 3.0
公马	50	光电比浊	平均 1.57
母马	32	光电比浊	1.91
驴	7	目测比浊	平均 4.0
怀孕驴	40	光电比浊	平均 5.68
未孕驴	30	光电比浊	平均 4.88
水牛	216	目测比浊	阴性

(5)临床意义

①肝脏急性或慢性病变，如传染性肝炎、肝硬化等都可使浊度增加。肝脓肿、关节炎及心力衰竭等，可使浊度轻度或中度增加。

②血中类脂质含量增加时浊度也可提高，驴怀骡的妊娠毒血症，浊度可高达 30 单位，但肝脂变一般不引起浊度增高。

③阻塞性黄疸呈阴性反应，肝实质性黄疸呈阳性反应。

④传染性肝炎，麝香草酚浊度试验阳性反应的出现时间迟于脑磷脂胆固醇絮状试验，但其持续的时间却较脑磷脂胆固醇絮状试验为长，此种浊度增高的持续存在，往往是慢性肝炎的指征，其浑浊程度与肝脏损害的程度相平行。

2. 麝香草酚絮状试验

(1)原理　与麝香草酚浊度试验相同。但絮状试验敏感度较高，即浊度试验已由阳性变为阴性后，此试验在相当时间内仍呈阳性反应。

(2)试剂配制　与麝香草酚浊度试验相同。

(3)操作方法　血清经麝香草酚浊度试验后，将试管置于室温 18～24 h，观察絮状沉淀。如无絮状沉淀产生，则管内液体仍为均匀乳白色。如有絮状沉淀出现，可按下列标准判断：

阴性反应：

(－)　管内液体仍为均匀乳白色，无颗粒出现。

(＋)　管内液体仍呈细颗粒状，此种弱阳性反应在诊断上没有意义，故一般仍然判定为阴性反应。

阳性反应：

(＋＋)　管内液体呈现较粗的絮状物。

(＋＋＋)　管底已有絮状沉淀，但上层液体仍浑浊。

(＋＋＋＋)　管上层液体完全澄清，絮状物全部沉于管底。

(4)临床意义　与麝香草酚浊度试验相似，肝脏有实质性病变，可呈现不同程度的絮状反应，絮状反应由阳性转为阴性，往往较浊度试验为慢。

(八)血清脑磷脂胆固醇絮状试验

1. 原理　正常血清中的白蛋白对球蛋白有抑制作用，使其不与脑磷脂胆固醇发生絮状反应，如白蛋白含量减少或其质有所改变，可使它的抑制作用减弱，或球蛋白显著增多，丙种球蛋白可附着在脑磷脂胆固醇微粒的表面而改变其表面张力，增加微粒之间的附着性，而发生絮状沉淀。

2.试剂配制

(1)脑磷脂胆固醇原液　精确称取纯脑磷脂 100 mg 及胆固醇 300 mg,共同溶于8 mL乙醚中,如有不溶解的沉淀物,可倒入离心管内,加塞,低速离心去除。如乙醚因蒸发而量减少,则应补足至 8 mL。将上层透明乙醚液倒入试管内,迅速分装于小试管内,每管装入0.2 mL、0.5 mL 或 1 mL,这要根据每天的工作量而定。试管加塞,置于冰箱内。使用时若发现乙醚已挥发,可加乙醚至原来体积,使脑磷脂溶解。

(2)脑磷脂胆固醇悬浮液　取一支 30 mL 刻度大试管,加重蒸馏水 35 mL,在热水浴中加温至 65～70℃,慢慢滴加脑磷脂胆固醇原液 1 mL,随加随摇,徐徐加热至沸点,使试管内的液体蒸发至剩余 30 mL 为止。在加热过程中可用小玻璃棒将粒状物捣碎,最后使其成为乳白色混悬液,冷却,备用。如每天的实验不需要 30 mL,可按比例少配。

3.操作方法

(1)取新鲜血清 0.1 mL 加入小试管。

(2)加生理盐水 2 mL。

(3)加新鲜配制的脑磷脂胆固醇混悬液 0.5 mL,混匀。

(4)暗处室温中静置 24 h,观察结果。

(5)判定标准与麝香草酚絮状试验相同。

4.注意事项

(1)血清冰箱冷藏不应超过 24 h,血清被细菌或重金属盐类污染,可呈假阳性反应。

(2)血浆含有抗凝剂,可出现假阳性反应。

(3)血清加试剂后,试管应放在暗处,避免日光照射,否则可产生假阳性反应。

(4)脑磷脂或所用悬浮液制备不当会影响结果,每次试验最好有阳性血清、阴性血清及生理盐水作为对照。

5.正常值　健康家畜本试验呈阴性或可疑反应。

6.临床意义

(1)肝炎、肝硬化均呈阳性反应。对肝炎患畜定期进行该项检查,有助于预后判断。

(2)本试验在患畜呈现黄疸之前可见阳性反应。它比麝香草酚浊度试验的阳性反应出现得早。

(3)单纯性阻塞性黄疸(即肝细胞尚未受到伤害),本试验为阴性反应,可作为鉴别黄疸性质的参考指标。

(4)本试验并非肝功能检验的特异项目,如病毒性肺炎、类风湿关节炎、肾病等也可呈现阳性反应。

(九)与肝功能损害有关的血清酶学检验

1.血清丙氨酸氨基转移酶(ALT)测定

(1)原理　血清中的 ALT 催化基质中丙氨酸和 α-酮戊二酸的反应生成丙酮酸和谷氨酸。丙酮酸与 2, 4-二硝基苯肼作用生成苯腙,在碱性条件下显棕色。

(2)试剂配制

①0.1 mol/L 磷酸氢二钠　磷酸氢二钠(含两个结晶水)17.6 g 溶解于水中,并加水至 1 000 mL,冰箱内保存。

②0.1 mol/L 磷酸二氢钾　磷酸二氢钾 13.6 g 溶解于水中,加水至 1 000 mL,冰箱内保存。

③0.1 mol/L 磷酸盐缓冲液(pH 7.4) 将 420 mL 0.1 mol/L 磷酸氢二钠溶液和 80 mL 0.1 mol/L 磷酸二氢钾溶液混匀,置冰箱内保存。

④ALT 基质液(*DL*-丙氨酸 200 mmol/L,α-酮戊二酸 2 mmol/L) 精确称取 *DL*-丙氨酸 1.79 g和 α-酮戊二酸 29.2 mg,溶于 50 mL 磷酸盐缓冲液中,加麝香草酚 90 mg 防腐,溶解后用 1 mol/L 氢氧化钠(约 0.5 mL)校正 pH 至 7.4,再加磷酸盐缓冲液至 100 mL,冰箱可稳定保存 2 周。分装安瓿灭菌后,室温至少可用 3 个月。

⑤1 mmol/L 2,4-二硝基苯肼溶液 精确称取 19.8 mg 2,4-二硝基苯肼,溶解于 10 mol/L 的盐酸 10 mL 中,再以蒸馏水定容至 100 mL,置室温中保存。

⑥0.4 mol/L 氢氧化钠溶液 将 16.0 g 氢氧化钠溶解于蒸馏水中,并加至 1 000 mL,置具塞塑料试剂瓶中,室温可长期保存。

⑦2 mmol/L 丙酮酸标准液 准确称取 22.0 mg 丙酮酸钠(AR),置于 100 mL 容量瓶中,加 0.05 mol/L 硫酸至刻度。或购买市售标准液,冰箱保存。

(3)操作方法 基质在 37℃水浴锅内预温 5 min 后,按表 3-11 进行操作。

表 3-11 ALT 测定操作步骤 mL

管号	测定管(U)	对照管(C)
血清	0.1	0.1
ALT 基质液	0.5	—
	混匀后,在 37℃水浴 30 min	
2,4-二硝基苯肼溶液	0.5	0.5
ALT 基质液	—	0.5

各管混匀后,在 37℃水浴保温 20 min,然后每管加入 0.4 mol/L 氢氧化钠溶液 5 mL,室温放置 10 min,在 505 nm 波长,以蒸馏水校正零点,读取各管的吸光度。测定管吸光度减去对照管吸光度后,从标准曲线查得 ALT 活力单位(卡门氏单位)。

(4)标准曲线绘制

①按表 3-12 向各管加入相应试剂。

表 3-12 ALT 各标准管的配制

管号	0	1	2	3	4	5
相当于酶活性/卡门氏单位	0	28	57	97	150	200
0.1 mol/L 磷酸盐缓冲液/mL	0.10	0.10	0.10	0.10	0.10	0.10
2 mmol/L 丙酮酸标准液/mL	0	0.05	0.10	0.15	0.20	0.25
ALT 基质液/mL	0.50	0.45	0.40	0.35	0.30	0.25

②各管加入 2,4-二硝基苯肼溶液 0.5 mL,混匀,37℃ 20 min 后加入 0.4 mol/L 氢氧化钠溶液 5.0 mL。

③混匀,放置 10 min 后,以 0 管调零,在 505 nm 波长比色,读取各管吸光度,求各管均值。以各管吸光度均值为纵坐标,相应的卡门氏单位为横坐标作图。

(5)参考值(U/L) 见表 3-13。

表 3-13 参考值 U/L

畜种	参考范围	畜种	参考范围
牛	14～38	犬	21～102
猫	6～83	猪	31～58
山羊	24～83	鸡	9.5～37.2

(6)注意事项

①溶血的血清可能会引起测定管吸光度增加,因此检测此类标本时应作血清标本对照管。

②当血清的标本酶活力超过 150 卡门单位时,应将血清用生理盐水稀释后再进行测定。

③加入 2,4-二硝基苯肼溶液后,应充分反应混匀,使反应完全,加氢氧化钠溶液方法要一致,不同方法会导致吸光度读数的差异。

④基质中的 α-酮戊二酸和 2,4-二硝基苯肼均为呈色物质,称量必须准确,每批试剂的空白管吸光度上下波动不应超过 0.015,如超出此范围应检查试剂及仪器等方面问题。

(7)临床意义 谷-丙转氨酶存在于机体肝脏、心肌、脑、骨骼肌、肾及胰腺等组织细胞内,但以肝细胞和心肌细胞含量最多。

谷-丙转氨酶显著增高,见于各种肝炎急性期及药物中毒性肝细胞坏死;中等程度增高见于肝硬化、慢性肝炎及心肌梗死;轻度增高,见于阻塞性黄疸及胆道炎等。常用于灵长类动物、犬、猫肝脏损害的诊断。

(8)可以用全自动或半自动生化分析仪测定,具体用法参照试剂盒说明书。

2. 血清门冬氨酸氨基转移酶(AST)测定

(1)原理 与 ALT 的比色测定原理相类似,仅将基质中的丙氨酸改为门冬氨酸。

(2)试剂配制

①0.1 mol/L 磷酸盐缓冲液,pH 7.4。

②1 mmol/L 2,4-二硝基苯肼溶液。

③4 mol/L 氢氧化钠。

④2 mmol/L 丙酮酸标准液。

以上 4 种试剂的配制与 ALT 比色法相同。

⑤AST 基质液(dl-门冬氨酸 200 mmol/L,α-酮戊二酸 2 mmol/L) 称取 α-酮戊二酸 29.2 mg和 dl-门冬氨酸 2.66 g,置于一小烧杯中,加入 1 mol/L 氢氧化钠 15 mL,溶解,加 0.1 mol/L磷酸盐缓冲液约 50 mL,校正至 pH 7.4,然后将溶液移入 100 mL 容量瓶中,用磷酸盐缓冲液稀释至刻度。放置冰箱保存。亦可同 ALT 基质液作防腐处理。

(3)操作方法 同 ALT 比色测定法,只是用 AST 基质缓冲液,但酶反应作用时间改为 60 min,结果查 AST 标准曲线。

(4)标准曲线绘制 标准曲线绘制按表 3-14 向各管加入相应试剂。

(5)临床意义 谷草转氨酶显著增高见于各种急性肝炎、手术之后及药物中毒性肝细胞坏死;中度增高见于肝硬化、慢性肝炎、心肌炎等;轻度增高见于心肌炎、胸膜炎、肾炎及肺炎等。用于心肌、骨骼肌及马和反刍动物肝脏疾病的诊断。

(6)可以用全自动或半自动生化分析仪测定,具体用法参照试剂盒说明书。

表 3-14　AST 各标准管配制

管号	0	1	2	3	4
0.1 mol/L 磷酸盐缓冲液/mL	0.10	0.10	0.10	0.10	0.10
AST 基质液/mL	0.50	0.45	0.40	0.35	0.30
丙酮酸标准液/mL	0	0.05	0.10	0.15	0.20
2,4-二硝基苯肼溶液	0.5	0.5	0.5	0.5	0.5
相当于酶活力/卡门氏单位	0	24	61	114	190

3.金氏比色法检测血清碱性磷酸酶(ALP)

碱性磷酸酶(ALP)在机体分布广泛,但以骨骼、肝、肾、肠和胎盘含量较多。ALP 测定主要用于肝胆疾病、骨骼疾病的诊断。测定 ALP 有十多种方法,如鲍氏法、金氏法、Folim 法等。本试验采用金氏比色法检测 ALP。

(1)原理　碱性磷酸酶分解磷酸苯二钠,生成游离酚和磷酸,酚在碱性溶液中与 4-氨基安替比林作用,经铁氰化钾氧化生成红色琨的衍生物,根据红色深浅测定酶活力的高低。

(2)试剂配制

①0.1 mol/L 碳酸盐缓冲液(pH 10.0)　溶解无水碳酸钠 6.36 g、碳酸氢钠 3.36 g、4-氨基安替比林 1.5 g 于 800 mL 蒸馏水中,将此溶液转入 1 000 mL 容量瓶中,加蒸馏水至刻度,置棕色瓶中贮存。

②20 mmol/L 磷酸苯二钠溶液　先将 500 mL 蒸馏水煮沸,迅速加入磷酸苯二钠 2.18 g(磷酸苯二钠如含 2 分子结晶水,则应称取 2.54 g)。冷却后加氯仿 2 mL 防腐,置冰箱保存。

③铁氰化钾溶液　分别称取铁氰化钾 2.5 g,硼酸 17 g,各溶于 400 mL 蒸馏水中,二液混合后,加蒸馏水至 1 000 mL,置棕色瓶中避光保存。

④酚标准贮存液(1 mg/mL)　购买商品标准液或自行配制,其方法是将重蒸馏苯酚1.0 g 于 0.1 mol/L 盐酸中,并稀释至 1 000 mL。

⑤酚标准应用液(0.05 mg/ mL)　酚标准贮存液 5 mL,加蒸馏水至 100 mL。此液只能保存 2～3 d。

(3)操作方法　取 16 mm×100 mm 试管按表 3-15 进行编号与测定。

表 3-15　各管的配制　mL

管号	测定管(U)	对照管(C)
血清	0.1	—
磷酸缓冲液	1.0	1.0
	37℃水浴 5 min	
基质溶液(预温至 37℃)	1.0	1.0
	混匀,37℃水浴准确保温 15 min	
铁氰化钾溶液	3.0	3.0
血清	—	0.1

立即混匀,在波长 510 nm 以蒸馏水调零点比色,读取各管吸光度,测定管吸光度减去对照管吸光度,查标准曲线表,求出酶活力单位。金氏单位定义:100 mL 血清在 37℃,与基质作

用 15 min,产生 1 mg 酚为 1 个金氏单位。

(4)标准曲线绘制　按表 3-16 操作。

表 3-16　标准曲线绘制操作步骤

加入物	0	1	2	3	4	5
酚标准应用液/mL	0	0.2	0.4	0.6	0.8	1.0
蒸馏水/mL	1.1	0.9	0.7	0.5	0.3	0.1
磷酸盐缓冲液/mL	1.0	1.0	1.0	1.0	1.0	1.0
铁氰化钾溶液/mL	3.0	3.0	3.0	3.0	3.0	3.0
相当于金氏单位	0	10	20	30	40	50

立即混匀,在波长 510 nm,以零号管调零点,读取各管吸光度,并和相应单位绘制标准曲线。

(5)注意事项

①铁氰化钾溶液中加入硼酸有稳定显色作用,此液应避光保存,如出现蓝绿色即弃去。

②基质中不应含游离酚,如空白管显红色说明磷酸苯二钠已开始分解,应弃去不用。

③若血清酶活力过高,应将样本作数倍稀释后测定,计算结果乘以稀释倍数。

(6)临床意义　血清中 ALP 主要来自肝胆、骨骼和牙齿,因而 ALP 测定常用作肝胆和骨骼疾病临床辅助诊断的指标。幼年动物血清 ALP 活性较成年动物为高,这与幼畜活跃的成骨细胞有关。分析临床意义时必须考虑动物的年龄因素。病理状态下,引起骨骼代谢障碍的一些疾病,都会出现 ALP 升高,如佝偻病、骨软症、纤维性骨炎、骨损伤及骨折修复愈合期等。

胆管上皮细胞中含有极高的 ALP,因而肝脏阻塞性黄疸时,ALP 明显升高,肝实质损害时往往由于胆管的不同程度受损,胆汁蓄积或肝脏恢复过程中胆道纤维化作用,ALP 也会升高,且在后期阶段可能比 ALT 更为明显。

常用于肝胆疾病、骨骼疾病、肿瘤等的诊断。

(7)可以用全自动或半自动生化分析仪测定,具体用法参照试剂盒说明书。

4. 比色测定法测定血清乳酸脱氢酶(LDH)

(1)原理　乳酸脱氢酶催化乳酸,生成丙酮酸,丙酮酸和 2,4-二硝基苯肼反应,生成丙酮酸二硝基苯腙,在碱性溶液中呈棕红色,根据颜色深浅,求出酶活力。

(2)试剂配制

①基质缓冲液(含 0.3 mol/L 乳酸鲤)(pH 8.8)　称取二乙醇胺 2.1 g、乳酸鲤 2.88 g,加蒸馏水约 80 mL,以 1 mol/L 盐酸调至 pH 8.8,加水至 100 mL。

②11.3 mmol/L 辅酶Ⅰ(NAD)溶液　称取氧化型辅酶Ⅰ 15 mg(如含量为 70%,则称取 21.4 mg),溶于 2 mL 蒸馏水中。4℃保存至少可用 2 周。

③1 mmol/L 2,4-二硝基苯肼溶液　称取 2,4-二硝基苯肼 200 mg,加 10 mol/L HCl 100 mL,溶解后加水至 1 000 mL。

④0.4 mol/L NaOH 溶液。

⑤0.5 mmol/L 丙酮酸标准溶液　准确称取丙酮酸钠(AR)11 mg,以基质缓冲液溶解后,移入 200 mL 容量瓶中,加基质缓冲液稀释至刻度,临用前配制。

(3)操作方法　取 16 mm×100 mm 试管按表 3-17 进行编号与测定。

表 3-17 LDH 测定操作步骤 mL

加入物	测定管(U)	对照管(C)
血清	0.01	0.01
基质缓冲液	0.5	0.5
	37℃水浴 5 min	
辅酶Ⅰ溶液	0.1	—
	37℃水浴 15 min	
2,4-二硝基苯肼溶液	0.5	0.5
辅酶Ⅰ溶液	—	0.1
	37℃水浴 15 min	
0.4 mol/L 氢氧化钠溶液	5.0	5.0

置室温 3 min 后在波长 440 nm 处比色,用蒸馏水调零。读取各管吸光度,以测定管与对照管的差值,查标准曲线,求酶活力单位。

金氏单位定义:以 100 mL 血清在 37℃反应 15 min 产生 1 μmoL 丙酮酸为 1 个单位。

(4)标准曲线绘制 按表 3-18 进行操作。

表 3-18 标准曲线绘制步骤

加入物	0	1	2	3	4	5	6	7
丙酮酸标准液/mL	0	0.025	0.05	0.10	0.15	0.20	0.30	0.40
基质缓冲液/mL	0.5	0.475	0.45	0.40	0.35	0.30	0.20	0.10
蒸馏水/mL	0.11	0.11	0.11	0.11	0.11	0.11	0.11	0.11
2,4-二硝基苯肼/mL	0.5	0.5	0.5	0.5	0.5	0.5	0.5	0.5
				37℃水浴 15 min				
0.4 mol/L 氢氧化钠溶液/mL	5.0	5.0	5.0	5.0	5.0	5.0	5.0	5.0
相当 LDH 活性金氏单位	0	125	250	500	750	1 000	1 500	2 000

室温放置 3 min 后 440 nm 波长,蒸馏水调零比色,分别以 1～7 管吸光度减去 0 管吸光度的差值与相应单位作图,绘制标准曲线。

金氏单位定义:以 100 mL 血清,37℃下作用 15 min,产生 1 μmoL 丙酮酸为 1 个单位。

(5)参考值 见表 3-19。

表 3-19 参考值 U/L

畜种	参考范围	畜种	参考范围
牛	692～1 445(1 061±222)	山羊	123～392(281±71)
马	162～412(252±63)	犬	45～233(93±50)
猪	380～635(499±75)	猫	63～273(137±59)
绵羊	238～440(352±59)		

(6)临床意义 LDH 广泛存在于体内各组织中,其中以心肌、骨骼肌、肾脏、肝脏、红细胞等组织中含量较高。LDH 有多种同工酶,其生物特性相同,但在电泳行为方面都各有特性,借

此可进行分离，目前已被证实血清有5种乳酸脱氢酶同工酶。LDH_1 和 LDH_2 主要来自心肌、红细胞、白细胞及肾脏等；LDH_4 和 LDH_5 主要来自肝脏及骨骼肌等；LDH_3 主要存在于肝脏、脾脏、胰腺、白细胞、甲状腺、肾上腺及淋巴结等。组织中酶活力比血清高约1 000倍，所以即使少量组织坏死，释放的酶也能使血清中LDH升高，常见于心肌损伤，骨骼肌变性、损伤及营养不良，维生素E及硒元素缺乏，肝脏疾病、恶性肿瘤、溶血性疾病、肾脏疾病等。由于大多数器官的病变和损伤均可引起血清LDH总活力的变化，其对疾病诊断的特异性较差。主要用于心肌梗塞、肺梗塞、肝病、恶性肿瘤及血液病等疾病的辅助诊断。

①急性心肌梗死时，血清 LDH_1 及 LDH_2 均增加，且 LDH_2/LDH_1 低于1。

②急性肝炎早期 LDH_5 升高，且常在黄疸出现之前已开始升高；慢性肝炎可持续升高；肝硬化、肝癌、骨骼肌损伤、手术后等 LDH_5 亦可升高。

③阻塞性黄疸时，LDH_4 与 LDH_5 均升高，但以 LDH_4 升高较多见。

④心肌炎、溶血性贫血等，LDH_1 可升高。

常用于各种原因引起的肝损伤、牛肝片吸虫病的诊断。

(7)注意事项

①血清加样时，若无微量加样器，为保证加样量准确，可先将样本用蒸馏水作5倍稀释(0.1 mL血清+0.4 mL水)，然后加稀释样本0.05 mL，其结果不变。

②红细胞中LDH活力约为血浆中活力的150倍，因而血清应绝对避免溶血。

③$EDTA\text{-}Na_2$ 和草酸盐等对LDH有抑制作用，若用血浆测定，应用肝素抗凝。

(8)可以用全自动或半自动生化分析仪测定，具体用法参照试剂盒说明书。

四、作业与思考题

1. 试述血清总胆红素、结合胆红素及与肝功能损害有关的血清酶的测定方法。
2. 各项肝功能指标检测的原理及其临床意义是什么？

实验二　肾功能检查

一、实验目的与要求

1. 掌握尿液浓缩试验、靛卡红试验和酚红排泄试验的操作方法。

2. 了解血清尿素、血清肌酐和血清尿酸的测定方法及其临床意义。

二、实验器材

器械　分光光度计、冰箱、吸管、容量瓶和棕色瓶等。

材料　4%靛卡红灭菌水溶液、氢氧化钠、酚红、磷酸、硫氨脲、硫酸镉、二乙酰-肟、尿素、叠氮钠、苯酚、亚硝基铁氰化钠、尿素酶、甘油、钨酸钠、浓磷酸、硫酸、碳酸钠、碳酸锂、尿酸、乙二醇、玻璃珠和去氨蒸馏水等。

三、实验内容与方法

(一)尿液浓缩试验

1. 原理　正常肾脏 24 h 内的尿量和密度，随着体内水分的多少而有变化，从而能维持体内水分及电解质的代谢平衡。当体内水分过多时，则尿量增加，且密度降低；如果体内水分过少时，则尿量减少、浓缩，且密度增高。肾小球与肾小管的功能一旦发生损害，无论体内水分多少，其尿量及密度往往变化很小或基本不变。所以，浓缩试验是测定肾小管重吸收机能的方法。肾脏丧失浓缩的能力，常是肾功能早期受损的表征。

2. 操作方法　试验的第一天早晨给家畜装好集尿器，照常喂饲和饮水，观察排尿次数，并于每次排尿之后，测定尿量及其比重。第二天早晨的同一时间内只给干饲，不给饮水，同样于每次排尿之后，测定尿量及其比重，并与第一天测定的结果相比较。肾脏功能正常的家畜，此时一昼夜的排尿次数和尿量均见减少，而尿比重则见增高，4～8 h 后的尿液最浓。如肾脏处于病理状态，虽然尿量减少，而尿比重增加很小或不增加。

(二)靛卡红试验

1. 原理　靛卡红溶液肌肉或静脉注射后，经肾小球和肾小管随尿排出时，可将尿染成绿色。根据色素在尿中出现时间的迟早和尿液着色的深浅来判断肾脏的排泄功能。

2. 操作方法　试验前 5～6 h 停止给家畜饮水。开始试验时，导出膀胱全部尿液(作为对照)。将导尿管加以固定，然后肌内注射 4%靛卡红灭菌水溶液 20 mL。注射后，每 15 min 取尿一次，与对照管比较，观察尿液颜色的改变情况，并注意尿液中色素的加深、变浅和消失的时间，至尿色与对照管色度相同时，试验即可结束。

健康马、牛，通常于注射后 15～20 min，尿液即开始出现色素，最初尿液呈淡黄绿色，经

3～4 h 变为深绿色,色素排泄时间平均为 14 h。

肾脏发生疾患时,如肾炎等,色素排泄时间延长,数量减少,于 1 h 后尿中才出现色素,而且尿色仅呈微绿色。

(三)酚红排泄试验

1. 原理　酚红又称酚磺肽,是一种对机体无害的染料。注入体内后,除一小部分潴留于肝脏外,绝大部分(94%)经肾小管分泌排泄。酚红在碱性溶液中显红色,从而可以测知肾小管的功能状态。

2. 标准比色管的配制　取静脉注射用的酚红溶液 1 mL(1 mL＝6 mg)于 500 mL 容量瓶内,加少量蒸馏水,加 10%氢氧化钠液 5 mL,待红色完全显现后加水至刻度处,此为 100%标准液,用碱性蒸馏水(10%氢氧化钠液 0.5 mL,加蒸馏水至 100 mL)稀释成各种不同浓度的标准液(表 3-20)。

表 3-20　不同浓度标准液的配制

100%标准液/mL	7.0	6.5	6.0	5.5	5.0	4.5	4.0	3.5	3.0	2.5	2.0	1.5	1.0	0.5
碱性蒸馏水/mL	3.0	3.5	4.0	4.5	5.0	5.5	6.0	6.5	7.0	7.5	8.0	8.5	9.0	9.5
各种浓度标准液/%	70	65	60	55	50	45	40	35	30	25	20	15	10	5

3. 操作方法(犬)

(1)色素注射前,把犬膀胱内的尿液完全倒空,保存尿液,作为对照。

(2)色素注射后(静脉注射 6 mg),于 15 min、30 min、60 min、120 min 各收集尿液一次。

(3)测定每次尿液排出酚红的百分比,即将尿置于 1 000 mL 容量瓶内,用蒸馏水稀释成约 500 mL,加 10%氢氧化钠直到呈现最深的紫红色为止(大约需要 1 mL),再用蒸馏水加至 1 000 mL刻度处,混匀。假如尿液清亮透明,即可移入试管内比色,否则,应先过滤,再移入试管内比色。

(4)正常值:犬,15 min 数值为 20%～30%,大多数均在 25%以上。

据 Bloom(1937)报道,在肾的代偿期,纵然肾脏损伤较重,试验结果可能处于正常范围之内。Sastry(1961)报道,酚红的排泄率,在试验性肾炎可见下降。

由于心脏功能不全而引起肾脏淤血,可使色素排除率下降,故应注意心脏功能检查。

(四)血清尿素(Urea)的测定

1. 二乙酰－肟显色法

(1)原理　在酸性反应环境中加热,尿素与二乙酰缩合,生成色素原二嗪(diazine),称为 Fearon 反应。因为二乙酰不稳定,故通常由反应系统中二乙酰-肟与强酸作用,产生二乙酰。二乙酰和尿素反应,缩合生成红色的二嗪。反应中加入硫氨脲及硫酸镉可提高反应的灵敏度和显色的稳定性。

(2)试剂配制

①酸性试剂　在三角烧瓶中加蒸馏水约 100 mL,然后加入浓硫酸 44 mL 及 85%磷酸 66 mL,冷至室温,加入硫氨脲 50 mg 及硫酸镉($CdSO_4 \cdot 8H_2O$)2 g,溶解后用蒸馏水稀释至 1 L,置棕色瓶放冰箱保存,可稳定半年。

②二乙酰-肟溶液　称取二乙酰-肟 20 g,加蒸馏水约 900 mL,溶解后,再用蒸馏水稀释至

1 L,置棕色瓶中,贮存于冰箱内可稳定半年。

③尿素标准贮存液(100 mmol/L)　称取干燥纯尿素(MW＝60.06)600.6 mg,溶解于蒸馏水并稀释至 100 mL,加 0.1 g 叠氮钠防腐,置冰箱内可稳定 6 个月。

④尿素标准应用液(5 mmol/L)　取 5.0 mL 贮存液用去氨蒸馏水稀释至 100 mL。

(3)操作方法　按表 3-21 进行操作。

表 3-21　比色液的配制　mL

加入物	测定管	标准管	空白管
血清	0.02	—	—
尿素标准应用液	—	0.02	—
蒸馏水	—	—	0.02
二乙酰-肟溶液	0.5	0.5	0.5
酸性试剂	5.0	5.0	5.0

混匀后,置沸水浴中加热 12 min,取出,置冷水中冷却 5 min 后,用分光光度计波长 540 nm,比色杯光径 1.0 cm,以空白管调零比色,读取标准管及测定管吸光度。

(4)计算

$$\text{血清尿素浓度(mmol/L)}=\frac{\text{测定管吸光度}}{\text{标准管吸光度}}\times 5$$

$$\text{血清尿素氮含量(mg/L)}=\text{血清尿素(mmol/L)}\times 28$$

(5)参考值　见表 3-22。

表 3-22　动物血清尿素参考值　mmol/L

畜种	参考范围	畜种	参考范围
牛	3.55～7.1	山羊	3.55～7.1
马	3.55～7.1	犬	1.75～10
猪	3.55～10.65	猫	5～11.45
绵羊	2.85～7.1		

(6)注意事项

①本法线形范围达 14 mmol/L 尿素,如遇高于此浓度的标本,必须用生理盐水作适当的稀释后重测,结果乘以稀释倍数。

②20 μL 微量吸管必须校正,使用时务必注意清洁干燥,加量务必准确,且吸管内壁沾的样品应以试剂洗下。或者将血清及标准液作 5 倍稀释后,加样 0.1 mL。

③试剂中加入硫胺脲和镉离子,增进显色强度和色泽稳定性,但仍有轻度褪色现象(每小时小于 5%)。加热显色经冷却后,应及时比色。

④尿液中尿素亦可用此法进行测定,由于尿液中尿素含量高,标本需要用蒸馏水进行 1∶50稀释。如果显色后吸光度仍超过本法的线性范围,还需将稀释尿再稀释后重新测定。

⑤注意血清尿素与血清尿素氮的区别,尿素分子中含有两个氮原子,因此,1 mmol/L 尿素＝2 mmol/L 尿素氮。为避免混乱,建议统一使用尿素含量。

⑥尿素氮的浓度,习惯用 mg/dL 或 mg/L 表示。若用 mmol/L 表示,则一个毫摩尔尿素氮浓度是以一个毫摩尔氮原子量(N=14)为计量单位。尿素分子中含有两个氮原子。因此,1 mmol/L尿素=2 mmol/L 尿素氮。世界卫生组织推荐用尿素 mmol/L 表示浓度,应以此为准。

2. 脲酶－波氏比色法

(1)原理　本法测定分两个步骤:首先用尿素酶水解尿素,产生二分子氨和一分子氧化碳。然后,氨在碱性介质中与苯酚及次氯酸反应,生成蓝色的吲哚酚,此过程需要亚硝基铁氰化钠催化反应。蓝色吲哚酚的生成量与尿素含量成正比,在 630 nm 波长比色测定。

(2)试剂配制

①酚显色剂　苯酚 10 g,亚硝基铁氰化钠(含 2 分子水)0.05 g,溶于 1 000 mL 去氨蒸馏水中,存放于冰箱中,可保存 60 d。

②碱性次氯酸钠溶液　氢氧化钠 5 g 溶于去氨蒸馏水中,加"安替福明"8 mL(相当于次氯酸钠 0.42 g),再加蒸馏水至 1 000 mL,置棕色瓶中冰箱保存,可稳定 2 个月。

③尿素酶贮存液　尿素酶(比活性 3 000～4 000 IU/g)0.2 g 悬浮于 20 mL 50%(*V*/*V*)甘油中,置冰箱中可保存 6 个月。

④尿素酶应用液　尿素酶贮存液 1 mL,加 10 g/L EDTA·Na_2 溶液(pH 6.5)至 100 mL,置冰箱中可稳定 1 个月。

⑤尿素标准应用液　同二乙酰-肟法。

(3)操作方法　取 16 mm×150 mm 试管,标记测定管、标准管和空白管,按表 3-23 操作。

表 3-23　比色液的配制

加入物	测定管	标准管	空白管
尿素酶应用液/ mL	1.0	1.0	1.0
血清/μL	10	—	—
尿素标准应用液/μL	—	10	—
蒸馏水/μL	—	—	10

混匀,37℃水浴 15 min,向各管迅速加入酚显色剂 5 mL,混匀,再加入碱性次氯酸钠溶液 5 mL,混匀。各管置 37℃水浴 20 min,使呈色反应完全。

分光光度计波长 560 nm,比色杯光径 1.0 cm,用空白管调零,读取各管吸光度。

(4)计算

$$尿素浓度(mmol/L)=\frac{测定管吸光度}{标准管吸光度}\times 5$$

(5)注意事项

①本法亦能测定尿液中的尿素,方法如下:1 mL 尿标本,加入造沸石(需预处理)0.5 g,加去氨蒸馏水至 25 mL,反复振摇数次,吸附尿中的游离铵盐,静置后吸取稀释尿液 1.0 mL,按上述操作方法进行测定。所测结果乘以稀释倍数 25。

②误差原因:空气中氨气对试剂或玻璃器皿的污染或使用铵盐抗凝剂可使结果偏高。高浓度氟化物可抑制尿素酶,引起结果假性偏低。

3.临床意义 尿素是体内氨基酸代谢的最终产物之一。氨基酸经脱氨基作用先生成氨。氨对机体具有毒性,在肝脏经鸟氨酸循环生成尿素,尿素通过血液循环至肾脏,由尿液排出体外。

血液及尿中尿素测定是肾功能试验的重要项目之一。血液尿素增高最常见为肾脏因素,可分为3方面:

(1)肾前性 最重要的原因是失水引起血液浓缩,肾血流量减少,肾小球滤过率降低,使血尿素潴留。此时尿素氮(BUN)升高,但肌酐(creatinine,Cr)升高不明显,BUN/ Cr(mg/dL)>10∶1,称为肾前性氮质血症。经扩容后尿量多能增加,BUN可自行下降。

(2)肾性 急性肾衰竭肾功能轻度受损时,尿素氮可无变化,但肌酐下降至50%以下,BUN才见升高。因此,血BUN测定不能作为早期肾功能指标。但对慢性肾衰竭,尤其是尿毒症时,BUN增高的程度一般与病情严重性一致。

(3)肾后性 因尿道狭窄,尿路结石,膀胱肿瘤等致使尿道受压。

此外,蛋白质分解或摄入过多,如急性传染病、高热、上消化道大出血、大面积烧伤、严重创伤、大手术后和甲状腺功能亢进、高蛋白饮食等,也出现BUN升高,但血肌酐一般不升高。

血尿素降低较为少见,常表示严重的肝病,广泛性肝坏死。

(五)血清肌酐测定(除蛋白碱性苦味酸法)

血清肌酐(serum creatinine,Scr)由外源性和内生性两类组成。机体每20 g肌肉每天代谢产生1 mg肌酐,产生速率为1 mg/min,每天肌酐的生成量相当恒定。血中肌酐主要由肾小球滤过排出体外,肾小管基本不重吸收且排泄量也较少。在外源性肌酐摄入量稳定的情况下,血中的浓度取决于肾小球滤过能力。当肾实质损害,肾小球滤过率降低到临界点后,血中肌酐浓度就会急剧上升,故测定血中肌酐(GFR)浓度可作为肾脏受损的指标。敏感性较尿素氮(BUN)好,但并非早期诊断指标。

1.原理 肌酐与碱性苦味酸反应,生成橙红色复合物。

2.试剂配制

(1)0.04 mol/L苦味酸溶液 称取苦味酸(AR)9.3 g,溶于500 mL、80℃蒸馏水中,冷却至室温,然后用蒸馏水稀释至1 L,贮存于棕色试剂瓶中备用。

(2)0.75 mol/L氢氧化钠 称取氢氧化钠(AR)30 g加适量蒸馏水溶解后,冷却至室温,用蒸馏水稀释至1 L。

(3)35 mmol/L钨酸溶液

①取100 mL蒸馏水,加入聚乙烯醇1 g,加热助溶,冷却。

②取11.1 g钨酸钠,完全溶解于300 mL蒸馏水中。

③取300 mL蒸馏水,沿壁慢慢加入浓硫酸2.1 mL,冷却。

取1 L容量瓶一只,将①液加入②液中,再与③液混合,然后加蒸馏水至刻度,室温至少可保存1年。

(4)10 mmol/L肌酐标准贮存液 精确称取肌酐113 mg(M113.12)用适量0.1 mol/L盐酸溶解并移入100 mL容量瓶中,再以0.1 mol/L盐酸稀释至刻度,冰箱内保存可稳定1年不变。

(5)10 μmol/L肌酐标准应用液 精确吸取10 mmol/L肌酐标准贮存液1.0 mL,加入1 L容量瓶中,以0.1 mol/L盐酸稀释至刻度,置冰箱内保存。

3. 操作方法

(1)取 16×110 mm 试管一支,加入血清(浆)0.5 mL,然后加入 35 mmol/L 钨酸溶液 4.5 mL,充分混匀。3 000 r/min 离心 10 min,取上清液备用。

(2)另取 3 支试管,分别标明测定管"U"、标准管"S"和空白管"B"。

(3)于测定管中加入无蛋白血滤液,标准管内加入肌酐标准应用液 3.0 mL,空白管内加入蒸馏水 3.0 mL,然后各管分别加入 0.04 mol/L 苦味酸试剂 1.0 mL,加入 0.75 mol/L 氢氧化钠溶液 1.0 mL。

(4)颠倒混匀放置 15 min,取 510 nm 波长,用分光光度计以空白管调零,分别读取测定管与标准管吸光度。

4. 结果计算

$$血清(浆)肌酐(\mu mol/L)=\frac{A_U}{A_S}\times 100$$

参考值见表 3-24。

表 3-24　血液中肌酐含量的参考值　　μmol/L

畜种	牛	猪	犬	羊	猫
参考值	88～177	88～239	35.4～133	106～168	71～159

5. 临床意义

(1)血肌酐增高　见于各种原因引起的肾小球滤过功能减退:急性肾衰竭,血肌酐明显进行性升高,为器质性损害的指标,可伴少尿或无尿;慢性肾衰竭,血肌酐升高程度与病变严重性一致,肾衰竭代偿期,血肌酐＜178 μmol/L;肾衰竭失代偿期,血肌酐＞178 μmol/L;肾衰竭期,血肌酐明显升高,＞445 μmol/L。

(2)鉴别肾前性和肾实质性少尿　器质性肾衰竭时,血肌酐常超过 200 μmol/L ;肾前性少尿如心力衰竭、脱水、肝肾综合征、肾病综合征等所致的有效血容量下降,使肾血流量减少,血肌酐浓度上升多不超过 200 μmol/L。

(3)BUN/Cr(单位为 mg/dL)的意义　器质性肾衰竭,BUN 与 Cr 同时增高,因此 BUN / Cr ＜10∶1;肾前性少尿,肾外因素所致的氮质血症,BUN 可较快上升,但血 Cr 不相应上升,此时常 BUN /Cr＞10∶1。

6. 注意事项

(1)试验前,使患畜安静休息,避免剧烈运动。

(2)收集 24 h 的尿液,测定其中肌酐的含量,为了避免导尿的麻烦,应尽量使用集尿器集尿。

(3)在收集尿液标本的同一天的任何时刻,自静脉采血 5 mL,用草酸盐抗凝,测定血液中肌酐的含量。

7. 可以用全自动或半自动生化分析仪测定,具体用法参照试剂盒说明书。

(六)血清尿酸测定(磷钨酸还原法)

1. 原理　去蛋白滤液中的尿酸(UA)在碱性溶液中被磷钨酸氧化成尿素及二氧化碳,磷钨酸在此反应中被还原成钨蓝,可进行比色测定,计算出尿酸含量。

2. 试剂

(1)磷钨酸贮存液　称取钨酸钠 50 g,溶于约 400 mL 蒸馏水中,加浓磷酸 40 mL 及玻璃珠数粒,煮沸回流 2 h,冷却至室温,用蒸馏水稀释至 1 L,贮存于棕色瓶中。

(2)磷钨酸应用液　取 10 mL 磷钨酸贮存液,以蒸馏水稀释至 100 mL。

(3)钨酸试剂　在 800 mL 蒸馏水中,加入 50 mL 0.3 mol/L 钨酸钠溶液、0.05 mL 浓磷酸和 50 mL 0.33 mol/L 硫酸,混匀,在室温中可稳定数日。

0.3 mol/L 钨酸钠溶液　称取钨酸钠($Na_2WO_4 \cdot 2H_2O$)100 g,用蒸馏水稀释至 1 L。

0.33 mol/L 硫酸溶液　取 18.5 mL 浓硫酸,加入 500 mL 蒸馏水中,以蒸馏水稀释至 1 L。

(4)100 g/L 碳酸钠溶液　称取 100 g 无水碳酸钠,溶解于蒸馏水并定容至 1 L,置塑料瓶中保存,如有混浊过滤后使用。

(5)6.0 mmol/L 尿酸标准贮存液　取 60 mg 碳酸锂(AR)溶解于 40 mL 蒸馏水中,加热至 60℃使之完全溶解,精确称取尿酸(MW168.11)100.9 mg,溶解于热碳酸锂溶液中,冷却至室温,以蒸馏水定容至 100 mL,棕色瓶中保存。

(6)300 μmol/L 尿酸标准应用液　在 100 mL 容量瓶中,加尿酸标准贮存液 5 mL,乙二醇 33 mL,以蒸馏水稀释至刻度。

3. 操作方法　在一离心管中加入 4.5 mL 钨酸试剂,0.5 mL 血清,充分混匀后,静置数分钟,离心,取上清液按表 3-25 继续操作。

表 3-25　血清尿酸测定步骤　mL

加入物	测定管(U)	标准管(S)	空白管(B)
去蛋白滤液上清	2.5	—	—
尿酸标准应用液	—	0.25	—
蒸馏水	—	—	0.25
钨酸试剂	—	2.25	2.25
碳酸钠溶液	0.5	0.5	0.5
混匀放置 10 min			
磷钨酸应用液	0.5	0.5	0.5
混匀,放置 20 min,空白管调零,660 nm,读取各管光密度值			

4. 计算

$$血清尿酸浓度(\mu mol/L)=\frac{OD_U}{OD_S}\times 300$$

单位换算:血清尿酸(mg/dL)= 血清尿酸(μmol/L)×0.016 8

5. 参考值　参考值见表 3-26。

表 3-26　动物血清尿酸参考值　mmol/L

畜种	参考范围	畜 种	参考范围
牛	0～119	鸡	119～180
马	54～66	犬	0～119
山羊	18～60	猫	0～60
绵羊	0～113		

6.临床意义 尿酸是嘌呤核苷酸分解代谢的产物,在人和其他灵长类动物,尿酸是嘌呤代谢的最终产物,随尿排出体外。而在马、牛、绵羊、山羊等动物,体内含有尿酸酶,能使尿酸分解为尿素。

(1)血清尿酸测定对痛风诊断很有价值,痛风症患鸡血清尿酸比正常增高数倍。

(2)肾功能减退、严重肾损害等,血清尿酸浓度增高。

(3)四氯化碳、铅中毒等,也引起血尿酸含量增高。

可以用全自动或半自动生化分析仪测定,具体用法参照试剂盒说明书。

四、作业与思考题

1.试述尿液浓缩试验、靛卡红试验和酚红排泄试验的操作方法。

2.各项肾功能指标检测的原理及其临床意义是什么?

实验三　血液激素测定技术
（血清孕酮的放射免疫测定）

一、实验目的与要求

1. 了解激素放射免疫测定法、酶免疫分析法及化学发光测定法的原理。

2. 掌握激素放射免疫测定法操作技术，为母畜妊娠诊断及某些疾病的诊断提供参考依据。

二、实验器材

器械　离心机、恒温水浴锅、涡旋振荡器、液体闪烁计数仪；可调式移液器（20～200 μL，200～1 000 μL 每组各一把）、定时器、曲线尺、记号笔、铅笔、坐标纸；反应试管（10 mm×75 mm）等。

材料　处于发情周期不同阶段的未孕奶牛的血清样品及处于不同妊娠阶段奶牛的血清样品；孕酮放射免疫测定试剂盒（北京北方生物技术研究所生产，包括孕酮标准品、孕酮标记品（^{125}I-P）、兔抗-孕酮抗血清和驴抗-兔免疫分离剂）和蒸馏水。

三、实验内容与方法

（一）原理

激素在体内含量极微，类固醇激素在体内含量一般都在 10^{-12}～10^{-9} g/mL 水平。由于它们具有很高的生物活性，其在体内含量的异常会引起身体机能的紊乱，导致疾病的发生，因而准确测定体内各激素水平对疾病诊断具有重要意义。测定激素的方法有 3 类：生物测定法、化学测定法和配基结合测定法。前两类方法由于灵敏度低等原因，不适于用作血液及乳汁中激素测定方法。目前常用的激素测定方法为配基结合测定法。根据采用的标记物不同可分为放射免疫测定法（radio-immuno assay，RIA），酶免疫测定法（enzyme immunoassay，EIA）和化学发光测定法（chemiluminescence immunoassay，CLIA）等。

1. 放射免疫测定原理　就是利用放射性核素标记抗原或抗体，然后与被测的抗体或抗原结合，形成抗原抗体复合物的原理来进行分析的。根据被标记物是抗原或抗休，它又分为两种方法：

（1）竞争性 RIA　又称传统 RIA，其主要特点：标记的是抗原。基本原理如下：

$$\begin{matrix} Ag \\ Ag^{*} \end{matrix} + Ab \rightleftharpoons \begin{matrix} Ag-Ab \\ Ag^{*}-Ab \end{matrix}$$

在上述反应中，Ag 与 Ab 可以生成复合物 Ag－Ab，同样，Ag* 也可与 Ab 生成复合物 Ag*－Ab，这些反应都是可逆的，并在一定条件下可以达到平衡。当 Ag*、Ag 与 Ab 在同一个反应系统中,Ag^*的量一定而 Ab 的结合容量小于 Ag^* 所需结合量时,则 Ag^*、Ag 竞争与 Ab 发生特异性反应分别形成 Ag^*-Ab 和 Ag-Ab 两种复合物。每种复合物形成量的多少取决于反应系统中 Ag 的量,即随着 Ag 的增加,Ag-Ab 复合物量增加而 Ag^*-Ab 复合物的量减少,在反应系统中生成的 Ag^*-Ab 的量与 Ag 的量成反比,且具有一定的函数关系。如果以 B%或以 B/F(结合态与游离态示踪物活性之比),或任何其他结合物与游离物之间的分离指数为纵坐标,以未标记配基标准品浓度为横坐标,便可作出一条标准曲线,又称剂量-反应曲线。而测定样品中未知量的 Ag 取代 Ag^* 与 Ab 竞争结合的情况可以用标准曲线来比较,并从标准曲线上查出样品中被测物的浓度。绘制标准曲线后,如果未知含量样品的竞争抑制程度在已知浓度的标准品的竞争抑制范围之内,则可从标准曲线中直接读出未知样品激素含量或通过一定计算方法求出样品中的激素含量。

数据的计算,一般是按绘制分对数坐标图的方法,将结合率 B 进行 logit 变换,剂量取对数值,将曲线直线化后,按直线回归方程计算样品含量。现在的液体闪烁计数仪一般都带有数据处理系统,可以对仪器所测的原始数据直接进行处理得出最终结果。

(2)非竞争性 RIA　又称免疫放射分析(immunoradiometric assay,IRMA),是从放射免疫分析(RIA)的基础上发展起来的核素标记免疫测定,其特点为用核素标记的抗体直接与受检抗原反应并用固相免疫吸附剂作为 B 或 F(B 代表结合态,F 代表游离态)的分离手段。

2. 酶免疫测定原理　酶免疫测定的基本原理与放射免疫测定相同,只是在酶免疫测定系统中用酶替代了放射免疫测定系统中的放射性同位素,根据酶催化底物出现显色反应的程度推算测定系统中被测物的含量。在酶免疫测定系统中,当酶标记物与抗体结合后酶的活性消失,只有游离酶标记物仍具有酶的活性,则不用进行游离物和结合物的分离了,这种测定称为均相 EIA;如需要将游离物与结合物分离后才能进行显色测定的系统称为异相 EIA;如果将抗原或抗体固定到固相的"免疫吸附剂"上,则称为酶联免疫吸附测定法(enzyme linked immunosorbent assay,ELISA)。

3. 化学发光测定法　化学发光是物质在氧化还原过程中发光的现象,能产生化学发光的物质称为化学发光剂。CLIA 是把化学发光现象与免疫反应结合起来的微量免疫分析技术。免疫反应系统原理和反应形式与 RIA 和 ELISA 基本相同,只是化学发光标记物代替核素标记或酶标记,当化学发光分子被氧化时,释放大量光子而被检测。CLIA 具有灵敏度高,特异性强,检测速度快等优点,是一类很有发展前途的微量分析技术。

(二)操作方法

放射免疫测定设有标准曲线管、质量控制管和样品管。标准曲线由总放射性管(T 管)、非特异性结合管(NSB 管)、零标准管/最大结合率管(S_0 管/B_0 管)和各标准管(S_0～S_6)管所测数据进行处理后绘制。在同一反应体系中,可通过标准曲线确定样品管的孕酮含量。

1. 试剂配制

(1)孕酮标准品　按说明书向试剂盒中的各孕酮标准品(S_0～S_6)瓶中分别加入 500 μL 蒸馏水,彻底溶解并混匀后,其浓度分别为 0 ng/mL,0.2 ng/mL,1 ng/mL,3 ng/mL,10 ng/mL,30 ng/mL 和 100 ng/mL。

(2)兔抗孕酮抗体　按说明书操作。

(3)^{125}I 标记孕酮　直接使用。

(4)驴抗-兔免疫分离剂　用前充分摇匀。

2. 数值测定

(1)用记号笔在反应试管上分别标志 T 管、NSB 管及各标准管(S_0～S_6)和样品管。

(2)按表 3-27 向各反应试管内加试剂及样品。

表 3-27　加样程序表　μL

试剂及样品	T 管	NSB 管	S_0 管	各标准管	样品管
零标准(S_0)	—	50	50	—	—
P 标准品(S_1～S_6)	—	—	—	50	—
样品	—	—	—	—	50
125I-P	100	100	100	100	100
蒸馏水	—	100	—	—	—
兔抗 P 抗体	—	—	100	100	100

(3)将以上各管中的试剂及样品混匀,37℃水浴 1 h。

(4)向除 T 管外的其余各管中加入 500 μL 驴抗兔免疫分离剂,充分混匀,室温静置 15 min。

(5)3 500 rpm 离心 15 min,吸除上清,用液体闪烁计数仪测定各管中沉淀物的放射性计数(counts per minute,CPM)。

3. 质量控制　一般测定下列指标以鉴定测定方法的可靠性。

(1)灵敏度　指可以精确测定的最小量,以水空白管测值代替,也可按 B_0-2SD 记数计算。

(2)精密度　指同一样品反复测定所得值的差异程度,包括批内变异和批间变异。前者指同一样品的多个复管在一次测定中的重现性,其变异系数应小于 10%;后者指同一样品在多批测定间的重现性,其变异系数应小于 15%。

(3)准确度　指样品测定值与实际值之间的符合程度。

4. 标准曲线的绘制

(1)百分结合率计算　设 S_0 管计数为 B_0,各标准管和样品管计数为 B,非特异管计数为 NSB,则百分结合率计算公式为:

$$\frac{B}{B_0}=\frac{(B-NSB)}{(B_0-NSB)}\times 100\%$$

(2)logit 值计算　各标准管和样品管 logit 值计算公式为:

$$\text{logit}=\ln\left(\frac{B-B_0}{1-\frac{B}{B_0}}\right)$$

(3)绘制标准曲线　以标准浓度取对数值为横坐标,对应的 logit 值为纵坐标在普通坐标纸上绘制标准曲线;或以标准浓度为横坐标,对应的 B/B_0 为纵坐标在 log-logit 坐标纸上绘制标准曲线。

理想的标准曲线应是一条光滑的线,各标准管的坐标点都在标准曲线上,但实际上,某些点会出现一定程度的飘移。当只有一个点飘移较远时,可将该点舍弃,如有两个或两个以上的点出现飘移较远时,则应重做实验。

5.样品含量计算 如以标准浓度取对数值为横坐标,对应的 logit 值为纵坐标绘制标准曲线,则需先计算出被测样品的 logit 值,在标准曲线上查出对应的横坐标值,计算出的反对数值即为被测样品浓度;如以标准浓度为横坐标,对应的 B/B_0 为纵坐标绘制标准曲线,则需计算出被测样品 B/B_0,在标准曲线上查出对应的横坐标值,即为被测样品浓度。

如果仪器配有电脑及相应软件,则电脑会将所测数据自动处理得出结果。

(三)注意事项

1.样品处理与保存 所采静脉血分离血清,如不立即测定,可将样品密封后置于 2~8℃或－20℃存储。2~8℃保存不应超过 1 周,－20℃保存不应超过 2 个月。

2.放射免疫试剂盒有效期较短,应在预定实验开始前 1 个月左右事先与厂家联系,以便订购最新批次的产品。收到试剂盒后应尽快存放于 2~8℃的冰箱内,并尽快用完。

3.所有标准品用前均要充分溶解,混匀;免疫分离剂用前要充分摇匀,以免影响实验结果。

4.吸弃上清液时,注意不要将沉淀物吸出。

四、作业与思考题

1.放射免疫测定激素的原理是什么?

2.放射免疫测定激素的质控指标有哪些?其意义是什么?

3.根据实验结果绘制标准曲线,记录所测样品的孕酮浓度,并分析各样品所代表的奶牛所处的生殖周期阶段。

实验四　亚硝酸盐、氢氰酸、敌鼠钠、毒鼠强的定性检验

一、实验目的与要求

1. 了解毒物定性检验的基本原理、毒物的性质。

2. 熟练地掌握毒物的检测方法，并熟练掌握实验仪器的准备，实验操作和书写实验报告。

3. 懂得运用定性检测结果，结合临床综合分析，对动物中毒作出较为确切的判定。

二、实验器材

器械　分光光度计、比色管。

材料　联苯胺、冰醋酸、安替比林、硫酸、盐酸 α-萘胺、对氨基苯磺酸、亚硝酸钠、醋酸钠、氢氰酸、氰化钠、苦味酸、酒石酸、氢氧化钠、硫酸亚铁、三氯化铁、盐酸、硅胶 G、氯仿、醋酸乙酯、乙醇、四氯化碳、丙酮、正己烷、甲烷、甲醛、对硝基重氮苯氟硼酸盐、碘化汞、碘化钾、邻联苯甲胺、硝酸铋和碘化铋钾等。

三、实验内容与方法

(一)亚硝酸盐检验

动物亚硝酸盐中毒，多数是由于采食亚硝酸盐含量很高的饲料而造成的。亚硝酸盐主要来源于含硝酸盐很高的青饲料。青饲料在锅里微火慢煮时，经反硝化菌的作用，硝酸盐转化为亚硝酸盐。亚硝酸盐对猪的最小致死量为每千克体重 70～75 mg，牛的最小致死量为每千克体重 88～110 mg，羊为每千克体重 40～50 mg。

1. 联苯胺-冰醋酸法

(1)原理　亚硝酸盐在酸性溶液中将联苯胺重氮化成一种醌式化合物而呈现棕红色。

(2)试剂配制　准确称取 0.1 g 联苯胺，溶于 10 mL 冰醋酸中，加水稀释至 100 mL，过滤。

(3)操作方法　取碾碎的饲料样本或切碎的青饲料，或取可疑的剩余饲料、呕吐物或胃内容物 5～10 g，置于 100 mL 带塞三角瓶中，加 70℃热水 30～50 mL，放置 10～15 min，过滤液待检。

取检液 2 滴，置白瓷板上或小试管中，加 1 滴联苯胺-冰醋酸试剂，如有亚硝酸盐存在，出现红棕色。同时作阳性(亚硝酸空白)或阴性对照实验。

2. 安替比林法

(1)原理　亚硝酸盐在酸性条件下，使安替比林亚硝基化，溶液呈绿色。

(2)试剂配制　安替比林试剂：5 g 安替比林溶于 100 mL 1 mol/L 硫酸(30 mL 浓硫酸缓慢注入适量蒸馏水中，冷却至室温，并稀释至 100 mL)。

(3)操作方法　取检液1滴,置于白瓷板上,滴加1滴安替比林试剂,若出现绿色,示有亚硝酸盐存在。

由于微量亚硝酸盐于自然界广泛存在,加之定性检验方法显色的灵敏度高,因此,在必要的情况下应进行定量检验,方可判定亚硝酸盐中毒。

3. α-萘胺法

(1)原理　在微酸性条件下,亚硝酸盐与对氨基苯磺酸作用生成重氮化合物,再与α-萘胺偶合生成紫黄色偶氮染料。颜色深浅度与亚硝酸盐含量成正比。

(2)试剂配制

①盐酸α-萘胺溶液 取盐酸α-萘胺0.2 g,加蒸馏水20 mL,微温溶解,再稀释至100 mL,贮存于棕色试剂瓶中,若溶液中有颜色可加入少量活性炭脱色。

②对氨基苯磺酸溶液　取0.5 g对氨基苯磺酸溶于150 mL 12%的醋酸液中,贮存于棕色试剂瓶中。如溶液有颜色,可加入活性炭脱色。

③亚硝酸钠标准液　准确移取0.149 5 g亚硝酸钠溶于蒸馏水中,并稀释至100 mL。此液每毫升相当于1 mg亚硝酸盐。临用时精确吸取1.0 mL加水稀释至100 mL。此液每毫升相当于0.01 mg亚硝酸盐。

④醋酸钠缓冲液　取16.4 g醋酸钠,溶于100 mL蒸馏水中。

(3)操作方法

①取检样5～10 g置于带塞三角烧瓶中,加70℃左右热水萃取,滤液定容至100 mL。

②吸取定容的滤液10 mL于25 mL比色管中,加水至刻度。

③另取25 mL比色管7只,依次加入0、0.002、0.005、0.010、0.015、0.020、0.025 mg亚硝酸盐,加水稀释至25 mL刻度。

④于标准管和待检样品管中分别加入0.05 mL醋酸钠缓冲液,对氨基苯磺酸液1 mL,盐酸α-萘胺溶液1 mL,摇匀,放置10 min后,以零管作参比,用比色皿于525 nm波长处测定标准和待测样品的吸光度。在计算机上用Excel作标准曲线方程,再将待测样吸光度代入求出结果。

(二)氢氰酸的检验

氢氰酸是含氰苷配糖体植物或青饲料在动物胃内由于酶的水解和胃液盐酸作用,产生的游离氢氰酸,此外,氢氰酸广泛用于工业生产,因而在生产实践过程中排出的废水存在氢氰酸。植物或青饲料中一般不含有游离的氢氰酸。

氢氰酸对牛、羊最小致死量为2 mg/kg,每千克植物干物质中含200 mg氢氰酸,即可引起动物中毒。有些生氰糖苷植物含氢氰酸量可达600 mg/kg。

1. 苦味酸试纸法

(1)原理　游离氢氰酸在酸性条件下遇碳酸钠生成氰化钠,氰化钠再遇苦味酸即生成异性紫酸钠,呈玫瑰红色。

(2)试剂　1%苦味酸液、10%酒石酸溶液、10%碳酸钠溶液。

(3)操作方法

①称取待测样品10 g于150 mL锥形瓶中,加蒸馏水20～30 mL,将样品浸没。

②制备苦味酸试纸:将滤纸浸泡在1%苦味酸溶液中,取出在室温下阴干。剪成50 mm×8 mm的纸条备用。临用时再滴加10%碳酸钠液使之湿润。

③在锥形瓶中加入10%酒石酸溶液5 mL,使之呈酸性。立即将苦味酸试纸夹于瓶口与瓶塞之间,使试纸条悬垂于瓶中(勿接触瓶壁及溶液)。

④置于40～50℃水溶液上加热30 min,如有氢氰酸存在,少量时试纸呈橙红色,多量时呈红色。

本反应非氢氰酸特有反应,有一些干扰,因此,如结果为阴性,说明无氢氰酸,如为阳性则需进行确证实验。

2. 普鲁士蓝法

(1)原理　氰离子在碱性溶液中与铁离子作用,生成亚铁氰化合物,进一步与三氯化铁作用,生成蓝色的普鲁士蓝化合物沉淀。其反应方程式如下:

$$HCN + NaOH \rightarrow NaCN + H_2O$$

$$NaCN + FeSO_4 \rightarrow Na_2SO_4 + Fe(CN)_2$$

$$Fe(CN)_2 + 4NaCN \rightarrow Na_4Fe(CN)_6$$

$$3Na_4Fe(CN)_6 + 4FeCl_3 \rightarrow 12NaCl + Fe_4[Fe(CN)_6]_3 \downarrow$$

(2)试剂配制　10%氢氧化钠溶液;10%硫酸亚铁溶液(临用时配制);5%三氯化铁溶液;10%稀盐酸溶液。

(3)操作方法　取待检样品30 g于蒸馏瓶中,加水使呈糊状,加酒石酸使呈酸性。然后进行水汽蒸馏,冷凝管末端与接液管相连,接液管一端插入装有10 mL 10%氢氧化钠的小三角瓶中,收集馏液20～30 mL作待检液。

取蒸馏液2～3 mL,加新配制的硫酸亚铁2～3滴,三氯化铁1～2滴,摇匀微温,然后加盐酸使呈酸性。氢氰酸含量多时,出现普鲁士蓝沉淀,如含量少时则出现蓝绿色或绿色。

(三)敌鼠钠盐的检验

敌鼠钠又名双苯杀鼠酮(diphacinum),它是一种抗凝血毒鼠药,产品为黄色无臭结晶,熔点145℃,微溶于乙醇、丙酮、热水、苯和氯仿。性质稳定,是敌鼠与碱液作用生成的盐,它的毒性比敌鼠大3倍,对多种动物的LD_{50}为:小白鼠78.5 mg/kg,猫2.5 mg/kg,犬2.5 mg/kg,猪83.2 mg/kg。

1. 三氯化铁反应法

(1)原理　敌鼠钠与三氯化铁作用,生成红色化合物沉淀。

(2)操作方法　取可疑饲料、胃内容物、呕吐物,加95%乙醇,于60℃水溶液上浸泡1～2 h,过滤。滤液继续在水溶液上蒸干,再加乙醇溶解,加活性炭脱色,过滤,挥发浓缩至5 mL左右供检验。

取经上述乙醇提取的检液1 mL,置小试管中,加5%三氯化铁液2滴,若有敌鼠钠存在呈血红色,量多时出现红色胶体,再加氯仿0.5 mL振摇,氯仿层呈红色(如分层不清,滴加等量水稀释)。

2. 氢氧化钠反应法

(1)原理　敌鼠钠盐在碱液中生成黄色化合物沉淀。

(2)操作方法　取经乙醇溶解的检液1 mL于试管中,在水溶液上蒸干,加蒸馏水1 mL溶解,加10%氢氧化钠溶液,如有敌鼠钠存在,则出现黄色沉淀。

3.薄层层析法

(1)试剂配制

①吸附剂　硅胶G或硅胶CMC。

②展开剂　氯仿∶醋酸乙酯∶乙醇=4∶2∶1,Rf值=0.56。四氯化碳∶丙酮=1∶1,Rf值=0.88。

四氯化碳∶乙醇=2∶1,Rf值=0.67。正己烷∶甲烷∶甲醛=5∶5∶0.2,Rf值=0.75。

③显色　在365～366 nm波长紫外灯下观察,斑点显红色。喷1%三氯化铁乙醇溶液,斑点显红色。

(2)操作方法

①自制硅胶G板　0.25 mm厚,110℃干燥1 h。

②点样　用微量进样器或玻璃毛细管少量多次点待检液。

③展开　上进法,展开30 min左右。

④显色　在365～366 nm波长等紫外灯下观察,斑点显红色。喷1%三氯化铁乙醇溶液,斑点显红色。

(四)毒鼠强检验

毒鼠强(tetramethylene disulfo tetramine),又名424、鼠没命、三步倒、特效灭鼠灵、闻到死、鼠克星等,化学名称四亚甲基二砜四胺,或称四二四,分子式为$C_4H_8O_4N_4S_2$,相对分子质量240.3,毒鼠强呈白色轻质粉末,溶点250～254℃,在水中溶解度约0.25 mg/mL,微溶于丙酮,不溶于甲醇和乙醇,由于其化学结构为环状,所以化学性质稳定。

哺乳动物口服毒鼠强LD_{50}为0.10 mg/kg,大鼠0.1～0.3 mg/kg,小鼠MLD为0.2 mg/kg,皮下注射MLD为0.1 mg/kg,是一种神经毒性灭鼠药。

检样处理:取可疑剩余饲料、呕吐物、胃内容物10 g,少量多次加无水硫酸钠共研成干砂状,移入带塞三角瓶中,加苯或丙酮20 mL/次,置康氏震荡器上震荡,2次分别为30 min和15 min,合并两次提取的滤液,过净化柱(填料自下而上依次为2 g无水硫酸钠、15～20 g中性氧化铝,20 g无水硫酸钠,并先以原用的提取溶剂10～15 mL浸润),净化液用K.D浓缩器浓缩至0.5～1.0 mL,待检。

1.直接耦合法

(1)试剂配制　0.5%对硝基重氮苯氟硼酸盐乙醇液:取0.5 g对硝基重氮苯氟硼酸盐,溶于100 mL无水乙醇中。

(2)操作方法　取待检液1滴于硅胶G薄层板上,再依次滴加20% KOH乙醇液和0.5%对硝基重氮苯氟硼酸盐乙醇溶液各1滴,如有毒鼠强存在,反应区立即呈紫红色。

2.奈氏试剂法

(1)试剂配制　奈氏试剂:将碘化汞饱和于40%的碘化钾溶液中,取5 mL加入50 mL 30%KOH溶液,过滤即得。

(2)操作方法　取待检液1滴于硅胶G薄层板上,再滴加奈氏试剂1滴,斑点显紫红色,阴性对照为淡黄色。

3.邻联苯甲胺法

(1)试剂配制　1%邻联苯甲胺乙醇液:取1 g邻联苯甲胺溶于100 mL无水乙醇中。

(2)操作方法　取待检液1滴于定性滤纸上,滴加1%邻联苯甲胺乙醇液1滴,置254 nm

紫外光下活化 10～15 min，斑点显绿色至黄绿色或橙绿色。

4. 碘化铋钾法

(1)试剂配制 碘化铋钾显色剂。

A 液 取次硝酸铋 2 g，加冰醋酸 25 mL 使之溶解，加水 100 mL。

B 液 取碘化钾 40 g，加水 100 mL 使之溶解。

(2)操作方法 取待检液 1 滴于硅胶 G 板上，加碘化铋钾 A+B 液 1 滴，显黄红色（易消失，应及时观察）。

5. 确证实验——薄层层析法

(1)薄层板 自制硅胶 G 板，0.25 mm 厚，110℃干燥 1 h。

(2)点样 直接点样法，用微量进样器或玻璃毛细管少量多次点检液 3 μL+1 mol/L 醋酸 0.5 μL，阳性对照点 1 mg/mL 毒鼠强标准液 2 μL+1 mol/L 醋酸液 0.5 μL。

(3)展开剂 浓氨液：乙醇=1.5：100，60～80 mL。

(4)平衡 饱和 1 h。

(5)展开 上行法，层析缸四壁贴有滤纸，展开 30 min 左右。

(6)显色 喷碘化铋钾显色剂，斑点显淡绿色，背景淡黄色。喷奈氏试剂，斑点显砖红色，背景浅棕黄色。喷 1%邻联苯甲胺乙醇液。置 254 nm 紫外光下活化 10 min，斑点显淡绿到蓝绿色。背景显浅黄白色。

(7)Rf 值 0.68。

(8)判定 检液斑点的 Rf 值，所显颜色和毒鼠强标准斑点一致，即为确证定性。

(五)注意事项

1. 定性检样的采取与处理 供毒物检验的样品种类多，有呕吐物、排泄物、剩余食物、胃肠内容物、血液、肾脏、肝脏等，检测结果的可靠性对检样要求很重要。一般是口服中毒者，定性检测时，取可疑的剩余饲料、呕吐物和胃内容物。

此外，采样还必须具有代表性、真实性，这是能否得出正确结论的关键。因此，采集样品时必须深入现场，以实事求是的科学态度，对中毒环境做周密的调查与研究。除此之外，采集样品时还应注意：

(1)采集样品尽力考虑全面，采集检样的种类和数量宁可稍多一些。

(2)采集的检样要严格保存，避免污染变质，最好封固加印。

(3)必须对检样进行详细的登记，如送检单位、日期、名称、数量、目的与要求以及中毒症状和其他有关重要线索等。

2. 进行毒物检验时应注意的事项 由于毒物检验工作比较复杂，责任重大，涉及法律责任或对中毒动物的抢救。中毒动物肉品关系到人身生命安全，而且所采集的检样多数不可能重复获得。因此，检验人员要仔细做到：

(1)采集检样后应尽快进行检验，使用样品时不能全部用完，务必注意保留一部分，以备重检或存查。

(2)检验时所用药品必须是分析纯(AR)，所用仪器必须先校正、纠正误差，并要求同时设空白实验。

(3)在整个毒物定性检测过程中，自始至终必须有详细的实验记录，如检样名称、采用数量、检验方法、计算结果都要记录清楚，必要时，记录本定期归档。

(4)结果报告。样品检测结果要有报告书,报告结果时注意:

①每一项检验要经过重复2～3次或采用几种不同方法加以确证,决不能仅凭一次检验结果就断然作出结论。

②由于样品的污染,或搁置时间过久,或用试剂纯度不准,或处理方法不到位,或因操作不熟练,定性检验常出现假阳性。因此,判定结果必须结合临床。

③定性检验结果的表示方式是以“强阳性(++)”,“阳性(+)”及“阴性(－)”表示。

四、作业与思考题

1. 亚硝酸盐、氢氰酸、敌鼠钠、毒鼠强4种常见毒物检验的基本方法是什么?
2. 如何控制毒物检验时病料中毒物的提取?
3. 不同的毒物检验中,哪些材料更加适合毒物检验?

附　临床兽医学实验报告的书写

临床兽医学实验报告

专　业________年　级________班________成　绩__________

姓　名________同组人姓名____________第______组______年______月______日

实验名称

实验目的

实验原理

实验材料与方法

实验结果——记录实验数据或是观测到的现象等。

分析讨论——结合临床意义分析和讨论实验结果，如出现误差分析误差产生的原因。

回答思考题

心得体会

第四部分

动物普通病诊疗课程实习

实验一　胃肠炎的诊断与治疗

一、实验目的与要求

1. 了解并掌握胃肠炎的主要症状。

2. 通过对病畜的一般临床检查和症状观察，作出初步诊断。

3. 通过血常规检查、粪便检查、B超检查、寄生虫检查、药敏实验、血清电解质和血浆二氧化碳结合力的检查等帮助诊断并确定治疗用药，使学生将已学过的各科理论和实验知识整合起来，提高学生的综合素质。

4. 通过参与治疗方案的拟定和输液注射等操作，锻炼学生的综合思考能力和运用所学知识解决实际问题的能力，使学生进一步掌握临床常用的治疗技能，如静脉注射、皮下注射、肌内注射、穴位注射、口服灌药、灌肠等各种方法。

二、实验器材

器械　全自动生化分析仪、血细胞计数仪、显微镜、超净台、恒温培养箱、高压灭菌锅、兽医超声诊断仪、体温计、听诊器、注射器、输液器、灌肠器等。

材料　实验动物：患胃肠炎的犬或猫；抗生素、磺胺类、高锰酸钾、次硝酸铋、液体石蜡（或植物油）等药物。

三、实验内容与方法

胃肠炎是胃黏膜和/或肠黏膜及黏膜下深层组织重剧炎性疾病的总称。按炎症类型分为黏液性、出血性、化脓性 、纤维素性、坏死性胃肠炎；按病因分为原发性和继发性胃肠炎；按病程经过分为急性和慢性胃肠炎。胃肠炎是畜禽的常见多发病，尤以犬猫最为常见。

（一）寻找病例

从安徽农业大学动物医院门诊病例筛选患胃肠炎的犬或猫。

（二）临床症状的观察

1. 按病程分为急性和慢性胃肠炎　急性胃肠炎发病快，胃、十二指肠炎或严重的小肠炎，都能引起呕吐；大肠炎，尤其是后段大肠炎时，常呈现里急后重（频频做排便姿势，但无粪便排出或仅有少量粪便排出）。胃肠炎时所排粪便有水样便、稀软便、胶冻状便、棕色便或带血便等，有的粪便有难闻的臭味。腹泻和呕吐常引起犬猫机体脱水、电解质丢失、碱中毒（以呕吐为主）或酸中毒（以腹泻为主）。犬猫慢性胃肠炎时，由于反复腹泻或呕吐，表现营养不良、消瘦，腹围缩小；慢性大肠炎时，其粪便中含有多量黏液。

2. 按病因分类犬猫胃肠炎

（1）由细菌、病毒、真菌和寄生虫引起的胃肠炎，常表现精神不振，体温升高，食欲减退或废绝，呕吐或腹泻，迅速消瘦。

(2)犬出血性胃肠炎,可能是梭菌内毒素引起的变态反应,2～4 岁的观赏小型犬多发。通常发生剧烈呕吐,严重血样腹泻,迅速脱水而休克。

(3)酸性粒细胞性肠炎,可能是采食抗原性食物或寄生虫移行引起的。表现为间歇性呕吐,有时有血样物。腹泻粪便为棕黑色或血便。腹部触摸肠袢增厚和淋巴结增大。血液检验酸性粒细胞增多,肠壁组织切片检查,可发现多量酸性粒细胞。

(三)实验室检查

实验室检查项目根据患病犬猫具体病情决定,如犬瘟热和犬细小病毒试剂条检测;白细胞计数、白细胞分类计数;血液流变学检查(红细胞压积、红细胞沉降率等);血清电解质和血浆二氧化碳结合力的检查;粪便检查;B 超检查;寄生虫检查等。如是细菌性的胃肠炎可做药敏实验,根据实验结果指导临床用药。

(四)治疗

治疗方案的拟定尽量让学生参与,在临床症状观察、实验室检查和病因诊断的基础上,先由学生提出治疗方案,然后再由临床医师修改执行,如果门诊病例较多可以由医师拟定治疗方案,在空闲时,针对治疗方案进行讨论分析。

治疗原则是消除病因、抑菌消炎、清理胃肠、补液、解毒、强心、增强机体抵抗力。

1.消除病因　细菌性胃肠炎用抗生素或磺胺类等治疗;病毒性的需用抗病毒药物,单抗、血清、干扰素等治疗,同时配合抗生素防止继发细菌感染;真菌性肠炎用抗真菌的药物;寄生虫性的用驱虫药。

2.抑菌消炎　根据药敏实验结果或临床经验选用抗生素或磺胺类药物,根据病情采取口服、皮下注射、静脉注射或腹腔注射等不同的用药途径。可以用云南白药、高锰酸钾等药物灌肠。

3.缓泻　当肠音弱、排粪迟滞、粪干色暗附有黏液、粪便臭味大时,为促进胃肠内容物排出,减轻自体中毒,应采取缓泻。常用液体石蜡(或植物油)、鱼石脂、酒精内服;也可以用人工盐、鱼石脂、酒精、常水适量内服。具体用药量根据药物手册规定的剂量和动物大小确定,注意不能用剧泻药。

4.止泻　适用于肠内积粪已基本排净,粪不带黏液、臭味不大而仍频泻不止时。可用吸附剂和收敛剂,如木炭末、矽炭银、鞣酸蛋白加水适量内服或灌肠。

5.补液、纠正酸中毒　可根据红细胞压积(PCV)、血钾、血浆二氧化碳结合力(CO_2CP)等的实验室检查结果,按照下列公式计算出补液量及补充氯化钾、碳酸氢钠等物质的量。

$$\text{补充等渗氯化钠溶液估计量(mL)}=\frac{\text{PCV 测定值}-\text{PCV 正常值}}{\text{PCV 正常值}}\times\text{体重(kg)}\times 0.25^{*}\times 1\,000$$

(*动物细胞外液以 25%计算)

$$\text{补充 }5\%\,NaHCO_3\text{ 溶液估计量(mL)}=(CO_2CP^{*}\text{ 正常值}-CO_2CP\text{ 测定值})\times\text{体重(kg)}\times 0.4^{**}$$

(* CO_2CP 值的单位为 mmol/L,** 动物细胞外液以 25%计算,5% $NaHCO_3$ 1 mL=0.6 mmol,0.25÷0.6=0.4)

$$\text{补充 KCl 估计量(g)}=\frac{(\text{血清 }K^{+}\text{正常值}-\text{血清 }K^{+}\text{测定值})\times\text{体重(kg)}\times 0.25^{*}}{14^{**}}$$

(*动物细胞外液以 25%计算,** 1 g 的 KCl 约折合 14 mmol K^{+})

静脉补液应留有余地,当日一般先给 1/2 或 2/3 的缺水估计量,边补边观察,其余量可在次日补完。$NaHCO_3$ 的补充，可先输 2/3 量，另 1/3 量可视具体情况续给。静脉补充氯化钾时，浓度不超过 0.3%，输入速度不宜过快，先输 2/3 量，另 1/3 量可视具体情况续给；口服时以饮水方式给药。

心力极度衰竭时，既不宜大量快速输液，少量慢速输液又不能及时补足循环容量，此时可施腹腔补液，或用 1% 温盐水灌肠。

如有条件可输全血或血浆、血清。

6. 维护心脏功能　可应用西地兰、毒毛旋花子苷 K 等药物，或利用强心药物进行治疗。

7. 护理　搞好畜舍卫生，开始采食时给予易消化的食物和清洁饮水，然后转为正常饲养。

(五)分析与讨论

1. 脱水量的估计及补充　临床上估计犬猫脱水量主要从精神状态、皮肤弹性、黏膜干燥、眼窝下陷等情况和毛细血管再充盈的时间(正常为 1.3 s)等来判断，见表 4-1。

表 4-1　犬猫脱水程度的临床判断

脱水程度	体重减少/%	精神状态	皮肤弹性实验持续时间/s	口腔黏膜	眼窝下陷	毛细血管再充盈时间/s	每千克体重补液量/mL
轻度	5～8	稍差	2～4	轻度干涩	不明显	稍增长	30～50
中度	8～10	差喜卧少动	6～10	干涩	轻微	增长	50～80
重度	10～12	极差不能站	20～45	极干涩	明显	超过 3	80～120

确定脱水量后，应在 4～6 h，通过饮喂、静脉输液、灌肠等方式补液。静脉补液速度，开始大型犬 90 滴/min，猫和小型犬 50 滴/min，等症状改善后，速度减半输注。若体液继续丢失，采取丢多少补多少，以犬猫每天每千克体重需 60 mL 水分的原则补充。为防止内毒素血症，严重胃肠炎静脉输液时，液体里可加入地塞米松 0.5～1.0 mg/kg 体重，1～2 次/d。

2. 丢失电解质的补充　胃肠炎引起的呕吐和腹泻，主要丢失的电解质是钠、氯和钾。补充钠和氯最好用等渗的林格氏液和生理盐水，补充钾可在每升等渗液里加入 0.7～1.5 g(10～20 μmol/L)氯化钾。也可用口服补液盐来补充钠、钾和氯，方法为口服或灌肠。

注意：肾功能正常能排尿的犬猫才能补钾。

3. 纠正酸碱平衡失调　严重呕吐引起代谢性碱中毒，并有低钾血、低氯血和低钠血的，用加入氯化钾的生理盐水治疗较好。严重腹泻常引起代谢性酸中毒，除补充液体外，需补充碳酸氢钠或乳酸钠。对腹泻酸中毒，建议每千克体重给 5%$NaHCO_3$ 溶液 1～3 mL，或 11.2%乳酸钠溶液 0.5 ～1.5 mL，先静脉输入 1/3 量，另 2/3 量缓慢输入。

4. 急性胃肠炎　需减少饮食，甚至绝食 12～48 h。呕吐和腹泻停止后，可给少量易消化吸收的食物，如米汤、酸奶、羔羊肉等，3～6 次/d，2～3 d 后才给予正常饮食。

四、作业与思考题

1. 以呕吐为主症的胃肠炎和以腹泻为主症的胃肠炎在纠正酸碱平衡时应分别考虑用何种药物？

2. 胃肠炎患畜在什么情况下用缓泻剂？什么情况下用止泻剂？

3. 将自己参与诊疗的病例总结归纳，写一篇病例分析报告。

实验二　反刍动物过食谷物中毒的病例复制与诊疗

一、实验目的与要求

1.通过反刍动物过食谷物中毒病例模型的复制，掌握反刍动物过食谷物（豆类）导致发病的原因及机理。

2.掌握反刍动物过食谷物中毒的临床表现及诊断要点。

3.掌握反刍动物过食谷物中毒的相关检验方法。

4.掌握反刍动物过食谷物中毒的治疗原则和治疗措施。

5.掌握反刍动物过食谷物中毒的预防要点。

二、实验器材

器械　动物开口器，粗口径胃管（内径 25～28 mm），一次性塑料注射器（20 mL、10 mL、5 mL各若干）。

材料　实验动物：山羊 6～8 只；玉米面，一次性输液袋若干，洗胃溶液（1%食盐水、2% $NaHCO_3$、1∶5 石灰水），制酸药和缓冲剂，5% $NaHCO_3$ 溶液，10%安那咖，糖盐水，复方氯化钠，生理盐水，10%葡萄糖注射液，维生素 C，地塞米松，20%甘露醇或山梨醇，新斯的明或毛果芸香碱，5%氯化钙溶液或 10%葡萄糖酸钙溶液，维生素 B_1 等若干（根据临床实际情况选择）。

三、实验内容与方法

（一）病理模型复制

1.分组　以山羊为实验动物，每班分为 2 组，每组 2 只作过食谷物中毒，1 只作对照。若条件许可，可增加实验动物，进行多个不同剂量的谷物中毒的病例复制。动物分组编号，称体重。

2.投服谷类前体格检查　可由教师提前检查，亦可由学生检查，重点检查项目包括以下内容：

（1）测定体温、脉搏数、呼吸次数。

（2）观察羊精神状态、体格及营养状态，可视黏膜（眼结膜）色泽；鼻汗及有无脱水表现（皮肤弹性及颈部皮肤厚度、眼球凹陷情况）；饮、食欲；排粪及排尿情况；有无呼吸困难、咳嗽、流鼻涕。

（3）系统检查：重点进行反刍功能和瘤胃检查，听呼吸音、心音。

（4）实验室检查：瘤胃液检查（pH 值、纤毛虫）、血液（pH 值、PCV 等）、粪尿 pH 值等。

3.病理模型复制方法　可按照参考剂量，由动物自由采食谷物；亦可用胃管投服：实验动物保定确实，安装开口器后插入胃管，在确定胃管确实插入胃内后，根据动物体重不同，由胃导管向瘤胃内灌注相应剂量的谷物，并注入适量生理盐水，以保证食物完全注入胃中，抽出胃管，取下开口器。记录投服时间，随后观察动物的表现，给山羊投服谷物剂量参考值见表 4-2 。

表 4-2　给每千克体重的山羊投服的剂量　g

剂　量	动物 1	动物 2
投服剂量	70	100
中毒参考剂量	60～80	60～80

4. 临床检查　投服谷物后，定期观察动物的表现并进行临床检查。

(二)临床病例病史调查

1. 动物品种，发病年龄，饲养管理及环境条件等。

2. 发病日期，起病缓急，可能的诱因。

3. 发热否(热度及热型)。

4. 有无休克症状，如意识模糊、烦躁不安、四肢末梢冰冷等。

5. 有无呼吸困难(形式、程度)；有无咳嗽和鼻液(量、性状、有无臭味)。

6. 有无消化系统症状：饮食欲情况，有无腹痛，排粪情况及粪便状态(尤其有无腹泻、粪便的色泽、黏腻度、气味、黏液等混杂物)。

7. 排尿及尿量变化情况：排尿次数是否减少，排尿量是否减少。

8. 起病后的诊治经过及病情发展演变情况。

9. 既往健康状况，有无类似病史。

10. 治疗和用药情况，治疗后的临床症状等。

(三)临床检查要点

1. 测定体温(多数体温低下 36.5～38.5℃，少数升高)、脉搏数(心跳加快，100 次/min 以上)、呼吸次数(呼吸急促 60～90 次/min)。

2. 精神状态观察：是否精神沉郁，目光无神，反应迟钝，神志不清(眼反射减弱或消失，瞳孔对光反射迟钝，对任何刺激的反应都明显下降)，步态摇晃，肌肉震颤。是否有兴奋不安，向前狂奔或转圈运动、视觉障碍、以角抵墙、无法控制等症状。后期是否极度虚弱，卧地不起，头颈侧屈(似生产瘫痪)或后仰(角弓反张)，昏睡乃至昏迷。

3. 脱水体征是否明显：中度脱水(占体重 8%～10%)眼球凹陷，皮肤干燥，弹性降低，体表静脉塌陷，血液浓稠，尿少色浓或无尿。

4. 有无呼吸困难和黏膜颜色变化(潮红甚至发绀)。

5. 消化系统：食欲减退或废绝，腹痛(卧地，头回视腹部)，磨牙虚嚼、流涎、反刍障碍，瘤胃胀满，内容物黏硬呈捏粉样硬度(生面团状)或稀软；随病情的发展，出现瘤胃积液，触诊时感到回弹性，冲击式触诊可闻震荡音；瘤胃运动减弱，蠕动音微弱或消失。粪便稀软或水样，颜色灰白或灰黄，含多量未消化谷粒，带明显的酸臭味，随病程的发展，粪便带黏液甚至血液。

6. 其他 心律不齐，脉搏细弱，皮温不均，呈现心衰和循环虚脱的表现。

(四)实验室检查

1. 血液学检查　反刍动物过食谷物中毒时血液学变化见表 4-3。

表 4-3 反刍动物过食谷物中毒血液学变化参考指标

项目	正常值	过食谷物后
红细胞压积(PCV)(L/L)	0.35±0.03	升高(0.50～0.60)
血液 pH 值	7.35～7.45	下降(6.9 以下)
CO_2-CP	60%	显著下降
碱储(血液 HCO_3^-)/(mmol/L)	21.4～27.3	降低
ALT/U/L	15.3～52.3	显著升高
AST/U/L	66～230	显著升高

(1)红细胞压积(PCV)的测定　应用温氏(Wintrobe's)红细胞压积容量测定管或用血细胞计数仪测定红细胞压积,若 PCV 升高,证明血压下降,已发生脱水。

(2)血气酸碱分析　在反刍动物过食谷物中毒的病例中,发生代谢性酸中毒,因此进行血气分析、检测血液 pH 值、二氧化碳结合力(CO_2^- CP)及碱储,具有实际诊断意义。

(3)血清转氨酶的活性测定　应用全自动或半自动生化分析仪检测 ALT 和 AST 活性,若血清丙氨酸转氨酶(ALT)、天冬氨酸转氨酶(AST)活性升高,说明病例的肝细胞和心肌已受到损害。

2. 瘤胃液检验　采集瘤胃液进行瘤胃液 pH 值、纤毛虫数量和活力检查对于反刍动物过食谷物中毒的病理诊断具有重要意义,见表 4-4。

表 4-4 反刍动物过食谷物中毒瘤胃液指标变化情况

项目	正常值	反刍动物过食谷物中毒
瘤胃液 pH 值	6.5～7.5	下降(<6.0),酸臭味
纤毛虫数量	50 万/mL	显著减少
纤毛虫活力	正常	显著降低
乳酸含量	正常	增高 5～10 倍

(五)治疗方案

1. 实习治疗的要求

(1)在观察动物出现中毒表现后,由学生提出治疗方案,写出治疗处方。

(2)当出现中毒的典型症状后,开始进行治疗。

(3)记录开始治疗的时间、用药情况及治疗后症状改善情况和治疗结果。

2. 过食谷物中毒的治疗要点　彻底清除有害的瘤胃内容物,及时纠正酸中毒和脱水,恢复胃肠功能。

(1)补液、补碱、强心　本措施缓解机体酸中毒、循环衰竭和休克。生理盐水 100～300 mL,20%安那咖 2～5 mL,5%$NaHCO_3$ 20～150 mL,林格氏液 100～300 mL,地塞米松 2～20 mg,分别静脉注射,先超速输注 30 min,以后常速输注,对严重病例具有抢救性治疗功效。

补碱量的确定应根据 CO_2-CP 及尿 pH 监测:

需补 5%$NaHCO_3$ 的量(mL)=(正常 CO_2-CP－病例 CO_2-CP)×0.5×体重(kg)×100

例如,一只体重 25 kg 的山羊,测得 CO_2-CP 为 50%(CO_2-CP 正常值为 60%)。

需补 5% $NaHCO_3$ 的量(mL)=(60%－50%)×0.5×25×100=125(mL)

临床上，一般首次用 50～75 mL，隔 6～12 h 重复应用 50～100 mL，直至尿液 pH 值大于 6.6 时终止补碱。

补液量应根据脱水程度而定。

(2)排除瘤胃内酸性内容物，防止继续产酸

①瘤胃冲洗　首要推荐的急救措施，尤适用于急性病例，疗效卓著，早期应用，立竿见影。用粗胃管插入胃内，排除液状内容物，然后反复冲洗瘤胃(用 1%食盐水或 2% $NaHCO_3$ 或 1∶5 石灰水)，直至瘤胃内容物无酸臭味而呈中性或弱碱性为止。

②灌服制酸药和缓冲剂　用氢氧化镁或氧化镁 5～30 g，或碳酸盐缓冲合剂(干燥碳酸钠 150 g，碳酸氢钠 250 g、氯化钠 100 g、氯化钾 40 g)10～50 g，常水适量一次灌服。

③瘤胃切开，取出酸性内容物。

(3)恢复胃肠功能及对症治疗

①投服健康羊瘤胃液。

②增强植物性神经机能，促进糖代谢，用 5%维生素 B_1 2 mL 2～3 支肌内注射。

③增强机体解毒机能，用 25%维生素 C 2 mL 2～3 支。

④脱水症状缓解仍不能站立，静脉注射 10%葡萄糖酸钙 10～50 mL 或氯化钙 5～10 mL。

⑤伴发蹄叶炎，用抗组胺药物盐酸异丙嗪或苯海拉明治疗。

⑥防止继发感染可用抗生素。

(六)分析讨论

1.学生分组讨论反刍动物过食谷物中毒机理。

2.临床上发生疑似反刍动物过食谷物中毒的病例，询问病史的要点。

3.针对反刍动物过食谷物中毒的病例，进行必要的临床辅助检查项目，说明每项检查的目的。

4.鉴别诊断：反刍动物过食谷物中毒与瘤胃积食、真胃炎、肠炎的鉴别。

5.学生概括治疗要点。

6.如何预防本病。

四、作业与思考题

1.详细记录反刍动物过食谷物中毒病例(表 4-5)诊疗过程，写出病例诊疗实习报告。

表 4-5　反刍动物过食谷物中毒体格检查记录表

项　目	投服前体格检查			投服后体格检查		
	1	2	3	1	2	3
体重/kg						
体温/℃						
呼吸数(次/min)						
脉搏数(次/min)						
精神状况、体格营养						
可视黏膜色泽						
脱水指标(鼻汗、眼球凹陷、皮肤弹性)						
一般消化功能(饮食欲、反刍)						
排粪及粪便感官检查						

续表 4-5

<table>
<tr><th colspan="3" rowspan="2">项　目</th><th colspan="3">投服前体格检查</th><th colspan="3">投服后体格检查</th></tr>
<tr><th>1</th><th>2</th><th>3</th><th>1</th><th>2</th><th>3</th></tr>
<tr><td colspan="3">瘤胃检查</td><td></td><td></td><td></td><td></td><td></td><td></td></tr>
<tr><td colspan="3">循环系统检查</td><td></td><td></td><td></td><td></td><td></td><td></td></tr>
<tr><td colspan="3">泌尿系统检查</td><td></td><td></td><td></td><td></td><td></td><td></td></tr>
<tr><td colspan="3">其他</td><td></td><td></td><td></td><td></td><td></td><td></td></tr>
<tr><td rowspan="10">实验室检查</td><td rowspan="3">瘤胃液</td><td>pH 值</td><td></td><td></td><td></td><td></td><td></td><td></td></tr>
<tr><td>纤毛虫数量</td><td></td><td></td><td></td><td></td><td></td><td></td></tr>
<tr><td>纤毛虫活力</td><td></td><td></td><td></td><td></td><td></td><td></td></tr>
<tr><td rowspan="4">血 液</td><td>PCV</td><td></td><td></td><td></td><td></td><td></td><td></td></tr>
<tr><td>pH 值</td><td></td><td></td><td></td><td></td><td></td><td></td></tr>
<tr><td>CO_2-CP</td><td></td><td></td><td></td><td></td><td></td><td></td></tr>
<tr><td>血常规检查</td><td></td><td></td><td></td><td></td><td></td><td></td></tr>
<tr><td>粪</td><td>pH 值</td><td></td><td></td><td></td><td></td><td></td><td></td></tr>
<tr><td>尿</td><td>pH 值</td><td></td><td></td><td></td><td></td><td></td><td></td></tr>
<tr><td colspan="2">其他</td><td></td><td></td><td></td><td></td><td></td><td></td></tr>
</table>

2. 反刍动物过食谷物中毒的主要诊断依据是什么？

3. 反刍动物过食谷物中毒的病理发生机制是什么？

实验三 肺炎的诊断与治疗

一、实验目的与要求

1.了解肺炎的分类，熟悉各类肺炎的临床表现。

2.掌握肺炎诊断要点、各类肺炎的鉴别诊断。

3.掌握各类肺炎的治疗原则和治疗要点。

二、实验器材

器械 生化培养箱、净化工作台、X-射线诊断仪、生物显微镜、气管插管、体温计、听诊器、培养皿、酒精灯和载玻片。

材料 肺炎病例(最好有不同病原引起的肺炎及不同类型的肺炎)、肺炎球菌菌种、山羊(兔或犬)、医用X-光胶片和药敏纸片。

三、实验内容与方法

(一)病例模型复制

1.诱病前的检查 检查记录试验动物的精神状态、体温、呼吸、心跳、胸部叩诊音、呼吸系统听诊间、血常规及胸部正位和侧位X-射线检查结果。

2.病例模型复制方法

细菌性肺炎病例模型复制 用注射器抽取肺炎球菌菌液缓慢注入试验动物气管内，注射速度以保证不发生咳嗽为准。观察动物的临床表现。

吸入性肺炎病例模型复制 经口将气管插管插入试验动物气管内，然后经插管向肺内注入一定量的液体或粉尘。观察动物的临床表现。

(二)诊断

1.病史调查

(1)动物品种，年龄，饮食变化情况。

(2)饲养管理情况及环境条件。

(3)散发还是群发，发病日期，发病缓急，主要症状。

(4)热度及热型。

(5)已采取的治疗措施及治疗效果。

(6)既往健康状况，有无类似病史，有无慢性呼吸系统疾病(肺结核)、心血管疾病及代谢性疾病(如糖尿病)等病史。

2.临床检查要点

(1)测定体温。

(2)观察动物精神状态，可视黏膜颜色，有无呼吸困难及程度和呼吸方式，观察有无咳嗽、咳痰,注意痰的量、性状及气味。

(3)听诊呼吸系统呼吸音,听诊心音、心率、心内杂音及心包摩擦音。

(4)触诊颈浅淋巴结,颈静脉管,有无颈部抵抗感;触诊腹部有无压痛,肝、脾肿大情况。

(5)胸部叩诊音有无出现浊音、实音或鼓音,有无胸杂音变化。

3. 实验室检验

(1)血常规检验　具体操作参照本书相关部分内容。

(2)胸部的侧位和正位 X-线摄片　具体操作参照本书相关部分内容。

(3)痰抹片和痰培养及细菌学检查　具体操作参照本书预防兽医学分册相关部分内容。

(三)治疗方案

1. 抗感染治疗

细菌性肺炎　如肺炎球菌性肺炎 、葡萄球菌性肺炎克雷白杆菌及其他革兰氏阴性杆菌肺炎,一般用青霉素类、头孢类、氨基糖甙类抗生素肌注或静脉注射,亦可选用红霉素、林可霉素、喹诺酮类等药物注射。如有条件做药敏试验,根据试验结果选用高敏药物效果更好。大量胸腔渗液可胸腔穿刺或闭式引流治疗。

病毒性肺炎　可用金刚胺、病毒唑、阿昔洛韦、干扰素等常用抗病毒药物进行治疗。也可选用清开灵、鱼腥草等中药制剂治疗。

支原体肺炎　常用药物是红霉素,亦可选用罗红霉素。

真菌性肺炎　治疗药物可选择二性霉素 B、米康唑、酮康唑、氟康唑、伊曲康唑等药物治疗。

2. 对症治疗

降温　对体温升高的病例应注射或口服安乃近或其他解热镇痛药以保持正常体温。对于体温过高时,可通过四肢内侧涂擦酒精或直肠内注入冷水等方法进行物理降温,氯丙嗪药物降温。

祛痰止咳　痰稠不易咳出时,可灌服氯化铵或必嗽平,每日 3 次;干咳无痰者可用复方甘草片或咳必清,每日 3 次。也可选用其他中药或西药制剂。

呼吸困难　注射氨茶碱缓解呼吸困难,如有条件可经鼻导管给氧。

(四)实验的组织与实施

对于人工发病的病例,指导教师可组织学生讨论并决定检查项目、治疗方案,要求学生记录每天的处理措施和检查结果,并组织学生对每天的病情发展、治疗效果及治疗方案的修正进行讨论。

对于兽医院接诊的病例,可由实习指导教师问诊并进行相应的检查,学生记录问诊及检查结果,然后组织学生根据检查结果分析讨论肺炎的类型、可能的病原微生物,制订相应的治疗方案,并由指导教师点评和确定治疗方案。整个治疗结束后,组织学生根据病例记录分析治疗成败的可能原因。

四、作业与思考题

1. 肺炎球菌肺炎、葡萄球菌肺炎、克雷伯杆菌肺炎、病毒性肺炎、真菌性肺炎、支原体肺炎等各种肺炎有何主要区别,在用药上有何不同?

2. 详细记录试验动物人工诱病前后各项检查结果及治疗过程,并写出病例报告。

实验四　先兆性流产的诊断与治疗

一、实验目的与要求

1. 了解引起母畜流产的常见病因，熟悉母畜流产的各种预兆。

2. 掌握先兆性流产的诊断要点、鉴别诊断。

3. 掌握先兆性流产的治疗原则及方法。

二、实验器材

器械　B-型超声波诊断仪、酶标仪或γ-放免计数器、体温计、听诊器。

材料　先兆性流产病例、怀孕中后期的山羊 3 只、耦合剂、孕酮放射免疫测定试剂盒/孕酮 ELISA 试剂盒、雌二醇放射免疫试剂盒/雌二醇 ELISA 试剂盒。

三、实验内容与方法

(一)病例模型复制

1. 诱病前的检查

(1)发病前采集母羊血清以备作为对照检测发病前后血浆雌二醇和孕酮水平的变化。

(2)检查受试母羊的呼吸、心跳、体温，观察母羊腹部胎动情况。

(3)利用 B-型超声波诊断仪检测胎羊大小、心跳、胎动及母羊的黄体发育情况并保存图片。

2. 病例模型复制方法　3 只妊娠母羊分别采用 3 种不同的方法进行诱病。

(1)雌激素诱发病例　于实验前 2 d 给试验母羊肌内注射烯雌酚 2.5～5.0 mg，本实验主要模拟动物采食过量含植物性雌激素(如红三叶草、苜蓿等)或不当使用催情药物所致流产。

(2)地塞米松诱发病例　于实验前 2～5 d 给受试母羊肌内注射地塞米松 20 mg，本实验主要模拟医疗失误引起的流产。

(3)人工授精诱发病例　于实验前 1～2 d 给受试母羊进行人工授精，模拟生产上误配引起的流产。

(二)诊断

临床病例发病情况调查　可导致流产的因素有流行性因素(包括传染病和寄生虫病)和非流行性因素(包括胎儿胎膜与胎盘异常、内分泌异常、较严重的内科疾病、饲养管理不当、医疗失误等因素)。因此，应从以下几个方面调查动物发病情况：

1. 动物品种、年龄、妊娠月份。

2. 如果是群养动物还要询问是散发还是群发，以判断是否为流行性因素(如传染病或寄生虫病所引发)或饲养管理问题引发的。

3.所喂饲料的成分、量如何;是否存在饲料单一、缺少维生素、矿物质及微量元素等的问题;食物或饲料是否霉变;是否饲大量喂过饼渣、松针粉或含有农药或其他有毒物质的饲料;是否摄食过多红三叶草、苜蓿等含植物性雌激素的饲草,是否有过饮冷水、食露水草等情况。

4.是否和其他动物分开饲养;有没有受到冲撞、踢打(尤其是腹部)、惊吓;是否进行过长途运输或突然改变饲养环境。

5.近期是否使用过催情剂、利尿剂、泻剂、驱虫剂、全身性麻醉剂;是否注射过疫苗;是否注射过氨甲酰胆碱及其他可能引起子宫收缩的药物;有没有使用过皮质激素类药物等。

6.近期是否出现过发情或进行过配种。

7.起病后的诊治经过及病情发展演变情况。

8.既往健康状况,有无出现过子宫炎症、胎衣不下或流产等产科病史。

(三)临床检查要点

1.常规检查

(1)测定体温、脉搏、呼吸次数。

(2)观察母畜精神状态,是否有腹痛表现,腹壁是否有胎动,阴道是否流出黏液或血液。

2.超声波诊断

(1)检查母体子宫与胎儿大小是否与相应怀孕月份相符。

(2)检查胎儿心跳、胎动情况,以判断胎儿的死活。

(3)检查胎儿、胎膜是否存在发育异常及胎水量是否异常,以判定可能病因及决定保胎与否。

(4)检查母体的黄体发育情况,看是否存在黄体发育不全或黄体退化现象。

3.内分泌学检查　利用放射免疫分析法(RIA)或酶联免疫分析法(ELISA)测定患畜血浆雌激素及孕激素水平,具体方法参见本书第三部分实验三。

(四)治疗方案

1.先兆性流产的治疗原则　对于先兆性流产,要根据不同的病因、病情采用不同的治疗方案,基本原则是能保就保,否则就要促使胎儿排出。

2.先兆性流产的治疗要点

(1)确定治疗方案　根据胎儿是否存活,确定是保胎还是进行人工引产。

(2)保胎　对于单胎动物,如果胎动明显,通过B-型超声波诊断仪可监测胎儿心跳,则应立即进行保胎。对于多胎动物,一般会出现个别胎儿已经死亡,其他胎儿仍然存活的情况,此时也应立即采取保胎措施。保胎常用方法为肌肉注射孕酮,大家畜 50～100 mg/(头·次),中小家畜 20～30 mg/(头·次),犬、猫 5～10 mg/(头·次),每日或隔日一次,同时肌内注射绒毛膜促性激素 1～2 次,大家畜 1 000～5 000 IU,中等家畜 100～500 IU,犬、猫 20～100 IU。严禁产道检查。如果母畜出现腹痛不安时,还应使用镇静剂。

(3)人工引产　对于单胎动物,如果经检查胎儿已经死亡,或经保胎处理后,病情仍未出现好转,阴道内继续出血,在排除阴道自身损伤的前提下,说明子宫颈已经开张,流产已不可避免。为了防止出现死亡胎儿在子宫内腐败分解或发生气肿,则应进行人工引产。人工引产常用的方法是肌肉注射前列腺素或雌激素,以促使子宫颈开张,将死亡胎儿排出来。

(4)消除引起流产的诱因,治疗原发病　当流产是由流行性因素(如布氏杆菌病、细小病毒病、钩端螺旋体病、锥虫病或弓形虫病等)或重剧普通病或食物中毒(如亚硝酸盐中毒、有机磷中毒等)引起的,则应同时治疗相应的原发病。

(五)实验的组织与实施

对于人工发病的病例,整个过程可在实习指导教师的组织下由学生实施,并全程记录实验动物诱病前后每天的体温、呼吸、心跳、血浆雌激素及孕酮水平变化,观察记录母畜何时出现腹痛表现、胎动现象、胎儿心跳、母畜黄体变化及阴道是否出现流血等情况。一旦出现流产预兆时,组织学生根据不同因素引起的流产制定相应的治疗方案,然后记录每天的处理措施和病情发展。

对于兽医院接诊的病例,可由实习指导教师问诊并进行相应的检查,学生记录问诊及检查结果,然后组织学生分析讨论引起流产可能原因并制订相应的治疗方案,并由指导教师点评和确定治疗方案。整个治疗结束后,组织学生根据病例记录分析治疗成败的可能原因。

四、作业与思考题

1. 详细记录临床就诊或复制病例的发病及治疗过程,写出病例诊疗报告。

2. 仔细比较不同方法诱发的先兆性流产在发病前后不同时间段母羊的黄体、血浆雌激素和孕激素水平的变化有哪些异同,并作出解释。

3. 可引起动物流产的因素有哪些?先兆性流产的治疗原则是什么?

实验五　子宫内膜炎的诊断与治疗

一、实验目的与要求

掌握母畜子宫内膜炎的基本诊断方法及常用的治疗方法。

二、实验器材

器械　长臂手套、胶靴、毛巾、大家畜子宫冲洗器、医用双腔气囊导尿管、注射器、消毒常规手术器械;试管、试管夹、酒精灯、载玻片、胶头滴管等。

材料　健康母畜(牛、犬/猫)及子宫内膜炎患畜(牛,犬/猫)各若干头/只,4% NaOH、5% $AgNO_3$、新采集的动物精液、高锰酸钾、肥皂、石蜡油、抗生素等。

三、实验内容与方法

(一)牛子宫内膜炎的诊断与治疗

1. 牛子宫内膜炎的诊断

(1)临床检查

问诊　急性子宫内膜炎一般发生于产后早期,此时需要了解母牛的分娩过程、助产情况、恶露排出情况(包括排出持续时间、排出量、颜色、气味)及已采取的处理方法和效果。

慢性及隐性子宫内膜炎一般发生于产后晚期及空怀期,此时主要了解母牛发情情况(包括发情周期、发情持续时间是否正常、发情表现强度、发情时阴道流出的黏液是否混浊、黏性如何、排出量是否正常)、配种情况(包括是人工授精还是本交、配种人员的技术水平如何、是否出现屡配不孕、配种后多久返情等)及是否发生过可能引起子宫炎症的疾病等。

阴道检查　具体方法参见教科书有关内容。

直肠检查　具体方法参见教科书有关内容。

子宫冲洗回流液的检查 该法对隐性子宫内膜炎的诊断具有决定意义。具体方法参见“子宫冲洗法”部分。观察子宫回流液是否清亮、有无浓汁、絮状物或经静置后是否有沉淀等并作出判断,见表4-6。另外,子宫回流液经镜检可见脱落的子宫内膜上皮细胞、白细胞或脓球。

表4-6　不同炎症子宫内膜炎子宫回流液的状态

炎症	隐性炎症	卡他性炎症	卡他脓性炎症	化脓性炎症
子宫回流液	静置后有沉淀,偶见蛋白样或絮状物浮游	略混浊,似清鼻液或淘米水	混浊,似面汤或米汤,夹杂小脓块或絮状物	混浊,似稀面糊,有的是黄色脓液

(2)实验室诊断　情期阴道分泌物的化学检查 向试管中加入2 mL 4% NaOH溶液,再加入等量阴道分泌物,在酒精灯上煮沸后,冷却,观察溶液颜色,无色者为阴性,呈黄色或柠檬色

者为阳性。

阴道分泌物的生物学检查 在加温的载玻片上分别滴两滴精液，一滴加被检分泌物，另一滴作对照，镜检精子的活动情况，精子很快死亡或被凝集者为阳性。

尿液化学检查 取被检牛尿液 2 mL，加入到装有 1 mL 5% $AgNO_3$试管中，酒精灯上煮沸 2 min，形成黑色沉淀者为阳性，褐色或淡褐色的为阴性。

2. 牛子宫内膜炎的治疗

(1)子宫冲洗法

冲洗液 常用的子宫冲洗液有 0.1%高锰酸钾溶液或雷夫奴尔溶液，0.02%的新洁尔灭，3%～5%的高渗盐水等。

方法 冲洗前，先用消毒液清洗母牛外阴部及周围皮肤，然后按直肠检查的术式，一只手隔着直肠壁把握子宫颈，另一只手将子宫冲洗器的导管经子宫颈插入到子宫角内。冲洗时，以伸入直肠内的手感觉进入子宫内的药液量，当感觉子宫内快充满药液时(依子宫大小不同而异，一般在 50～200 mL 为宜)，停止注入，用手轻轻按摩子宫，促使药液排出。待注入的药液排空后，再重新注入新的药液，直到排出的药液清亮为止。

母牛发情时是冲洗子宫的最好时刻，此时子宫颈口开张。在非发情期时，可先注射雌激素，一般注射后 6～12 h 子宫颈口即逐渐开张。子宫积水或蓄脓的患牛常伴有持久黄体，此时需先注射前列腺素溶解黄体。

注意事项 当母牛由于产后感染出现全身症状时，禁止冲洗子宫，以防炎症扩散；每次注入的药液量不宜过多，以免使药液经输卵管流向腹腔；冲洗子宫后，务必将药液尽可能排净。

(2)子宫内投放药物

药物 常用青霉素、土霉素、氯霉素及氨基糖甙类抗生素或呋喃类药物。近年来，国内又开发出多种中药子宫灌注剂用于子宫内膜炎的治疗。

方法 当子宫颈口尚未完全关闭时，可直接将抗菌药物投入子宫，或用少量生理盐水溶解用导管注入子宫内。也有用植物油或矿物油将广谱抗菌药物做成悬液，以延长药物的作用时间。

注意事项 子宫内给药的体积也应严格控制，育成牛一般不超过 20 mL，经产牛一般为 25～40 mL，以防药液经输卵管流向腹腔。

(二)犬、猫子宫内膜炎的诊断与治疗

1. 犬、猫子宫内膜炎的诊断 参见《兽医产科学》教材有关内容。

2. 犬、猫子宫内膜炎的治疗

(1)子宫冲洗及给药 对于宫颈已开张的病例先将医用双腔气囊导尿管插入患畜子宫内，然后通过导气管打入适量气体，使导尿管前端出现气囊膨大，直到向外拉不动导尿管为止，此时导尿管的气泡堵住了子宫颈口。将药液通过注射管注入子宫，然后放气抽出导尿管使液体流出，反复几次直到排出透明的液体为止，最后注入抗生素溶液或油剂抗生素。

(2)全身疗法 根据具体病情，可采用静脉滴注或肌内注射广谱抗生素，并配合相应的对症治疗。

(3)子宫卵巢切除术 如犬、猫患慢性子宫内膜炎、子宫蓄脓症时，若非种用，可采用此法治疗，以杜绝以后复发子宫、卵巢疾病。

犬、猫子宫卵巢切除术一般行全身麻醉，在脐孔后沿腹中线做 4～10 cm 切口，按常规打开腹腔。用食指先探查并钩出一侧卵巢和子宫角,如用食指钩出有困难,可用小钝钩沿食指伸入到子宫处将其钩出,同法钩出另一侧卵巢与子宫。卵巢子宫暴露后,用止血钳夹住子宫卵巢韧带,牵拉双侧子宫角显露子宫体,分别在两侧的子宫体阔韧带上穿一条线结扎子宫角至于宫体间的阔韧带,然后将子宫阔韧带与子宫锐性分离。双重钳夹子宫体,分别结扎钳后方的子宫体壁两侧的子宫动、静脉。最后于双钳之间切除子宫体,将子宫连同卵巢全部摘除。常规方法缝合腹壁各层组织,并打上防护绷带,以防患畜苏醒后舔咬伤口。

四、作业与思考题

1. 直肠检查时,健康牛与子宫内膜炎患牛的子宫有何差异?请记录子宫内膜炎患牛的各项检查结果。

2. 请写出你做犬、猫子宫卵巢切除术的心得体会。

实验六　奶牛乳房炎的诊断与治疗

一、实验目的与要求

1. 掌握奶牛乳房炎的临床检查与治疗技术。

2. 学会奶样细菌分离培养及药敏试验，为临床选用针对性强的抗生素治疗乳房炎打下基础。

二、实验器材

器械　体温计、听诊器；灭菌离心管、离心机、生物显微镜、细胞计数板；乳样检验盘，平皿，载玻片，1 mL、2 mL、5 mL 吸管，滴瓶，胶头滴管，牙签；净化工作台、培养箱；兽用 50 mL 或 100 mL 注射器；恒温水浴锅。

材料　乳房健康奶牛及急性、慢性和隐性乳房炎患牛各若干头。0.2% 新洁尔灭、75%的酒精；甲醇、姬姆萨染色液；乳房炎诊断液、4% NaOH、6%～9% H_2O_2；生理盐水、常用抗生素；70%中性酒精；0.1 mol/L NaOH 溶液、0.5% 酚酞指示剂、中性蒸馏水。

三、实验内容与方法

(一)乳房炎的一般检查

1. 问诊　了解发病日期、发病经过、采用过的防治方法及治疗效果。了解牛场的环境卫生状况、牛体尤其是乳房卫生状况、挤奶前后对乳房的处理、挤奶方式(若为机器挤奶则需了解机器的性能、泵压、频率等技术参数；若是人工挤奶，则需了解挤奶人员的健康状况、挤奶方法是否正确及技术熟练程度)和牛群发病情况。

2. 触诊　如图 4-1 所示，触诊乳房的质地(软硬、弹性、波动)，检查乳区皮肤温度、有无疼痛、结节、气肿等，触诊乳上淋巴结的大小、质地。

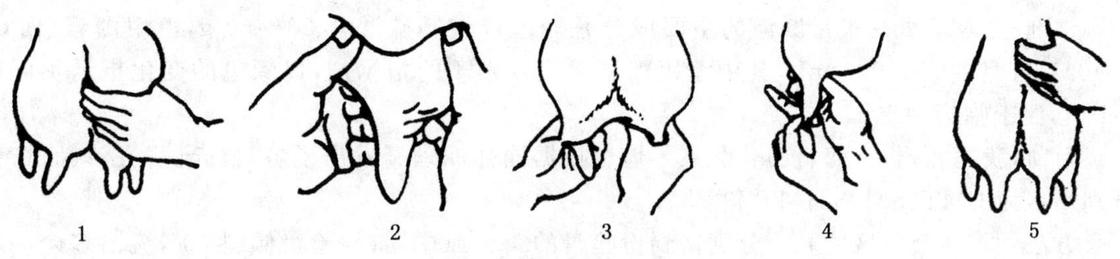

图 4-1　奶牛乳房的触诊术式

1、2. 乳腺的触诊　3. 乳池的触诊　4. 乳头管的触诊　5. 乳上淋巴结的触诊

检查乳头管黏膜有无增厚或变为硬索状等异常变化,其方法是以左手轻拉一乳头的下端,并使稍向下伸直,用右手的拇指及食指轻触乳头管黏膜,并与其他乳头管作对比,最后轻轻挤压个乳区,观察排乳是否正常。

触诊要按照健康奶牛的乳房—乳房炎患牛的健康乳区—乳房炎患区的顺序进行。

3.视诊与嗅诊　观察奶牛的乳房大小、对称性、乳房皮肤颜色、有无创伤等情况,观察牛体尤其是乳房的卫生状况、挤奶员的操作,观察乳汁的颜色、奶质(稀稠、是否含有黏液、脓汁、凝块及絮片等),嗅闻乳汁气味是否正常。

4.全身状况的检查　急性乳房炎常伴有体温升高、脉搏增速、精神沉郁、食欲下降等症状,注意对这些指标的检查。

(二)乳房炎的实验室检查法

1.乳样的采集　先用温水洗涤乳房,继而用 0.2% 新洁尔灭擦拭,再用75%的酒精棉球消毒乳头。每个乳头弃去头两三把奶汁,然后以无菌操作方式在每个乳区收集 20 mL 奶样,各乳区的奶样分开放置并标明牛号、乳区及日期后送实验室。

2.乳中细胞检验法

(1)体细胞计数法　计算每毫升乳汁中体细胞数,这是诊断隐性乳房炎的基准,也是与其他诊断方法作对照的基准。

原理　乳房受感染后,会引起白细胞不同程度的渗出和上皮细胞的脱落,使乳中体细胞数增加。另外,初乳和干奶期的乳汁中,细胞数也会显著增加。

方法　将所采集的奶样摇匀,吸取中部乳汁 1 mL 加入 10 mL 刻度离心管,再加入适量生理盐水,1 500 r /min 离心 10～15 min,弃去脂肪层并吸出上层液,而后向离心管加入生理盐水,使其恢复为 1 mL,充分吹打以悬浮细胞。吸取中部悬液 0.01 mL,在载玻片上涂成 1 cm^2 范围,待其自然干燥,再经甲醇固定干燥,用姬姆萨染色液染色后,水洗,10×目镜,油镜下观察,视野直径要求为 0.16 mm,计数 100 个视野内的细胞数,然后计算平均每个视野中的细胞数。视野面积 $= 3.14 \times (0.016 \div 2)^2 = 0.000\,2$ cm^2,显微镜系数 $= (1 \div 0.000\,2) \times 100 = 500\,000$。显微镜系数×平均一个视野的细胞数=细胞数/mL 乳。

(2)加利福尼亚乳房炎检查法(California mastitis test, CMT)

原理　乳汁中的体细胞在表面活性物质和碱性物质作用下,脂类物质被乳化,细胞被破坏而释放出 DNA,在这两者作用下,使乳汁产生沉淀或形成凝块。根据形成凝块或沉淀的多少,间接判定乳中细胞数的范围。

试剂　CMT 乳房炎诊断液的主要成分是烃基或烷基硫酸盐 30～50 g,溴甲酚紫(B.C.P.)0.1 g,蒸馏水 1 000 mL,其中溴甲酚紫是乳汁 pH 的指示剂,以颜色的变化指示不同的 pH 值,便于临床判定。

目前,我国兰州、上海、杭州、北京等地也根据同样原理开发出了各自的乳房炎诊断试剂,分别命名为 LMT、SMT、HMT 和 BMT。

方法　将 4 个乳区的乳汁分别挤到检验盘的 4 个皿中,将检验盘倾斜 60°,流出多余的乳汁,加等量诊断液,随即平持检验盘回转摇动,使试剂与乳汁充分混合,10 s 后观察结果。判定标准见表 4-7。

表 4-7　CMT 法判定标准

乳 汁 反 应	估计细胞数/(万/mL)	嗜中性细胞(%)	判定
无变化,不出现凝块	0～2	0～25	阴性－
有微量沉淀,但不久即消失	15～50	30～40	可疑±
部分形成凝胶状	40～150	40～60	弱阳性＋
全部形成凝胶状,回转搅动时凝块向中央集中,停止搅动则凝块黏附于皿底	80～500	60～70	阳性＋＋
全部形成凝胶状,回转搅动时凝块向中央集中,停止搅动时仍保持原样,并附着于皿底	＞500	70～80	强阳性＋＋＋
由于乳糖分解,乳汁变黄	—	—	酸性乳(pH＜2.5)
乳汁呈黄紫色,为接近干奶期、感染乳房炎或泌乳量降低时的现象	—	—	碱性乳

注意事项　在乳池中,体细胞会向乳池底部沉降,使最初挤出的乳汁中体细胞密度高于乳中体细胞的平均密度,因此,在采取待检乳样时,要弃去前两把乳。本法适用于定期普查隐性乳房炎,不适于检测初乳期及泌乳末期的乳样。

(3)苛性钠凝乳实验

试剂　4% NaOH 溶液。

方法　先加 5 滴待检乳于载玻片上,再滴加 2 滴试剂,用牙签迅速将其扩展为直径2.5 cm的圆形,并搅动 20 s 观察凝乳情况。判定标准见表 4-8。

表 4-8　苛性钠凝乳法判定标准

乳 汁 反 应	估计细胞数(万/mL)	判定
无变化,不出现凝块	＜50	阴性－
形成细微凝块	50～100	可疑±
出现较大凝块,乳汁略显透明	100～200	弱阳性＋
出现大凝块,用牙签搅动时形成丝状凝结物,乳汁呈水样透明	＞200	阳性＋＋
出现白色的大凝块,有时全部凝成一大块,乳汁完全透明	500～600	强阳性＋＋＋

注意事项　利用此法检测乳样时,须将载玻片置于黑色衬垫物上;如乳样事先经过冷藏保存,则需滴加 3 滴试剂。

(4)过氧化氢酶检测法

原理　乳中白细胞含有的过氧化氢酶可以将过氧化氢(H_2O_2)分解为水和氧气,继而在液面形成气泡,根据形成气泡的大小多少可以间接判断乳中白细胞数。

方法　将玻片置于白色衬垫物上,滴 1 滴待检乳于玻片上,再加 1 滴 6 %～9% H_2O_2,混匀后静置 2 min,观察结果。判定标准见表 4-9。

注意事项　反应须在白色背景的玻片上进行;乳样和试剂必须等量;混匀后静置 2 min 再行观察。由于 H_2O_2 化学性质不稳定,搅动、受热、强光照射、反应时间不足或过久都会影响对结果的判定。

表 4-9 过氧化氢酶检测法判定标准

乳汁反应	判定
液面中心无气泡或仅有针尖大小的气泡	正常乳－
液面中心有少量粟粒大的气泡	可疑乳±
液面中心布满或有大量粟粒大的气泡	感染乳＋

(三)乳中细菌的分离培养

1.乳样的采集与运输　乳样的采集方法如前所述，每个乳区采集 2.5 mL 乳汁。将采集的样品冰上放置或装于冰预冷的保温桶中尽快送往实验室。

2.乳汁细菌的培养与分离

(1)细菌培养　将 1 mL 乳样加入到 9 mL 42℃ 水浴的 15% 的灭菌琼脂溶液中，迅速混匀，倾入直径 10 cm 的平皿中，待其凝固后，置 37℃培养箱培养 20 h；或在净化工作台内，用灭菌涂布棒将 200 μL 乳样涂布于灭菌的琼脂平板上，置 37℃培养箱培养 20 h。

(2)细菌分离鉴定　参照本书预防兽医学分册兽医微生物学实验相关内容分离鉴定琼脂平板上的菌落。

(四)奶牛乳房炎的治疗方法

1.乳房灌注

用途　主要用于临床型乳房炎的治疗。

药物　常用广谱抗生素如青霉素、链霉素、土霉素、新霉素等及磺胺类药物。近年来，国内也开发了一些中药制剂用于乳房灌注。洗必泰、新洁尔灭等抑菌作用强、刺激性小的防腐消毒药也可以用于乳房灌注。

方法　先挤净患病乳区内的乳汁，碘伏或酒精擦拭乳头管口及乳头，经乳头管口向乳池内插入接有胶管的灭菌乳导管，胶管的另一端接注射器(也可用已吸药的注射器连接针头的一端直接对向乳头口)，将药液徐徐注入乳池内。注完后抽出导管，以手指轻轻捻动乳头管片刻，再以双手掌自下而上轻轻挤压按摩乳房，促使药液在乳区内充分扩散。

注意事项　尽可能选用对乳房无刺激、在乳中无残留、对牛无副作用的药物进行乳区灌注；为使药物不被乳汁或炎性分泌物所干扰，注药前要尽量使乳房内残留的乳汁和分泌物排出，为此，可肌内注射 10～20 IU 催产素，然后挤奶；乳区灌注抗生素时，应将抗生素溶解到 30～50 mL生理盐水中，溶液体积太小，药液不足以分散到整个乳区，溶液体积太大，则会影响到药物的有效浓度。

2.乳房基底封闭

目的　阻断从病变部位传入中枢的不良刺激，打断由此产生的恶性循环，把不良刺激封闭在局部而有利于症状的缓解和病变的恢复。

药物　0.25% 或 0.5% 的盐酸普鲁卡因，溶液中加入适量抗生素有时可提高疗效。

方法　沿乳房与腹壁相交处，将针头插入乳房与腹壁之间的缝隙内(其感觉是阻力突然消失，针头可随意左右摆动)，分点注射 0.25%普鲁卡因溶液 150～200 mL。

(五)酒精阳性乳的检测

1.试剂　70%中性酒精。

2.方法 将盛有新挤出乳汁的烧杯置于20℃水浴锅,待温度恒定后,吸取1 mL乳汁于平皿内,再用另一吸管吸取等量的70%中性酒精与平皿内的乳汁混匀,对光观察乳汁凝集反应,1～2 min作出判定。判定标准见表4-10。

表4-10 酒精阳性乳判定标准

乳汁反应	判定
无形态变化,不出现微细颗粒	阴性一
针尖大小微细颗粒	弱阳性＋
粟粒大小的絮片	阳性＋＋
高梁粒大小的絮片	中强阳性＋＋＋
豆粒大小的絮片	强阳性＋＋＋＋

3.注意事项

(1)被检乳样以刚从奶牛乳房中挤出的乳汁为宜;送检鲜奶样必须搅拌均匀,取中间层乳检查。

(2)奶样和试剂必须降至20℃方可检验。

(3)所用70%酒精、容器必须呈中性。

(4)奶样与试剂混匀后,观察乳汁凝集反应的时间为1～2 min,时间过短或过长,其结果不一。

(六)牛奶酸度的检测

牛奶酸度有两种:外表酸度(也称固有酸度或潜在酸度)和真实酸度(也称发酵酸度)。外表酸度指磷酸与干酪素的酸性反应,在新鲜的牛奶约占0.15%,另外还有CO_2、枸杞酸、酪蛋白、白蛋白等;真实酸度是由于微生物作用于乳糖,产生乳酸所引起的,使牛奶酸度增加,因此,酸度是衡量牛奶新鲜度的重要指标。

牛奶酸度一般以滴定酸度(°T)表示。滴定酸度是指以酚酞作指示剂,中和100 mL牛奶中的酸所需0.1 mol/L氢氧化钠标准溶液的毫升数。牛奶的酸度在18°T以内者,为良质新鲜牛奶;牛奶的酸度在20°T以内者,为合格新鲜牛奶。所以,测定牛奶的这两个酸度点,就可知牛奶的新鲜程度。

我国现行食品卫生标准规定,供加工消毒牛奶和淡炼乳的生鲜牛奶,其酸度不能超过18°T;供加工其他乳制品的生鲜牛奶,其酸度不能超过20°T;消毒牛奶的酸度不能超过18°T。

滴定法

原理 用0.1N NaOH溶液滴定时,乳中的乳酸和0.1N NaOH反应,生成乳酸钠和水。当滴入乳中的NaOH溶液被乳酸中和后,多余的NaOH就使先加入乳中的酚酞变红色,因此,根据滴定时的消耗的NaOH标准溶液就可以得到滴定酸度。

方法 取10 mL待检乳于200 mL三角烧瓶内,再依次加入20 mL中性蒸馏水、3～5滴0.5%酚酞指示剂,混匀后,用0.1 mol/L NaOH滴定,边滴边摇瓶内液体,直到出现粉红色,并在0.5 min内不褪色为止。所消耗的0.1 mol/L氢氧化钠标准溶液的毫升数乘以10,即为滴定酸度(°T)。

四、作业与思考题

1. CMT 法检查乳房炎的原理是什么?

2. 将利用不同方法检测的每个乳样的结果记录下来,比较不同方法所获得的结果有何不同,并写出自己的体会。

3. 乳房灌注药物应如何操作?

4. 检测酒精阳性乳时应注意哪些问题?

5. 测定牛奶酸度的意义是什么?

附　课程实习论文(病例分析报告)的书写

1.题名:题名要简明、具体、直截了当,如写“××病×例报告”,或“××病×例的诊疗分析”。

2.作者及专业、班级。

3.正文及讨论。

病例报告的正文,通常开门见山直接介绍病例,内容包括:

(1)病例的一般情况。畜主姓名、住址、病畜性别、年龄、品种、畜名、毛色和营养状况等。

(2)主述、简要病史、阳性体征、具有鉴别诊断意义的阴性体征。

(3)实验室检验内容、原理、所用仪器和材料、方法、实验步骤及结果。

(4)诊断和鉴别诊断。

(5)治疗方案、治疗过程及机体的反应。

(6)预后和转归。

(7)病理剖检(死亡时)。

在报告正文对病例介绍后,要进行针对性的讨论,以阐明作者的观点,在实验室检查、诊断及治疗过程中的经验体会。

附　　录

附录一　动物血液学指标参考值

附表 1-1　健康动物血红蛋白和红细胞数参考值

畜别	样本数	血红蛋白浓度(g/L)	样本数	红细胞数($\times10^{12}$/L)	资料来源
黄牛	87	95.5±10.0	85	7.242±1.574	延边农学院
奶牛	30	113.8±7.3	109	5.975±0.686	中国农业大学、云南农业大学
水牛	137	123.0±16.6	137	5.91±0.98	扬州大学农学院
猪	23	111.6±14.2	31	5.509±0.335	东北农业大学
山羊	335	83.3±7.5	394	17.2±3.03	西北农业大学
绵羊	33	72.0±12.7	118	8.42±1.20	扬州大学农学院
犬	50	175.9±34.0	50	7.00±1.50	中国农业大学
猫	50	164.9±12.7	50	7.50±2.55	中国农业大学
鸡		91.1～117.6		2.72～3.23	安丽英编《兽医实验诊断》
鸭		156		3.06	安丽英编《兽医实验诊断》
鹅		149		2.71	安丽英编《兽医实验诊断》
马	619	12.77±2.05	619	7.933±1.401	中国人民解放军兽医大学
驴	39	10.99±3.02	30	5.42±0.232	甘肃农业大学
骡	434	12.74±2.18	434	7.552±1.302	中国人民解放军兽医大学

附表 1-2　健康动物红细胞指数参考值

畜别	MCV(fl)	MCH(pg)	MCHC(%)
黄牛、奶牛	46～54	15～20	0.32～0.39
猪(4～8 周龄)	53～66	16～20	0.28～0.35
山羊	19	7	0.35
绵羊	30～44	10～14	0.27～0.36
犬	63～72	22～25	0.34～0.37
猫	36～50	12～17	0.32～0.35
马	42	13	0.33

附表 1-3　健康动物白细胞数参考值

畜别	样本数	平均值±标准差($\times10^{9}$/L)	资料来源
黄牛	87	8.43±2.08	延边大学农学院
奶牛	114	9.41±2.13	南京农业大学

续附表 1-3

畜别	样本数	平均值±标准差($\times 10^9$/L)	资料来源
水牛	137	8.04±0.77	扬州大学农学院
猪	31	14.92±0.93	云南农业大学
山羊	394	13.20±1.88	西北农业大学
绵羊	119	8.45±1.90	新疆八一农业大学
犬	50	115.00±2.50	中国农业大学
猫	50	125.00±0.65	中国农业大学
鸡		21.66±0.66	安丽英编《兽医实验诊断》
鸭		28.72±2.64	安丽英编《兽医实验诊断》
鹅		26.67±2.63	安丽英编《兽医实验诊断》
马	619	9.5(5.4～13.5)	中国人民解放军军需大学
驴	62	10.72±2.73	甘肃农业大学
骡	434	8.70(4.6～12.0)	中国人民解放军军需大学

附表 1-4　健康动物白细胞分类平均值参考值

%

畜别	样本数	嗜碱性粒细胞	嗜酸性粒细胞	嗜中性粒细胞			淋巴细胞	单核细胞	资料来源
				晚幼细胞	杆状细胞	分叶核细胞			
黄牛	153	0.14	3.10		4.10	32.96	58.03	1.77	江西农业大学
奶牛	50	0.12	7.80	0.72	9.52	19.64	59.24	2.96	青海畜牧兽医学院
水牛	31	0.45	10.45	0.39	2.87	31.23	50.90	3.36	云南农业大学
猪	31	0.23	3.03	0.55	3.74	31.42	58.45	2.58	云南农业大学
山羊	79	0.70	0.70			41.80	54.50	2.30	西北农业大学
绵羊	124	0.20	2.90		3.10	23.80	68.10	1.90	新疆八一农业大学
犬	50	0.20	2.60		0.20	66.50	27.70	2.70	中国农业大学
猫	50	0.20	6.90		0.20	59.00	31.00	2.90	中国农业大学
鸡		1.5	7.0	2.90(异嗜性白细胞)			57.5	5.0	安丽英编《兽医实验诊断》
鸭		1.0	4.0	34.0(异嗜性白细胞)			56.5	4.5	安丽英编《兽医实验诊断》
鹅		1.5	3.5	34.0(异嗜性白细胞)			57.5	3.5	安丽英编《兽医实验诊断》
马	619	0.30	4.70	0.05	3.13	45.75	44.08	1.99	中国人民解放军兽医大学
驴	30	0.17	5.37	1.40	1.77	36.65	53.90	0.74	甘肃农业大学
骡	434	0.45	5.96	0.21	5.16	46.02	42.09	1.10	中国人民解放军兽医大学

附表 1-5　健康动物血小板数参考值

畜别	样本数	平均值±标准差($\times 10^9$/L)	资料来源
黄牛	87	421.7±133.9	延边大学农学院
水牛	21	367±138	广西农业大学
奶牛	30	261.0±52.9	云南农业大学
猪	31	292.6±46.3	云南农业大学

续附表 1-5

畜别	样本数	平均值±标准差（$\times 10^9$/L）	资料来源
山羊	157	399±86	西北农业大学
绵羊	33	377.0±92.9	新疆八一农业大学
犬	50	550.0±350.0	中国农业大学
猫	50	500.0±200.0	中国农业大学
马		146.4±37.4	北京农业大学等
骡		225.0±44.2	北京农业大学等

附表 1-6　健康动物红细胞压积参考值

畜别	样本数	平均值±标准差（温氏法，L/L）	资料来源
黄牛	30	0.360±0.046	河南农业大学
奶牛	30	0.370±0.028	中国农业大学
水牛	21	0.311±0.037	广西农业大学
哺乳仔猪	50	0.407±0.052	山西忻县畜牧兽医研究所
金华猪	30	0.425±0.024	浙江农业大学
东北民猪	23	0.425±0.035	东北农业大学
奶山羊	315	0.355±0.014	西北农业大学
绵羊	40	0.350±0.030	新疆八一农业大学
犬	50	0.525±0.067	中国农业大学
猫	50	0.380±0.079	中国农业大学
马	66	0.354±0.036	中国人民解放军军需大学
骡	60	0.328±0.029	中国农业大学

附表 1-7　健康动物血沉参考值

畜别	样本数	血沉值/mm				测定方法	资料来源
		15 min	30 min	45 min	60 min		
黄牛		0	2	5	9	魏氏倾斜 60°	中国农业大学
水牛	65	9.8	30.8	65	91.6	魏氏法	扬州大学农学院
奶牛	55	0.3	0.7	0.75	1.2	魏氏法	甘肃农业大学
马		29.7	70.7	98.3	115.6	魏氏法	中国农科院中兽医研究所
马	619	31	49	53	55	涅氏法	中国人民解放军军需大学
骡	434	23	47	52	54	涅氏法	中国人民解放军军需大学
驴	31	32	75	96.7	110.7	魏氏法	甘肃农业大学
绵羊	113	0	0.2	0.4	0.7	魏氏法	新疆八一农业大学
山羊	335	0	0.5	1.6	4.2	魏氏倾斜 60°	西北农业大学
猪	31	0.6	1.3	1.94	3.36	魏氏倾斜 60°	云南农业大学
犬		0.2	0.9	1.2	2.0	魏氏法	夏咸柱编《养犬大全》
鸡	31	0.19	0.29	0.55	0.81	魏氏法	云南农业大学

附录二　动物血液生化指标参考值

附表 2-1　动物血液生化指标参考值

项 目	单 位	牛	羊	猪	犬	猫	鸡
钠	mmol/L	132～152	142～155	140～150	140～155	146～158	148～163
钾	mmol/L	3.9～5.8	3.5～6.7	4.7～7.1	3.5～5.0	3.5～5.2	4.5～6.5
氯化物	mmol/L	95～110	99～110.3	94～103	105～131	114～126	47.6～100.5
钙	mmol/L	2.43～3.10	2.23～2.93	1.78～2.90	2.20～2.70	2.20～2.50	2.3～5.9
磷	mmol/L	1.08～2.76	4.62±0.25	1.30～3.55	0.80～1.60	0.58～2.20	2.0～2.6
镁	mmol/L	0.74～1.10	0.31～1.48	0.78～1.60	0.80～1.20	0.80～0.90	0.90～1.15
铜	mmol/L	5.16～5.54	13.2～17.3	20.9～43.8	15.7～31.5		
铁	μmol/L	10～29	23.9～1.48		14～34	12～38	
渗摩尔浓度	mmol/L	270～306			280～305	280～305	
总铁结合力	μmol/L	20～63		48～100	63～81	53～57	
pH(静脉)		7.35～7.50	7.30～7.45	7.25～7.35	7.35～7.45	7.35～7.45	7.45～7.63
PCO_2	mmHg*	34～45	38～45		29～42	29～42	
碳酸氢盐	mmol/L	20～30	21～28	18～27	22～25	22～25	
总二氧化碳	mmol/L	20～30	20～28	17～26	22～28	20～25	
尿素氮	mmol/L	2.0～7.5	4.6～15.7	3.0～8.5	3.5～7.1	5.9～10.5	0.5～2.2
尿素	mmol/L	3.55～7.10	2.85～7.10	3.55～10.70	3～9	5～10	
肌酐	μmol/L	67～175	88.4～159	90～240	50～180	50～180	147～480
总胆红素	μmol/L	0.17～8.55	0～1.71	0～17.10	2～17	2～17	
直接胆红素	μmol/L	0.70～7.54		0～5.13	0～2	0～2	
间接胆红素	μmol/L	0.51		0～5.13	0.17～8.38		
胆酸	μmol/L	＜120	＜25		＜10	＜5	
胆固醇	mmol/L	1.0～5.6	1.05～1.50	3.05～3.10	2.5～5.9	2.1～5.1	
血糖	mmol/L	2.49～4.16	2.77～4.44	4.71～8.32	3.9～6.1	3.9～8.0	8.4～10.1
总蛋白	g/L	57～81	64.0～70.0	35～60	50～71	50～80	40.0～54.7
白蛋白	g/L	21～36	27.0～39.0	19～24	28～40	23～35	15.3～22.4
球蛋白	g/L	30.0～34.8	27.0～41.0	52.9～64.3	27.0～44.0	26.0～51.0	21.3～35.3
A/G	g/g	0.84～0.94	0.63～1.26	0.37～0.51	0.59～1.11	0.45～1.19	0.43～1.05
α球蛋白	g/L	7.5～8.8	5.0～7.0				
β球蛋白	g/L	8.0～11.2					
γ球蛋白	g/L	16.9～22.5	9.0～30.0	22.4～24.6			
α_1球蛋白	g/L			3.2～4.4	2.0～5.0	2.0～11.0	
α_2球蛋白	g/L			12.8～15.4	3.0～11.0	4.0～9.0	

续附录 2-1

项目	单位	牛	羊	猪	犬	猫	鸡
β_1 球蛋白	g/L		7.0～12.0	1.3～3.3	7.0～13.0	3.0～9.0	
β_2 球蛋白	g/L		3.0～6.0	12.6～16.8	6.0～14.0	6.0～10.0	
γ_1 球蛋白	g/L				5.0～13.0	3.0～25.0	
γ_2 球蛋白	g/L				4.0～9.0	14.0～19.0	
纤维蛋白原	μmol/L	8.82～20.6	2.94～11.8	2.94～14.7	5.88～11.8	1.47～8.82	
ALT	IU/L	11～40	24～38	31～58	15～70	10～50	167.8
AST	IU/L	78～132	167～513	32～84	10～50	10～40	174
ALP	IU/L	0～500	93～387	120～400	20～150	10～100	482.5
γ-GT	IU/L	601～1 074	20～56	10～60	1～11.5	1～10	
ARG	IU/L	1～30		0～14	0～14	0～14	
AcChE	IU/L	1 270～2 430	270	930	270	540	
ButChE	IU/L	70	110	400～430	1 260～3 020	640～1 400	
CK	IU/L	35～280			30～200	26～450	
LDH	IU/L	692～1445	123～392	380～630	50～495	75～495	636
LDH_1	%	39.8～63.5	29.3～51.8	34.1～61.8	1.7～30.2	0～8.0	
LDH_2	%	19.7～34.8	0～5.4	5.9～9.2	1.2～11.7	3.3～13.7	
LDH_3	%	11.7～18.1	24.4～39.9	5.7～11.7	10.9～25.0	10.2～20.4	
LDH_4	%	0～8.8	0～5.4	6.9～15.9	11.9～15.4	11.6～35.9	
LDH_5	%	0～12.4	14.1～36.8	16.3～35.2	30.0～72.8	40～66.3	
AMS	IU/L				300～2 000	500～1 800	
LPS	IU/L				25～750	25～700	
SDH	IU/L	4.3～15.3	5.8～28	1～5.8			

* mmHg 为非法定计量单位，1 mmHg＝133.322Pa。

注：引自《Veterinary Medicine》(9th Edition，Radostits O M，et al. 2005)；《Handbook of Small Animal practice》(5th Edition，Morgan r h. 2007)；《兽医临床病理学》(王小龙主编，1995)；《兽医临床鉴别诊断学》(王民桢主编，1994)。

附录三　动物尿液指标参考值

附表 3-1　动物尿液指标参考值

项目	单位	牛	猪	绵羊	山羊	犬	猫
比重	Units	1.015～1.050	1.018～1.022	1.015～1.045	1.015～1.045	1.020～1.050	1.015～1.065
酸碱度	pH	7.4～8.4	6.5～7.8	7.4～8.4	7.4～8.4	5.0～7.0	5.0～7.0
钙	mg/kg/d	0.10～1.40		2.0	1.0	1.0～3.0	0.20～0.45
磷	mg/kg/d			0.2	1.0	20～30	108
镁	mg/kg/d	3.7				1.7～3.0	3～12
钾	mmol/kg/d	0.08～0.15				0.1～2.4	
钠	mmol/kg/d	0.2～1.1				0.04～13.0	
氯	mmol/kg/d	0.10～1.10				0～10.3	
尿囊素	mg/kg/d	20～60	20～80	20～50		35～45	80
尿酸	mg/kg/d	1～4	1～2	2～4	2～5		
尿素氮	mg/kg/d	23～28	201	98	107	140～230	374～872
总氮	mg/kg/d	40～450	40～240	120～350	120～400	250～800	500～1 100
肌酐	mg/kg/d	15～20	20～90	10	10	30～80	12～20
尿容量	mg/kg/d	17～45	5～30	10～40	10～40	17～45	10～20

注：引自《兽医临床病理学》(王小龙主编，1995)。

参考文献

[1] 刘宗平主编.兽医临床症状鉴别诊断学[M].北京:中国农业出版社,2008

[2] 东北农业大学主编.兽医临床诊断学实习指导[M].北京:中国农业出版社,2001

[3] 张德群主编.兽医专业实习指南[M].北京:中国农业大学出版社,2004

[4] 唐兆新主编.兽医临床治疗学[M].北京:中国农业出版社,2002

[5] 邓干臻主编.兽医临床诊断学[M].北京:科学出版社,2009

[6] 唐兆新主编.兽医内科学实验教程[M].北京:中国农业大学出版社,2006

[7] 王小龙主编.兽医临床病理学[M].北京:中国农业出版社,1995

[8] 王民桢主编.兽医临床鉴别诊断学[M].北京:中国农业出版社,1994

[9] 朱维正主编.新编兽医手册[M].北京:金盾出版社,2000

[10] 王俊东主编.兽医药实验室检验技术[M].北京:中国农业科学技术出版社,2005

[11] 杨春生,宋乃国主编.临床检验学[M].天津:天津科学技术出版社,1997

[12] 林德贵主编.动物医院临床技术[M].北京:中国农业大学出版社,2004

[13] 谢富强主编.兽医影像学[M].北京:中国农业大学出版社,2003

[14] 张云亭,袁聿德主编.医学影像检查技术[M].2版.北京:人民卫生出版社,2005

[15] 寻玉凤主编.物理诊断与心电图检查实验指导[M].济南:山东大学出版社,2004

[16] 赵兴绪主编.兽医产科学 [M].4版.北京:中国农业出版社,2008

[17] 赵兴绪主编.兽医产科学实习指导[M].3版.北京:中国农业出版社,2001

[18] 中国兽医协会主编.2010年职业兽医资格考试应试指南(下册)[M].北京:中国农业出版社,2010